全国高职高专机械设计制造类工学结合"十二五"规划教材
丛书顾问　陈吉红

数控电火花加工技术

主　编　吕雪松
副主编　赫焕丽　卞　平　孟　灵
　　　　赵裕明　王国钱
主　审　冯邦军

华中科技大学出版社
中国·武汉

内 容 提 要

本教材由绪论和两个项目共三个部分组成。项目一为电火花成形加工,项目二为电火花线切割加工。项目采用任务形式展开。其中,项目一有 3 个任务,分别为电火花成形加工原理及参数介绍、电火花成形加工机床的结构及电极与工件的装夹校正和电火花成形加工方法及加工工艺介绍;项目二有 4 个任务,分别为线切割加工原理及线切割机床介绍、线切割加工具体操作、线切割程序编制及加工工艺介绍和线切割自动编程与加工。

本教材采用典型数控电火花机床为例,以项目案例进行教学。操作过程讲解清晰,工艺分析充分,完全体现企业的生产规范,并在项目案例后提供了大量的拓展阅读来扩充学生们的相关理论知识和实践经验。本教材具有非常好的指导性和实用性。

本教材可作为高职高专、中专院校、技校的机械及其相关专业的理论和实训教材,也可作为数控电火花加工机床操作工的职业培训教材,还可供相关专业的工程师、技术工人作参考资料。

图书在版编目(CIP)数据

数控电火花加工技术/吕雪松主编. —2 版. —武汉:华中科技大学出版社,2013.2(2020.12重印)
ISBN 978-7-5609-7583-2

Ⅰ.①数… Ⅱ.①吕… Ⅲ.①数控机床-电火花加工-高等职业教育-教材 Ⅳ.①TG661

中国版本图书馆 CIP 数据核字(2011)第 270742 号

数控电火花加工技术(修订版) 吕雪松 主编

策划编辑:	严育才
责任编辑:	严育才
封面设计:	范翠璇
责任校对:	张 琳
责任监印:	张正林
出版发行:	华中科技大学出版社(中国·武汉) 电话:(027)81321913
	武汉市东湖新技术开发区华工科技园 邮编:430223
录 排:	武汉市洪山区佳年华文印部
印 刷:	广东虎彩云印刷有限公司
开 本:	710mm×1000mm 1/16
印 张:	16.5
字 数:	330 千字
版 次:	2020 年 12 月第 2 版第 7 次印刷
定 价:	32.80 元

本书若有印装质量问题,请向出版社营销中心调换
全国免费服务热线: 400-6679-118 竭诚为您服务
版权所有 侵权必究

全国高职高专机械设计制造类工学结合"十二五"规划系列教材

编委会

丛书顾问:

陈吉红（华中科技大学）

委　员（以姓氏笔画为序）:

万金宝（深圳职业技术学院）
王　平（广东工贸职业技术学院）
王兴平（常州轻工职业技术学院）
王连弟（华中科技大学出版社）
王怀奥（浙江工商职业技术学院）
王晓东（长春职业技术学院）
王凌云（上海工程技术大学）
王逸民（贵州航天工业职业技术学院）
王道宏（嘉兴职业技术学院）
牛小铁（北京工业职业技术学院）
毛友新（安徽工业经济职业技术学院）
尹　霞（湖南化工职业技术学院）
田　鸣（大连职业技术学院）
刑美峰（包头职业技术学院）
吕修海（黑龙江农业工程职业学院）
朱江峰（江西工业工程职业技术学院）
刘　敏（烟台职业学院）
刘小芹（武汉职业技术学院）
刘小群（江西工业工程职业技术学院）
刘战术（广东轻工职业技术学院）
孙慧平（宁波职业技术学院）
杜红文（浙江机电职业技术学院）
李　权（滨州职业学院）
李传军（承德石油高等专科学校）
吴新佳（郑州铁路职业技术学院）

何晓凤（安徽机电职业技术学院）
宋放之（北京航空航天大学）
张　勃（漯河职业技术学院）
张　健（十堰职业技术学院）
张　焕（郑州牧业工程高等专科学校）
张云龙（青岛职业技术学院）
张俊玲（贵州工业职业技术学院）
陈天凡（福州职业技术学院）
陈泽宇（广州铁路职业技术学院）
罗晓晔（杭州科技职业学院）
金　濯（江苏畜牧兽医职业技术学院）
郑　卫（上海工程技术大学）
胡翔云（湖北职业技术学院）
荣　标（宁夏工商职业技术学院）
贾晓枫（合肥通用职业学院）
黄定明（武汉电力职业技术学院）
黄晓东（九江职业技术学院）
崔西武（武汉船舶职业技术学院）
阎瑞涛（黑龙江农业经济职业学院）
葛建中（芜湖职业技术学院）
董建国（湖南工业职业技术学院）
窦　凯（广州番禺职业技术学院）
颜惠庚（常州工程职业技术学院）
魏　兴（六安职业技术学院）

秘　书: 季　华　万亚军

全国高职高专机械设计制造类工学结合"十二五"规划系列教材

序

目前我国正处在改革发展的关键阶段,深入贯彻落实科学发展观,全面建设小康社会,实现中华民族伟大复兴,必须大力提高国民素质,在继续发挥我国人力资源优势的同时,加快形成我国人才竞争比较优势,逐步实现由人力资源大国向人才强国的转变。

《国家中长期教育改革和发展规划纲要(2010—2020年)》提出:"发展职业教育是推动经济发展、促进就业、改善民生、解决'三农'问题的重要途径,是缓解劳动力供求结构矛盾的关键环节,必须摆在更加突出的位置。职业教育要面向人人、面向社会,着力培养学生的职业道德、职业技能和就业创业能力。"

高等职业教育是我国高等教育和职业教育的重要组成部分,在建设人力资源强国和高等教育强国的伟大进程中肩负着重要使命并具有不可替代的作用。自从1999年党中央、国务院提出大力发展高等职业教育以来,培养了1300多万高素质技能型专门人才,为加快我国工业化进程提供了重要的人力资源保障,为加快发展先进制造业、现代服务业和现代农业作出了积极贡献;高等职业教育紧密联系经济社会,积极推进校企合作、工学结合人才培养模式改革,办学水平不断提高。

"十一五"期间,在教育部的指导下,教育部高职高专机械设计制造类专业教学指导委员会根据《高职高专机械设计制造类专业教学指导委员会章程》,积极开展国家级精品课程评审推荐、机械设计与制造类专业规范(草案)和专业教学基本要求的制定等工作,积极参与了教育部全国职业技能大赛工作,先后承担了"产品部件的数控编程、加工与装配"、"数控机床装配、调试与维修"、"复杂部件造型、多轴联动编程与加工"、"机械部件创新设计与制造"等赛项的策划和组织工作,推进了双师队伍建设和课程改革,同时为工学结合的人才培养模式的探索和教学改革积累了经验。2010年,教育部高职高专机械设计制造类专业教学指导委员会数控分委会起草了《高等职业教育数控专业核心课程设置及教学计划指导书(草案)》,并面向部分高职高专院校进行了调研。根据各院校反馈的意见,教育部高职高专机械设计制造类专业教学指导委员会委托华中科技大学出版社联合国家示范(骨干)高职院校、部分重点高职院校、武汉华中数控股份有限公司和部分国家精品课程负责人、一批层次较高的高职院校教师组成编委会,组织编写全国高职高专机械设计制造类工学结合"十二五"规划系列教材。

本套教材是各参与院校"十一五"期间国家级示范院校的建设经验以及校企

结合的办学模式、工学结合的人才培养模式改革成果的总结，也是各院校任务驱动、项目导向等教学做一体的教学模式改革的探索成果。因此，在本套教材的编写中，着力构建具有机械类高等职业教育特点的课程体系，以职业技能的培养为根本，紧密结合企业对人才的需求，力求满足知识、技能和教学三方面的需求；在结构上和内容上体现思想性、科学性、先进性和实用性，把握行业岗位要求，突出职业教育特色。

具体来说，力图达到以下几点。

（1）反映教改成果，接轨职业岗位要求。紧跟任务驱动、项目导向等教学做一体的教学改革步伐，反映高职高专机械设计制造类专业教改成果，引领职业教育教材发展趋势，注意满足企业岗位任职知识、技能要求，提升学生的就业竞争力。

（2）创新模式，理念先进。创新教材编写体例和内容编写模式，针对高职高专学生的特点，体现工学结合特色。教材的编写以纵向深入和横向宽广为原则，突出课程的综合性，淡化学科界限，对课程采取精简、融合、重组、增设等方式进行优化。

（3）突出技能，引导就业。注重实用性，以就业为导向，专业课围绕高素质技能型专门人才的培养目标，强调促进学生知识运用能力，突出实践能力培养原则，构建以现代数控技术、模具技术应用能力为主线的实践教学体系，充分体现理论与实践的结合，知识传授与能力、素质培养的结合。

当前，工学结合的人才培养模式和项目导向的教学模式改革还需要继续深化，体现工学结合特色的项目化教材的建设还是一个新生事物，处于探索之中。随着这套教材投入教学使用和经过教学实践的检验，它将不断得到改进、完善和提高，为我国现代职业教育体系的建设和高素质技能型人才的培养作出积极贡献。

谨为之序。

教育部高职高专机械设计制造类专业教学指导委员会主任委员
国家数控系统技术工程研究中心主任
华中科技大学教授、博士生导师

陈吉红

2012年1月于武汉

前　　言

高职工科类课程的教材可分为两种：学科式和项目式。前者以讲授理论知识为主，以举例的方式简要介绍一些加工实例，特点是理论体系完整，实践性不足。后者则为提倡理论与实践一体化的教学模式，教材内容由数个实训项目组成，将理论知识分散融入到各个项目中，在实训中理解理论知识。

在实际教学中我们发现，单纯的项目式教材存在诸多不足之处。

（1）理论体系不够完整。在某个项目中需要或不需要讲述哪些理论知识，不同的教师会有不同的理解，项目式教材在理论知识的分配上往往有些牵强。

（2）不同的教师在授课时选用的项目一般不会相同，不一定会采用教材中的项目，且所用的电火花加工设备不同，具体操作方法也不同。

（3）一个项目往往不可能在短短的几个课时里就能完成，而且，在加工中停下来讲理论，导致加工过程不完整。另外，一堂课里并不能做多少真正的加工，极易让学生失去兴趣，既未完整地学到理论知识，也未实实在在地进行加工实训。

（4）设备运行噪音大，车间环境嘈杂，不便讲解理论知识。有些理论知识需借助于多媒体手段讲解，而实训场地不具备这样的设备。

因此，纯粹的项目式教材在教学实践中也不好使用，即理论知识杂乱无章、毫无头绪，工作过程不连贯、难于实施。

本教材结合传统的学科式教材与项目式教材的优点，将理论知识与工作项目分开编写，理论知识被分解成相对独立的知识点，项目的实训内容则以工艺制定、故障排除、实用技巧、维护保养为主，侧重过程训练。在实施某个项目时需用到哪些理论知识由任课教师自己决定，自行选择几个知识点进行组合，既保证加工的完整性，又力求理论知识的系统性，完完整整讲理论，实实在在做加工，满足不同的需求。

按从易到难、由浅入深的原则，本教材编写了8个实训项目，既有入门级的认知性练习项目，也有难度较高的、来自企业生产的真实项目。

当前在高职课程教学实践中有一种观点，即轻理论、重实践。编者认为，从学生的成长及长远发展来看，理论知识非常重要，加工中很多问题的分析和解决最终都要依靠理论知识，决不能只是让学生依葫芦画瓢，仅仅学会简单的操作。因此本教材对重要的理论知识都给予了详细讲解，与加工无直接关系的内容则以拓展阅读的形式另作介绍。对理论知识不一定全部都要讲解，可让学生自己阅读，扩展学生知识面，满足不同层次的需求。

使用本教材,建议安排在理论实践一体的教室里,四节课连上。

不同厂家的机床,其结构、电参数名称等都不一样。一本教材不可能针对所有的机型,但是不同机型也有如下共同点:① 在工作原理上基本相同;② 不同机床,在夹具使用、工件找正等方法上基本相同;③ 尽管参数名称不同,但其本质含义基本相同,学习中关键是要理解清楚这些参数的实质意义,理解了实质意义,加工时就知道该如何设置这些参数。因此我们不必过多在意其名称,也不必在意是哪种机床。

本书由吕雪松任主编,赫焕丽、卞平、孟灵、赵裕明、王国钱任副主编。其中,绪论、项目一中任务1由吕雪松编写,项目一中任务2由赫焕丽编写,项目一中任务3由赵裕明编写;项目二中任务4由卞平编写,项目二中任务5由王国钱编写,项目二中任务6由孟灵编写,项目二中任务7由吕雪松编写。全书由吕雪松统稿,由冯邦军主审。

本教材的编写得到了苏州中航长风数控科技有限公司、上海汽车集团股份有限公司等企业部分员工的大力支持,在此表示感谢!

吕雪松

2012 年 1 月

目　　录

绪论 ………………………………………………………………………… (1)
　　知识点1　电火花加工工艺概要 ……………………………………… (1)
　　知识点2　电火花加工的特点 ………………………………………… (2)
项目一　电火花成形加工 ………………………………………………… (5)
　　任务1　理解电火花成形加工原理及掌握相关参数 ………………… (5)
　　　　知识点1　电火花成形加工(EDM)原理 ………………………… (5)
　　　　知识点2　电火花加工的三个必备条件 ………………………… (11)
　　　　知识点3　电火花成形加工机床的电源 ………………………… (13)
　　　　实训项目　电火花成形加工机床的初步认识 ………………… (19)
　　任务2　熟悉机床的结构及掌握电极与工件的装夹校正 ………… (28)
　　　　知识点1　电火花成形加工机床的结构 ………………………… (28)
　　　　知识点2　工具电极的制作 ……………………………………… (37)
　　　　知识点3　电极及工件的装夹与校正 …………………………… (43)
　　　　知识点4　油杯及冲油嘴 ………………………………………… (53)
　　　　实训项目　利用分解电极加工模具型腔 ……………………… (56)
　　任务3　掌握电火花成形加工方法及加工工艺 …………………… (64)
　　　　知识点1　成形加工机床的平动加工及平动头 ………………… (64)
　　　　知识点2　三轴联动电火花成形机床的摇动加工 ……………… (67)
　　　　知识点3　电火花成形加工机床的G代码及编程方法 ………… (71)
　　　　实训项目　零件方孔的电火花加工 …………………………… (87)
　　　　知识点4　影响材料放电蚀除的因素 …………………………… (90)
　　　　知识点5　电火花加工的加工速度和工具的损耗速度 ………… (95)
　　　　知识点6　影响成形加工精度的因素 …………………………… (97)
　　　　知识点7　电火花加工的表面质量 ……………………………… (98)
　　　　知识点8　电火花加工规准的选择 ……………………………… (101)
　　习题与思考 ……………………………………………………………… (105)
项目二　电火花线切割加工 ……………………………………………… (106)
　　任务4　理解线切割加工原理及熟悉线切割机床构造 …………… (106)
　　　　知识点1　线切割加工原理 ……………………………………… (106)
　　　　知识点2　电火花线切割机床 …………………………………… (107)
　　　　实训项目　线切割加工机床的初步认识 ……………………… (119)

知识点3　线切割使用的工作液 …………………………………（122）
任务5　具体操作线切割加工 …………………………………………（123）
　　知识点1　线切割工件的装夹 …………………………………（123）
　　知识点2　线切割加工的工艺指标及影响因素 ………………（126）
　　知识点3　电极丝的垂直度及找正 ……………………………（130）
　　知识点4　提高切割形状精度的方法 …………………………（132）
　　实训项目　线切割加工机床的基本操作 ………………………（135）
　　知识点5　线切割机床的控制系统 ……………………………（143）
　习题与思考 ………………………………………………………………（150）
任务6　掌握线切割程序编制及加工工艺 …………………………………（150）
　　知识点1　3B代码程序编制 ……………………………………（150）
　　知识点2　ISO(G代码)程序编制 ………………………………（156）
　　实训项目　角度样板的线切割加工 ……………………………（178）
任务7　掌握线切割自动编程与加工 ………………………………………（185）
　　知识点1　线切割自动编程 ……………………………………（185）
　　知识点2　CAXA线切割软件的零件设计 ……………………（207）
　　知识点3　图的线切割 …………………………………………（212）
　　实训项目1　图的线切割加工 …………………………………（214）
　　实训项目2　上下异形面锥度切割 ……………………………（220）
　习题与思考 ………………………………………………………………（225）
附录A　电火花加工的分类 ……………………………………………（226）
附录B　电切削工国家职业资格标准 …………………………………（228）
附录C　职业技能鉴定国家题库试卷(例卷) ……………………………（231）
附录D　阿奇夏米尔电火花快走丝机床操作方法 ……………………（233）
附录E　阿奇夏米尔电火花成形机床操作实例 ………………………（244）
参考文献 …………………………………………………………………（253）

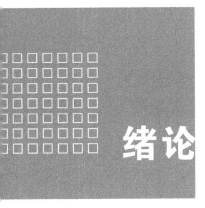

绪论

电火花加工属于特种加工，是一种与常规机械加工完全不同的新工艺。

随着工业生产的发展，熔点高、硬度高、强度高、脆性大等性能的新待加工材料不断出现，各种复杂结构与特殊工艺要求的工件越来越多，传统的机械加工方法难于满足加工要求。对此电火花加工具有独特的优势，能够适应生产发展的需要，因此电火花加工技术得到了迅速发展和日益广泛的应用。

知识点 1

电火花加工工艺概要

电火花加工又称放电加工，是一种直接利用电能和热能进行加工的新技术。由于放电过程中可见到明显的火花，所以称为电火花加工。

按工艺过程中工具与工件相对运动的特点和工作方式不同，电火花加工可大体分为：电火花成形加工、电火花线切割加工、电火花磨削加工、电火花展成加工、非金属电火花加工和电火花表面强化等。详细资料请见附录 A。

最常见的电火花加工有两类：电火花成形加工（electrical discharge machining，简称 EDM），如图 0-1 所示；电火花线切割加工（wire electrical discharge

(a)   (b)

图 0-1 电火花成形加工的零件

(a) 型腔加工；(b) 穿孔加工

machining,简称 WEDM),如图 0-2 所示。工厂里常将两者分别简称为电火花、线切割。

图 0-2 电火花线切割加工的零件
(a) 线切割冷冲模;(b) 线切割硬质合金

本教材主要讲述电火花成形加工和线切割加工。

知识点 2

电火花加工的特点

传统金属切削加工方法如车、钻、铣、刨等,它们有几个特点:依靠机械能;加工时存在切削力等,具有加工零件时加工机械导致变形的力量;需要刀具,且刀具的硬度要高于工件的硬度。

电火花加工是靠工具电极和工件之间火花放电产生的高温熔化金属材料,从而达到去除材料的目的。工具电极起到了刀具的作用,工具电极材料的硬度可以低于工件材料的硬度,可以"以柔克刚",即用软的工具加工硬的工件。电火花加工时工具与工件之间不存在显著的机械力。

1. 电火花加工的优点

(1) 电火花加工是一种非接触性的电蚀加工,不需要传统机械加工中刀具与工件间的大切削力,基本上无切削力变形和夹紧变形。其热应力、残余应力、冷作硬化等均较小,尺寸稳定性好,适合加工各种刚度很差的薄壁类、弹性类工件。

(2) 电火花加工"以柔克刚",可以利用较软的电极材料来"复印"加工出各种高强度、高硬度、难切削材料的复杂几何形状,如硬质合金、耐热合金、淬火钢、不锈钢、磁钢和金属陶瓷类等难切削材料,甚至可以加工聚晶金刚石、立方氮化硼这一类的超硬材料。

(3) 适于加工复杂型面、窄缝等。如电火花成形加工,其实质是将电极的形状复制到工件上去,即通过雕刻等手段在铜等较软的电极材料上得到复杂的形状,进而在其他材料上复制出型腔。各种模具的型腔常存在着一些尖角部位,在常规切削加工中由于存在刀具半径而无法加工到位,使用电火花加工则基本可以完全成形。

(4) 小孔加工。对各种圆形小孔、异形孔的加工,或者长深比较大的深孔,很难采用钻孔方法加工,而采用电火花或专用的高速小孔加工机可以完成加工。

电火花加工可以解决传统加工方法难以或无法加工的难题,在加工范围、加工质量、经济性方面,有许多优越性和独到之处。

2. 电火花加工的不足之处

(1) 只适合于加工导电材料。由于要构成电流回路,电火花加工的工件材料必须具有导电性,虽然在一定条件下也可以加工半导体和非导体材料,但目前电火花加工主要还是应用于金属等导电材料。

(2) 加工过程中存在因操作不当而引起火灾的安全隐患。

(3) 加工效率较低(相对机械切削加工)。

(4) 电极损耗会影响加工精度。电火花加工中电极会同时产生损耗,而且电极的损耗多集中在电场强度较大的尖角突出部位,容易影响工件的成形精度。

拓展阅读 电火花加工的发展历程

早在 19 世纪,人们就发现了开闭电器开关时触点间存在放电烧蚀,造成接触面损坏的现象。这种放电引起的电极烧蚀现象称为电腐蚀。起初,电腐蚀被认为是有害的,为减少和避免这种有害的电腐蚀,人们一直在研究电腐蚀产生的原因和防止的方法。当人们掌握了其规律之后,便创造条件把电腐蚀用于生产中。20 世纪 40 年代,苏联学者拉扎连科夫妇开创了利用电腐蚀原理去除金属材料的电火花加工方法。

世界上首台电火花加工机床于 20 世纪 50 年代在中国诞生。1956 年 1 月 27 日,营口电火花机床厂试制成功全国第一台便携式电火花强化机,是国内最先把放电加工技术用于生产的电加工装置。1958 年研制成功的 DM5540 型电脉冲机床具有效率高、电极损耗小的优点,从而开始了电加工机床进入以模具加工为主的时期。"钢打钢"电加工工艺的研究成果解决了电极与冲头的配合问题,这使电加工机床在模具(特别是冲压模具)加工中得到进一步推广应用。电火花机床因此也得到迅速发展。

从 20 世纪 60 年代初开始,电火花成形机床和电火花线切割机床在模具制造中的应用不断发展,促进了模具制造技术的提高和模具工业的发展。1964 年,我国开发了光电跟踪电火花线切割机床和快速走丝电火花线切割机床。1965 年 10 月,营口电火花机床厂试制成功 D6125 型电火花成形加工机床。该机床是国内最先采用液压伺服控制系统,以电子开关元件为脉冲电源的定型产品,也是国内最早出口援外的电火花成形加工机床。1965 年,晶体管脉冲电源的 D6140 型电火花成形机床的出现拓宽了电加工在型腔模具加工中的应用。1969 年,出现了快速走丝数控电火花线切割机床。

可控硅电源和晶体管电源的电加工机床在 20 世纪 70 年代得到较大的发展,与不断完善的平动头相结合,使型腔模具电火花平动工艺日趋成熟,促进了型腔模电火花加工的新发展。1970年底,我国第一台GDX-1型光电跟踪线切割机在苏州三光厂制造成功。电加工技术的不断发展使电加工在模具加工中所占比例逐步提高,电火花加工机床在模具工业的应用也越来越多。

随着数控技术的发展,20世纪80年代电火花机床有了新的突破,陆续出现了一些高性能的数控电火花加工机床。20世纪80年代,我国还自行开发了场效应管脉冲电源、数控平动装置及工艺技术和低速走丝线切割技术,使我国的数控电火花加工得到迅速发展。

在国际机械加工行业,发达国家在20世纪80年代开始研制和生产低速走丝电火花线切割机(俗称慢走丝机床),而我国当时尚属空白。随着中外合资企业生产电火花加工机床和引进数控电火花加工技术及机床,我国三光牌DK7632型低速走丝电火花线切割机于1997年研制成功。数控低速走丝线切割机床对冲压模具加工来说,不论从工艺、技术、功能、加工精度、效率、表面质量及对超硬材料的加工性能等方面都有很大提高。S205TNC、HCD400K、GW7452、SC110、SF310、B50等一系列性能价格比极具竞争力的数控电火花成形机床的出现,并在模具工业的广泛应用,更展示了它们的多功能、高精度、稳定可靠、价格适中等优点。

目前,电火花线切割加工的精度已达到$2\ \mu m$,最佳加工表面粗糙度可低于Ra $0.3\ \mu m$,这对诸如IC引线框架模等精密模具的加工具有十分重要的意义。由于大锥度和大厚度方面的技术进步,以及自动穿丝、自动定位等技术的进步,电火花线切割加工在塑料和铝型材挤出模及冲压模制造中充分发挥了优势。精密电火花线切割加工和研磨、抛光相结合的加工方式,在模具加工中正在不断发展。而镜面电火花加工技术的发展,使精密电火花成形机床在精密型腔模具加工方面起着越来越重要的作用。有的电火花成形机的加工表面粗糙度可达Ra $0.1\ \mu m$。

高速加工技术在模具制造中的应用逐步发展,使得电加工机床的地位受到了挑战,但它仍旧有广泛的前景。例如在模具的深窄小型腔、窄缝、沟槽、拐角、冒孔等加工方面,具有其他加工方法难以替代的作用。"电火花铣削加工""混粉加工""模糊控制""微细电火花加工"等技术的发展和直线电动机及专家系统的应用,也使电火花加工机床继续保持良好的发展势头。数控高速电火花小孔加工机性能的不断提高使其用途越来越广。

现在,电火花加工技术与模具制造已密不可分。一方面,电火花加工技术的发展为模具工业的发展创造了良好的条件;另一方面,模具工业的发展向电火花加工提出了越来越高的要求,促使电火花加工技术迈向更高的水平。两者相辅相成,相互促进,共同发展。近年来,我国模具工业每年新增加的电加工机床都在一万台以上,在现在的模具生产中,大约三分之一的加工工作是用电火花加工机床完成的。我们有理由相信,电火花加工机床在模具工业中的应用不但在过去和现在十分广泛,而且今后也必将继续发挥重要作用。

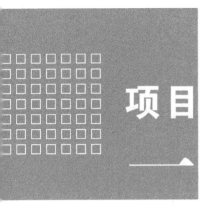

电火花成形加工

电火花成形加工(EDM)能加工高熔点、高硬度、高强度、高纯度、高韧度的多种材料,其加工机理与机械切削加工完全不同。脉冲放电的能量密度高,脉冲放电持续时间极短,放电时产生的热量传导扩散范围小,材料受热影响范围小;加工时工具电极与工件材料不接触,两者之间机械作用力极小;工具电极材料不需比工件材料硬,因此工具电极制造容易,降低了工人劳动强度。电火花成形加工具有独特的优势,必将在制造业中发挥很大作用。

任务1 理解电火花成形加工原理及掌握相关参数

知识点1

电火花成形加工(EDM)原理

1. 电火花成形加工基本原理

成形加工的基本原理是把工件和工具电极(铜公)作为两个电极浸入到工作液中,并在两极间施加符合一定条件的脉冲电压,当两极间的距离小到一定程度时,极间的工作液介质会被击穿,产生火花放电。火花放电产生的瞬间高温使工件表层材料局部熔化和气化,使材料得以蚀除,达到加工的目的。

如图1-1所示为电火花成形加工机床的结构及原理,工件与工具电极分别与脉冲电源的两输出端相连接,伺服系统(此处简单以电动机及丝杆螺母机构表示)使工具和工件间经常保持一个很小的放电间隙,当脉冲电压加到两极之间时,便在当时条件下相对某一间隙最小处或绝缘强度最低处击穿介质,在该局部产生火花放电,瞬时高温使工具电极和工件表面都蚀除掉一小部分金属,各自形成一个小凹坑。脉冲放电结束后,经过一段时间,工作液恢复绝缘后,第二个脉冲电压又加到两极上,又会在极间距离相对最近或绝缘强度最弱处击穿放电,电蚀出另一个小凹坑。就这样以相当高的频率,连续不断地重复放电,工具电极不

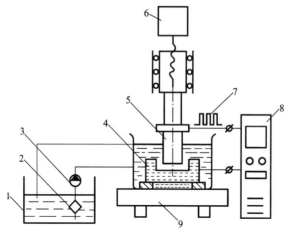

图 1-1 电火花成形加工机床结构

1—工作液箱;2—滤清器;3—泵;4—工件;5—工具电极;
6—伺服系统;7—脉冲电源;8—控制柜;9—工作台

断地向工件进给,就可将工具电极的形状"复印"在工件上,加工出所需要的零件。

图 1-2 所示为台湾新烽加工中心科技有限公司生产的 ZNC450 电火花成形加工机床的实物。

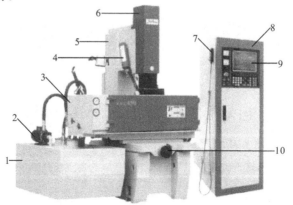

图 1-2 ZNC450 电火花成形加工机床

1—工作液箱;2—泵;3—工作区;4—灭火器;5—立柱;
6—主轴箱;7—手控盒;8—控制柜;9—面板;10—工作台 Y 轴调节手柄

2. 电火花成形加工蚀除材料的过程

电火花成形加工蚀除材料的过程如下。

1) 工作液被电离

电极向工件表面靠近,当距离到一定程度时,工作液(火花油)开始被电离,如图 1-3 所示。

放电加工时,电极不断向工件表面靠近到一定距离(放电加工中,电极与工件会保持一定的距离),这一距离由电压决定,这个电压称为间隙电压(产生电火

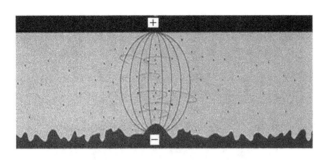

图 1-3　工作液开始被电离

花时机床电压表所显示的电压值)。间隙电压大小可以预先设定,设定的间隙电压值越低,电极与工件的距离就越小。在电极与工件未到达设定的间距时,电极与工件间的电压称高压空载电压(未产生电火花时机床电压表所显示的电压值)。高压空载电压同样可以通过机床预先设定。

工作液具有良好的绝缘性,但是足够高的电压可以使它分解出带电离子,设定的高压空载电压值越高,就越容易分解出带电离子。

2) 电路导通

当工作液分解出带电离子后,电路导通,低压电流经电极、工作液和工件形成回路,如图 1-4 所示。

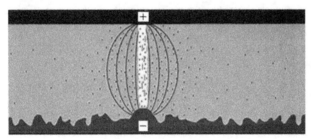

图 1-4　电路导通

悬浮在工作液中的石墨微粒和金属微粒有助于电流的传导,这些微粒能够参与工作液的电离,直接携带电流,还可以促进工作液被电离击穿。随着带电离子的增多,工作液绝缘能力开始下降。在图 1-4 的最高点处,电极和工件表面的距离最小,电场最强,电流由此处传送到工件,电压开始下降,电流开始上升。

3) 离子间撞击并产生热能

由于离子在电极间流动并撞击摩擦,产生极高的热能。

随着电流的增加,热量快速积聚,使部分工作液、工件和电极气化,形成放电通道,产生电火花,如图 1-5 所示。

4) 气泡形成

电流流过工作液时,因电化学反应,会产生氢气泡。

电流不断流过工作液,热量不断上升,气泡试图向外膨胀,但离子由于受到

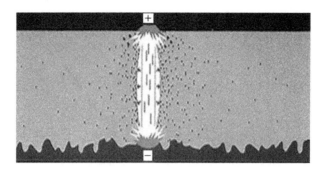

图 1-5 离子间撞击摩擦

强烈的电磁场作用不断冲向放电通道,这股冲力抑制了气泡的膨胀,如图 1-6 所示。与此同时,电流不断增加,电压继续下降。

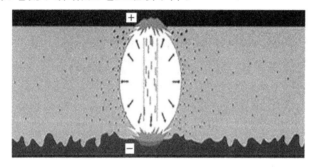

图 1-6 气泡的形成

5) 材料熔化

在放电时间内,直接位于能量柱下面的材料处于熔融状态。

当脉冲将近结束时,电流和电压都呈稳定状态,气泡中的热量和压力达到最大值,一些金属被熔蚀(包括电极,所以熔点低的电极材料会有较大损耗)。此时,处于熔融状态的金属层,由于受到气泡的压力而保持原地不动,如图 1-7 所示。

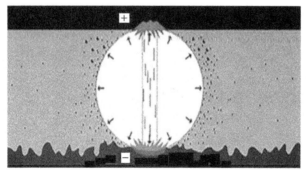

图 1-7 材料熔化

6) 熔化物被抛离

在脉冲间隔时间里,气泡发生内爆,熔化的材料被抛离出去。

当进入脉冲间隔期时,电压和电流迅速下降至零,导致温度骤然下降。失去电磁场的压缩作用,气泡会爆炸,爆炸力使熔融的金属飞离工件表面,向周围飞溅并撞击电极,如图1-8所示。若电极为脆性或结构疏松的材料,此时也得不到及时冷却,就会出现撞击损耗。

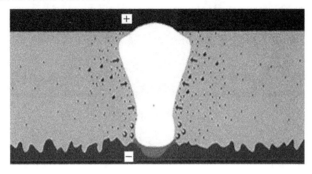

图1-8　熔化物被抛离

7）重铸层产生

一个脉冲结束时,由于材料被移除,工件上产生了一个小凹坑,未被抛离的熔融金属凝固成重铸层,如图1-9所示。

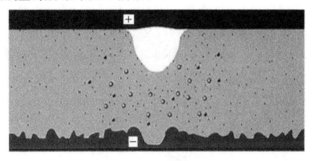

图1-9　重铸层的产生

新的工作液涌入型腔,冲走杂质,冷却工件和电极表面,恢复两极间的绝缘状态。此时若没有足够的工作液及压力把抛离出来的熔融金属冲走,会使重铸层变厚,蚀除量降低;若冲油压力过大,又会把电极表面来不及冷却的熔融层冲走,使电极损耗增大。因此,受冲油压力大小的影响,熔点低的电极材料要么熔融层很厚,要么因大量冲失而增加损耗。以石墨和铜来比较,由于石墨的结构颗粒度比铜大,熔点比铜高,其冲油压力比铜电极大一些,杂质排除彻底,且损耗不会明显加大。

8）形成新的放电周期

被抛离的金属凝固成圆形小颗粒分散在工作液中,如图1-10所示,气泡陆续上浮到工作液表面,随着下一个电脉冲的到来,新的放电周期又开始了。

如果脉冲间隔时间不够长,冲油状况不佳,杂质排除困难,那么杂质可能会

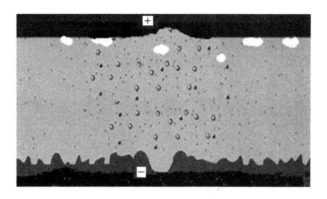

图 1-10　金属小颗粒

集结起来,影响放电的稳定性。在这种情况下还可能会产生直流拉弧(二次放电),损坏电极和工件。

以上是电火花加工一个放电周期中的工作过程。一个周期由脉宽和间隔构成,脉宽和间隔时间以微秒(μs)为单位(百万分之一秒,机床的设定亦会以级数设置)。以夏米尔 EDM 为例,其时间可以各在 1.2～3200 μs(1 至 8 级)内控制,每分钟最多可以循环 25 万次电火花周期。了解了这个循环周期,操作人员就能通过控制脉宽和间隔让电火花机床正常加工。

3. 电火花成形加工电压和电流的变化

总体看来,一个脉冲周期内两极间的电压、电流经历了如图 1-11 所示的变化。

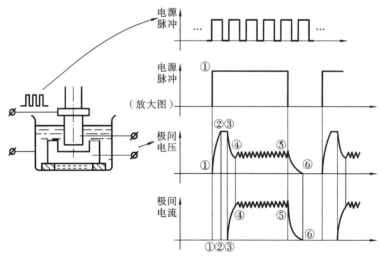

图 1-11　两极间的电压和电流变化

①—②:电源输出脉冲,极间电压上升。
②—③:击穿延时。

③:击穿点。

③—④:击穿后,极间电压下降、电流增大。

④—⑤:火花放电加工,电压维持、电流维持。

⑤—⑥:脉冲截止,极间电压下降、电流下降。

脉冲电源始终以稳定的频率连续放电,一次脉冲放电之后,两极间的电压再次升高,又在另一处极间距离最小、绝缘强度最小的地方重复上述放电过程。多次脉冲放电的结果,使整个被加工表面形成无数小的放电凹坑,如图1-12所示。工具电极的轮廓形状便被"复印"在工件上,从而达到成形加工的目的。

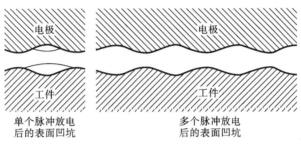

图 1-12 放电后的工件表面

在显微镜下观察铜打钢后的烧蚀产物,可以看到,除了游离碳粒和大小不等的铜和钢的球状颗粒之外,还有一些钢包铜、铜包钢互相飞溅所包容的颗粒,此外还有少量的由于气态的金属快速冷凝所形成的中间带有气泡的空心球状颗粒产物。

实际上,熔化和汽化了的金属在抛离电极表面时,向四处飞溅,除绝大部分被抛入工作液中冷却收缩成为小颗粒外,还有一小部分通过飞溅、镀覆到工具电极表面上,这种互相飞溅、镀覆现象减少了工具电极在加工过程中的损耗,对防止工具电极过快的烧蚀损耗起到了一个补偿的作用。

知识点 2

电火花加工的三个必备条件

为了有效地控制电火花的放电过程,加工出所需要的尺寸和形面,必须满足以下三个条件。

1. 电极和被加工表面之间必须保持一定的放电间隙

没有间隙意味着电极与工件直接接触,整个电路呈直接导通状态,不可能产生电火花;间隙过大将无法击穿绝缘介质,不会产生火花放电;间隙过小易形成短路,不能进行正常放电加工。

放电间隙通常约为几微米至几百微米,加工过程中伴随材料的蚀除而处于动态变化状态。电火花机床能够自动调整间隙大小,使其与期望的间隙值尽可能保持一致。自动调整的方法是:在加工中以极高的频率不间断地测量两极间的实际电压值,将其与事先设定的基准电压值进行比较。由于两极间电压的大小能反应两极间间隙的大小(间隙越大则等效电阻越大,两极间分得的电压值也越大,反之亦然),因此,若实际测得的电压值大于基准电压值,说明间隙过大,电极将靠近工件移动,缩小间隙。反之,电极将远离工件移动,加大间隙。

加工前一般要设定基准电压值,实际就是设定基准间隙,具体操作请看本任务的"实训项目"。

电火花加工机床都具备控制工具电极自动进给的调节装置,由一套伺服系统来执行。

2. 必须使用单向脉冲电压

单向脉冲电压必须是单向脉冲且是要有规律的,如图 1-13(a)所示。若使用双向脉冲电压,极性效应将被抵消,如图 1-13(b)所示。

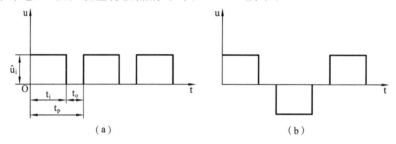

图 1-13 脉冲电压

(a) 单向脉冲电压;(b) 双向脉冲电压

u_i—脉冲电压;t_i—脉冲持续时间(脉宽);t_o—脉冲间隔时间(脉间);t_p—脉冲周期

单向脉冲电压有两个含义,一是脉冲的,二是单向的。

若电源不是脉冲的,则在放电开始后两极间始终处于导通状态,会形成持续性的电弧放电,工件表面的某一点(区域)一直处于被去除材料的状态,导致烧伤而无法形成所需要的表面形状,也难于控制尺寸。两个脉冲之间的间隔时间(脉冲间隔)必须足够长,这段时间是工作液进行消电离、排屑、冷却的时间,是避免短路或消除电弧放电的必要条件。一次放电后,工作液必须迅速恢复绝缘状态,为下一次放电做准备。

根据不同的加工材料、加工速度,脉宽和脉冲间隔都应作相应调整。脉宽一般为 $0.0001 \sim 1\ \mu s$。

在电火花加工过程中,正极和负极所受电蚀量一般是不相同的。即使使用相同的材料(如钢打钢),两极的电蚀量一般也不相同。这种由极性不同而导致两极电蚀量不同的现象称为极性效应。在生产中通常把工件接电源正极,工具电极接电源负极的加工称"正极性加工",反之称"负极性加工",又称"反极性加工"。

进一步分析,正、负离子(电子)质量不同,负离子质量小,启动加速快,正离子质量大,移动相对较慢。放电开始后,大量电子能在短时间内迅速达到正极表面。此时若用窄脉冲加工,电子对正极的轰击作用大于正离子对负极的轰击作用;若用宽脉冲加工,正离子将有足够的时间到达并轰击负极表面,由于正离子质量大,对负极表面的轰击破坏作用强,负极的蚀除速度将大于正极。

粗加工时追求加工效率,宜采用宽脉冲、负极性加工(工件接电源负极),其加工速度快,电极损耗小。精加工时宜采用窄脉冲、正极性加工(工件接电源正极),达到精雕细刻的效果。

3. 电火花加工必须在绝缘的液体介质中进行

液体介质即工作液,必须绝缘,否则只会持续放电而不能产生电火花。工作液还有排屑、冷却的作用,工作液在放电间隙中流动,把加工过程中产生的金属小颗粒、碳黑等电蚀产物排除出去,保证工作液的绝缘强度,避免极间短路,并且保持放电间隙的通畅。工作液可以有效控制加工区域的温度,对电极和工件起到良好的降温冷却作用。

工作液会因局部高温而分解,产生积炭,在积炭处聚集的碳焦粒会形成两电极间的搭桥,造成短路,此现象应尽量避免。

因此,电火花成形加工机床都有一个完备的工作液循环系统。

常用的工作液有煤油、皂化液,或去离子水等,将在后面作详细介绍。

知识点 3

电火花成形加工机床的电源

1. 脉冲电源及其产生方式

脉冲电源的性能直接关系到电火花加工机床的性能,其技术往往是电火花机床制造厂商的核心机密。

按间隙放电状态对脉冲参数是否有影响来分类,脉冲电源分为非独立式电源、独立式电源。早期的弛张式脉冲电源依靠工作液的击穿和消电离来控制脉冲电流的导通和切断,间隙大小、间隙中电蚀产物的污染程度及排出情况等都会影响到脉冲参数,使得脉冲频率、脉冲宽度、单个脉冲的能量等都不稳定,这种电源称为非独立式电源。非独立式电源已被淘汰。

目前电火花机床均采用独立式电源,其脉冲频率、单个脉冲能量和脉冲宽度等参数基本上不受放电间隙物理状态变化的影响。

产生脉冲电压的方式有多种,以前的电源(如弛张式脉冲电源)依靠阻容振荡电路、电子管、闸流管等来实现,现在多采用晶闸管(可控硅)或晶体管来产生脉冲电源。

晶闸管脉冲电源的电参数调节范围大,功率大,效率高,过载能力强,在大中型电火花机床中应用广泛。

晶体管脉冲电源以晶体元件作为开关元件,脉冲频率高,脉冲参数容易调节,且调节范围广,易于实现自适应控制,为绝大多数数控电火花机床所采用。

脉冲电压的波形很多,如图 1-14 所示,大多数由方波(矩形波)派生而来,各有其特点和用途。

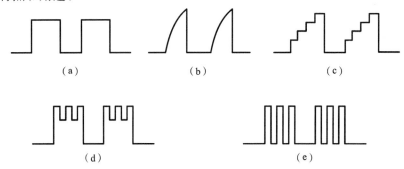

图 1-14 各种脉冲波形

(a)方波;(b)锯齿波;(c)前阶梯波;(d)梳状波;(e)分组脉冲波

下面就脉冲的形态种类和使用方式作介绍。

2. 电火花机床脉冲的常见形态

1) 梯形脉冲(低损耗电源)

实践证明,如果每个脉冲在击穿放电间隙后,电压及电流逐步升高,则可以在不太降低生产效率的情况下,大大减少电极的损耗,延长电极的寿命,提高加工精度,这种脉冲电源就是阶梯形脉冲电源。

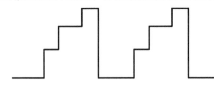

图 1-15 前阶梯波

一般使用前阶梯波(前低后高),其电压波形如图 1-15 所示。前阶梯波是由矩形波组合而成的,可由几路放电时间顺序延迟的矩形波叠加而成。

电火花粗加工时,宜使用先低后高的前阶梯宽脉冲、大电流、负极性加工。因为电子质量小,启动快,脉冲的前期主要是电子在移动,采用先低后高的前阶梯脉冲可削弱电子的撞击能量,从而能实现减少电极损耗。实例参见实训项目。

2) 等电流脉宽的脉冲

这种脉冲的电流脉宽相等,并且每个脉冲在放电加工中释放的能量基本相同,因此也称为等能量脉冲电源。有的厂家将等电流脉宽的脉冲电源简称为等脉冲电源。

产生这种脉冲的原理是:在间隙击穿伊始(此时电压突然降低,可作为火花击穿信号)开始计数每个脉冲电流的起始时间,延时相同时间 t_e(电流脉宽)后中断脉冲输出,经过一定的延时 t_o(脉冲间隔)后再发出第二个脉冲,如图 1-16 所示。

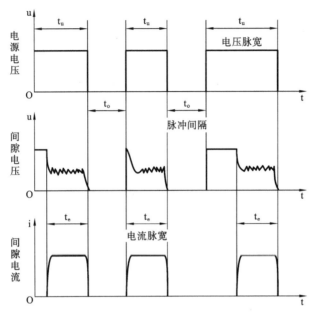

图 1-16 等电流脉宽的工作电压和电流波形

虽然延时了相同的时间,但由于每个脉冲击穿的起始时间不同,因此电压脉宽不一定相等。

等脉冲电源的特点如下。

(1) 图中所有的间隙电流脉宽 t_e、脉冲间隔 t_o 均相等,但电压脉宽 t_u 不一定相等。

(2) 每个矩形脉冲的电压幅值、电流幅值基本相同,加上持续时间(电流脉宽)相同,因此每个脉冲的能量基本相同,可使加工间隙均匀,表面粗糙度小。

(3) 脉宽不等,无固定频率,不属于周期性方波。

实例参见实训项目。

3) 等电压脉宽的脉冲

等电压脉宽的脉冲最简单,脉冲电源只需固定频率(固定电压脉宽、固定脉冲间隔)的脉冲,每个脉冲的放电时间(电流脉宽)往往不相等,如图 1-17 所示。有的厂家将这种脉冲电源简称为等频率电源。

等电压脉宽的脉冲电源在加工中很少单独采用。

等电压脉宽的脉冲电源的特点如下。

(1) 有固定频率,属周期性方波。

(2) 每个脉冲提供的能量不一定相同。

(3) 放电间隙变化大,粗糙度差,适于"钢打钢"、硬质合金的加工,以保证效率。

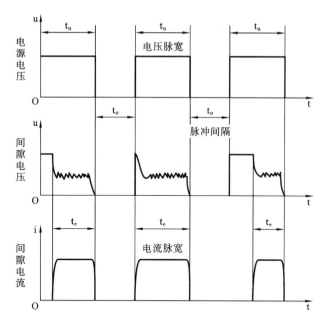

图 1-17 等电压脉宽的脉冲电源

实例参见实训项目。

4）自适应控制脉冲电源

自适应控制脉冲电源是自适应控制系统的一个重要组成部分,该电源能根据某一给定目标不断检测放电加工状态,并与最佳模型进行比较运算,按照运算结果自动、连续调整有关脉冲参数,如脉冲间隔、脉冲宽度、脉冲电流、电压值,以及进给、抬刀参数,以达到最佳加工效果。

操作上,操作者只需在控制面板上输入各种加工条件,自适应控制脉冲电源会输出最佳的加工规准。

3. 脉冲的使用方式

1）高低压复合脉冲

电火花成形加工机床目前多采用高低压复合脉冲电源。

所谓高低压复合脉冲是指在每个低压脉冲电压(60~90 V)波形上叠加一个小能量的高压(约 300 V)脉冲,其电路如图 1-18 所示。低压脉冲的特点是电压低、电流大,主要起蚀除加工作用,所在回路称为加工回路;高压脉冲的特点是电压高、电流和能量小,主要起击穿间隙作用,所在回路称为高压引燃回路。加工时先由高压回路击穿间隙,再由低压回路放电加工,可大大提高脉冲的击穿率和利用率,加工过程稳定,在"钢打钢"时显示出很大的优越性。

图 1-18 中画出了 3 路低压回路,图中的 VT 表示开关元件,二极管 VD 用于阻止高压脉冲进入低压回路。电火花机床的低压回路数量可以多达几百路,同时使用的回路数量越多,低压加工回路的总电流越大,加工速度就越快。

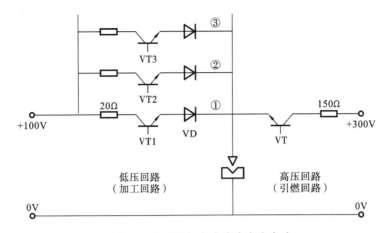

图 1-18 高低压复合式脉冲产生电路

在电火花成形机床的控制面板上可以设定此低压回路的电流值,原理上就是通过改变同时使用的回路数量来改变总电流值。实例请参见实训项目。

高低压脉冲的复合方式与时间有关,分为三种,如图 1-19 所示。图(a)所示为高压脉冲和低压脉冲同时触发,图(b)所示为高压脉冲比低压脉冲提前一段时间 Δt 触发,图(c)所示为高压脉冲比低压脉冲提前一段时间 Δt 触发,与低压脉冲同时结束。Δt 时间为 1~2 μs。

实践表明,精加工时,如图 1-19(c)所示的复合脉冲使用效果最好,因为高压方波加到电极间隙上之后,往往也需要有一小段延时才能击穿,在高压脉冲击穿工作液之前,低压脉冲不起作用;而在精加工(加工回路使用窄脉冲、小电流、正极性加工)时,若高压脉冲不提前,低压窄脉冲往往来不及起作用而成为空载脉冲,为此,应使高压脉冲提前触发,与低压脉冲同时结束。

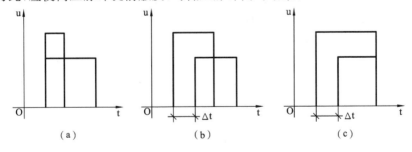

图 1-19 高低压复合脉冲的三种波形

目前普及型(经济型)的电火花加工机床都采用高低压复合脉冲的晶体管脉冲电源,中、高档电火花加工机床都采用微机数字化控制的脉冲电源,而且内部存有电火花加工规准的数据库,可以通过微机设置和调用各挡粗、中、精加工规准参数。例如汉川机床厂、沙迪克公司的电火花加工机床,这些加工规准用 C 代码(例如 C320)表示和调用,三菱公司则用 E 代码表示。

2）高频分组脉冲电源

高频分组脉冲波形如图 1-20 所示,这种波是由矩形波派生出来的,即把频率较高的小脉宽(t_i)、小脉间(t_o)的矩形波脉冲分组成为大脉宽(T_i)、大脉间(T_o)输出。

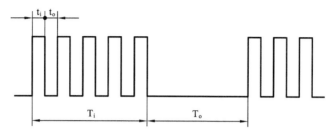

图 1-20　高频分组脉冲波形

矩形波不能同时满足提高加工速度和改善表面粗糙度这两项工艺指标的要求。若想提高加工速度,则表面粗糙度较差;若想使表面粗糙度值较小,则加工速度急剧下降。而高频分组脉冲电源在一定程度上缓解了两者之间的矛盾,其既具有高频脉冲加工表面粗糙度值小的特点,又具有低频脉冲加工速度高、电极丝损耗低的特点,在相同的加工条件下,可获得较好的加工效果。

3）多管分组并联输出（多路并用）电源

目前的电火花线切割机床多采用此类电源。

目前晶体管的输出功率都还比较小（和晶闸管相比）,脉冲电源的功率输出端由几十只大功率晶体管分为若干路并联组成,如图 1-21 所示为自激式双极型晶体管脉冲电源的原理。100 A 以下的中小型电火花机床均采用此类脉冲电源。图中每个功率晶体管开关控制一路脉冲电压。电阻 R 起限流和均流作用。

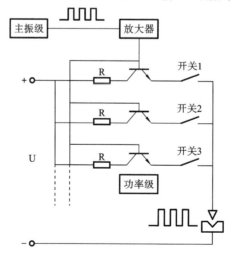

图 1-21　自激式双极型晶体管脉冲电源原理图

线切割加工时,一般要同时按下控制柜上的数个功率管开关,如图 1-22 所示,图中的 I1～I9 就是九个功率管开关。改变功率管开关的接通数量就可以调节加工电流。精加工时只用到其中的一到两路,粗加工则同时使用多路以增大电流值,提高加工速度。

图 1-22　线切割机床的控制按钮(北京迪蒙卡特快走丝机床)

4)多回路脉冲电源

多回路脉冲电源的原理实际上与上述多管分组并联输出的原理相同,区别在于使用方式上。多管分组并联输出是将多路电脉冲同时加在一个回路上,而多回路脉冲是将多路电脉冲用在多个回路上,用于某些特定形状零件的加工,如分割电极,如图 1-23 所示,右图中使用了三个分割电极,各回路的电流值约为总电流的平均值。

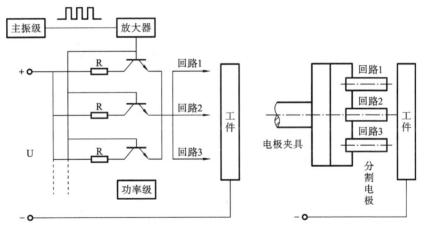

图 1-23　多回路脉冲电源和分割电极

实训项目　电火花成形加工机床的初步认识

1. 实训目标

(1)了解电火花机床的结构、组成、开关机过程。

(2)熟悉电火花机床的操作面板。

(3)理解电火花机床各电加工参数的含义、输入及修改方法。

(4)认识电火花加工的现象和过程。

(5) 初步认识电火花机床的附件及作用。

本实训项目的重点是结合知识点 3 脉冲电源的相关内容,掌握电加工各参数的含义。

本实训项目以北京迪蒙卡特公司生产的 CTE500ZK 型电火花成形加工机床为例,该机床为常见的 C 形结构,具有一定的代表性,如图 1-24 所示。

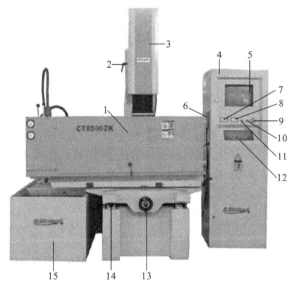

图 1-24　CTE500ZK 型电火花成形加工机床正面图
1—工作区;2—立柱;3—主轴;4—控制柜;5—显示器;6—手控盒;7—电压表;
8—电流表;9—关机按钮;10—启动按钮;11—进给速度调节旋钮;12—键盘;
13—Y 轴调节手柄;14—V 形导轨;15—工作液箱

该机床键盘与普通计算机键盘相似,如图 1-25 所示。

图 1-25　键盘

不同的机床,其外观结构、电参数名称等都不一样,但它们的工作原理都是一样的,参数名称虽然不同,但其本质含义基本相同,弄清楚这些参数的本质意义,加工时就知道该如何设置这些参数。因此,学习时我们不必过多在意是什么机床,以及机床的型号。

2. 实训过程

1) 观察机床的外观,练习开、关机过程

(1) 开机:合上控制柜背面的空气开关(总电源开关),顺时针旋转红色蘑菇形关机按钮,按下绿色启动按钮,计算机开始自检、然后出现主控画面,如图 1-26 所示。

(2) 关机:按下红色蘑菇形关机按钮,关闭空气开关(总电源)。

提示:按下后的关机按钮不会自动弹出复位,因此下次启动时需先旋转出该按钮。

两次开机间隔时间不得少于 30 s。

(3) 电压表:指示放电加工的间隙电压值。

(4) 电流表:指示放电加工的平均电流值。

(5) 进给速度调节按钮:调节放电加工时的伺服速度。

2) 认知主控画面

主控画面即操作屏幕,如图 1-26 所示。

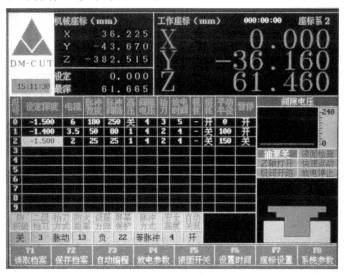

图 1-26 操作屏幕

屏幕上显示有机械坐标、工作坐标、电加工参数、程序段、快捷键等信息。

(1) 机械坐标、工作坐标。

① 机械坐标、工作坐标的含义。机械坐标系由机床生产厂家设置,固定不可更改。一般数控机床在刚开机时都会执行"回零"(回到机械坐标原点)指令,以保证开机后所有坐标轴的移动都是以机床的零位位置为基准,消除积累误差。开机后将机床回零,工作台停住的地方就是机械原点。工作坐标则是操作者自己设定,可以根据加工需要把工具电极停在某个位置,然后把该点设成工作坐标系原点。操作机床时,我们不必理会机械坐标值。加工时,面板上会显示相应的

工作坐标值,当工作台或主轴移动时,工作坐标值会随之改变。

② 设置机械零点的方法。在机床无电状态下摇动 X、Y 手轮,会造成开机后实际坐标值与显示坐标值不符,通过设置机械零点,可找回停电前的位置。具体操作是:按下 F2(机械零点)下方的功能键,屏幕上会弹出"机械坐标归零"菜单,如果要搜索 X 轴的机械零点,按下 X 键,"机械坐标归零"菜单将在"X 轴零点"下弹出"检索",此时摇动 X 轴手轮,直到"检索"变成"OK",X 轴机械零点被置"0",坐标系 0、1、2 下的值同时被更新。Y、Z 轴机械坐标归零的方法与此相同。

(2) 主要电参数、含义及调节范围。主要电参数如表 1-1 所示。

表 1-1 主要电参数

参　　数	调节范围	参　　数	调节范围
设定深度		间隙电压	0～9
电流	0～100	抬刀	关、1～30
脉冲宽度	1～2000	放电时间	0～30
脉冲间隔	10～2000	极性	+、-
高压	关、1～7	损耗	开、关

① 设定深度。假定要加工的型孔总深度是 4.4 mm,该深度可分成几段来分别加工,如分成 1.5 mm、1.4 mm、1.5 mm 三段,如图 1-26 所示,当然可分成更多段。1.5、1.4、1.5 就是每段的设定深度,其实就是主轴移动的距离。加工时,如果是由上向下打孔,称为正打,"设定深度"值应设为负值;反之,向上打孔称为反打,则"设定深度"应设为正值。

② 电流。用于确定实际使用的 VMOS 功率管(低压回路)的路数,设定低压电流。此处所说的"低压回路"即知识点 3 里所述"高低压复合脉冲"里的低压回路,如图 1-15 所示。

选择范围 0～100,每增加 1,脉冲电流(峰值电流)大约增加 1 A。该值越大,脉冲电流越大。0～100 是指该低压回路共有 100 路,以图 1-15 为例,图中仅画出了三路。同时使用的路数越多,低压回路的电流越大,加工速度就越快。

③ 脉冲宽度。用于确定脉宽。选择范围 1～2000 μs,该值每增加 1,脉宽增加 1 μs。

④ 脉冲间隔。用于确定脉冲间隔。选择范围 10～2000 μs,该值每增加 1,脉间增加 1 μs。

⑤ 高压。用于设定高压辅助回路的电流值。选择值有 1～7 或"关"共 8 个选项。该值每增加 1,峰值电流增加 0.5 A,最大可增加 3.5 A。

此功能实际是启用"高低压复合脉冲",同时设置高压回路的电流值,以适应各种不同材质的工件加工。加工时高压电流一般选为 0～2 A,在加工大面积面或深孔时可适当加大高压电流,以利于防积碳。

高压电流加大时,加工速度变快,但电极损耗略有增加。

⑥ 间隙电压。用于设定两极间的间隙电压的基准值,通过该基准值控制电极的进、停、退。选择选项有0~9共10个,选择范围为15~250 V。

前已述及,若要保证正常加工,两极间需有一个合理的间隙,此间隙值不能过大或过小。控制该间隙大小的方法如下。

假设加工时两极间实际的平均电压(间隙电压)为VA,如图1-27所示,由电学原理可知,两极间的间隙越大,相当于电阻越大,则分得的电压值VA值就会越大。主轴伺服系统随时检测该值,并与基准值做比较,据此控制两极的间隙:

若VA＞基准值,电极慢进,间隙变小;

若VA＜基准值,电极慢退,间隙变大;

若VA＝基准值,电极微进(跟随工件材料的蚀除);

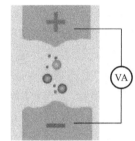

图1-27 间隙电压VA

若VA＝0,短路,电极快退,间隙变大。

显然,给定基准值相当于预设了一个间隙大小,实际间隙若不等于该预设值,主轴伺服系统就会带着电极移动,使实际间隙与预设值一致,这就是间隙的伺服控制方法。

⑦ 抬刀。用于设定电极上抬高度,选择范围为"关、1~30",该值越大,抬刀越高。高抬刀有利于电蚀物的排出。

⑧ 放电时间。用于设定两次抬刀间连续放电加工的时间。选择范围为1~30,该值越大放电时间越长。

加工时,电极总是连续加工一段时间,然后抬升→放下→加工→抬升,如此循环,从放下电极到抬起电极之间的时间就是放电时间。

注:a. "抬刀"和"放电时间"用于设定抬刀周期;抬刀越高、连续放电时间越长,则抬刀周期越大。

b. 由于金属材料在不断被去除,间隙不断增大,且受蚀除的金属等影响,间隙电压随时在变,而控制系统总是试图维持VA等于基准值,正常加工时,从宏观上看,电极只是在不断地上行、下移,但从微观上看,电极一直在不停地向下微动,每次上行的起点要低于上一次。

c. 该"放电时间"不同于电加工术语中的"放电时间",后者实际是电流脉宽。

⑨ 极性。用于选定加工极性。选择范围为"＋、－",选"＋"为正极性加工,即工件接电源正极。选"－"为负极性加工。

⑩ 损耗。用于低损耗控制。

选择范围为"开、关"。选"开"时,使用的电压脉冲是前阶梯形脉冲,电压前低后高,可减小工具电极的损耗,具体内容请参阅"知识点 3"的"梯形脉冲电源"。

(3) 参数值设置方法。

① 要输入"设定深度""电流""脉冲宽度""脉冲间隔"这四个参数值,可在键盘上直接输入数字,然后确认(按回车键)即可,其他参数用键盘上"＋""－"键修改,按一次"＋"键参数值就增加 1 个单位。

② 若想放弃操作,按"ESC"键,或用方向键移开光标。

(4) 其他电规准的含义及选择。

① 防积碳。防积碳是指电火花加工的自适应控制。开启该功能时系统会监视每一个放电过程,如发现因积碳等原因造成放电不良,系统将自动增加脉冲间隔,以避免产生连续放电,待加工稳定后自动恢复原有的脉间。选择范围"开、关",选"关"意味着不启用防积碳功能。

② 二级抬刀。该功能将电极升降的速度分为快慢两级。选择范围为"0～9",每一个单位代表 0.1 mm。假定将该值设为 5,即 0.5 mm,则提升时电极先以慢速提升,高度超过 0.5 mm 时快速提升;下降时先快速下降,至距离原位置 0.5 mm 时改为慢速下降。该功能用于避免因电极快速升降导致电极脱落或工件移位。电极抬升期间脉冲电源自动关闭,目的是避免二次放电。

③ 抬刀方式。选择范围为"标准、脉动"。选择"标准"时,抬刀周期由"抬刀"和"放电时间"两参数决定;选择"脉动"时,抬刀周期按 2 个"标准"抬刀加 1 次长抬刀决定。

④ 防火距离。伺服控制系统会不断检测电流情况,若有短路,系统自动提升电极。在电极提升过程中仍可能继续放电(属电弧放电,或称拉弧),此时有发生火灾的危险,尤其是在电极升至液面处,此处有空气,加之电极有高温,最易起火。利用该功能可设定短路最大回退值,若电极回退至该值处时仍不能切断电流,系统将停止加工并报警。

选择范围为"关、1～20",每个单位 1 mm。

显然,最大短路回退值应小于液面高度,即不要将工具电极抬出液面。

⑤ 伺服方向。用于确定打孔的方向,是向上打孔还是向下打孔。选择为"正、负",默认为正,即向下打孔。

⑥ 屏幕保护。此功能类同电脑屏幕保护,用于确定进入屏幕保护状态的时间。选择范围为"关、1～30",每个单位 1 min。

⑦ 脉冲方式。用于确定使用何种脉冲。可选类型有"等脉冲""等频率"两种,参见知识点 3。

⑧ 安全距离。用于设定全部加工完成后电极的回退高度。选择范围为"关、1～20",每个单位 10 mm。

⑨ 自动关泵。用于设定全部加工完成后是否自动关泵。选择范围为"开、关","关"意味不使用该功能。

3）主轴、主轴头、立柱的位置调节

主轴头如图 1-28 所示，加工时会在伺服系统控制下作上下移动，自动调节间隙大小。

如果工件的高度太低，即使主轴头带着电极下移到极限位置仍不能正常加工，此时可垫高工件，或操纵按钮让主轴整体下移。

主轴的整体移动也会有极限位置，如图 1-29 所示，由立柱上的上、下限位开关决定。

图 1-28　主轴头

1—伸缩套管；2—电极夹头；3—电极；4—工件

图 1-29　主轴极限位置

1—伸缩套管；2—主轴；3—限位销；
4—立柱；5—限位开关；6—主轴整体移动按钮

4）基本操作

（1）坐标清零。

X 轴坐标清零：按 X 键，回车。

Y 轴坐标清零：按 Y 键，回车。

Z 轴坐标清零：按 Z 键，回车。

（2）设置坐标值。

设置 X 轴坐标值：按 X 键，输入坐标值，回车。

设置 Y 轴坐标值：按 Y 键，输入坐标值，回车。

设置 Z 轴坐标值：按 Z 键，输入坐标值，回车。

练习 1　找到工件上的某个坐标点 A(x,y)。

如图 1-30 所示，沿 X、Y 坐标方向在工件上任选一点，以电极轻碰该点，听到短路报警声时，分别将 X、Y 坐标值清零，如图 1-31 所示；移动工作台并观察屏幕上坐标值的变化，待移至坐标(x,y)处，即点 A。

上述找点方法未考虑电极的半径，实际上是有误差的。工厂里常采用一种简易方法，即将钢针插在电极中心，以钢针碰工件。

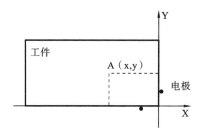

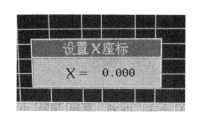

图 1-30　寻找工件上的点 A(x,y)　　　　图 1-31　X 坐标值清零

说明：性能高的机床一般具备自动找点的功能，在确定了工件坐标系之后，只需输入坐标值即可。

（3）计算坐标值中心位置。

X 轴坐标中心值：依次按 X、Pause break 键，X 轴坐标值变为原来的 1/2。

Y 轴坐标中心值：依次按 Y、Pause break 键，Y 轴坐标值变为原来的 1/2。

Z 轴坐标中心值：依次按 Z、Pause break 键，Z 轴坐标值变为原来的 1/2。

提示：迪蒙卡特电火花机床的 Pause break 键即 1/2 键，位于键盘的右上角。

练习 2　寻找工件的几何中心 O。

如图 1-32 所示，在工件上沿 Y 坐标方向任选一点（不一定是中心位置），以电极轻碰该点，听到短路报警声，将坐标值清零，移动电极至工件另一端，以电极轻碰该点，听到短路报警声，将坐标值改为 1/2。

沿 X 轴方向作相同的操作。

移动电极，同时观察屏幕上 X、Y 坐标值的变化，待坐标值变为(0,0)，即为工件的中心点。

提示：在移动 X 轴前，可先拔出 Y 轴手柄上的卡销，如图 1-33 所示，切断手柄转盘与丝杠间的传动，这样 Y 轴坐标值就不会因受外界影响而改变。

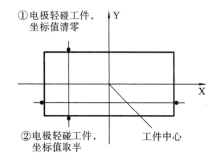

图 1-32　寻找工件的几何中心　　　　图 1-33　工作台手柄及其卡销

说明：目前大多数电火花机床都有接触感知功能，通过接触感知功能能较精确地实现电极相对工件的定位，利用电火花成型机床的 MDI 功能手动操作实现电极定位于型腔的中心。

5）主要功能键

键盘如图 1-25 所示,有四个重要功能键。

F5:液面开关,执行"液面自动检测/不检测"。

F9:开始加工。

F10:停止加工。

F11:油泵开/油泵关。

6）手控盒

手控盒如图 1-34 所示,加工时经常使用手控盒。

（1）速度设置。用于设置高速点动、低速点动,重复按该键即可设置。

（2）接触感知。用于伺服找正、火花找正。重复按该键即可设置。

图 1-34 手控盒及其按键

伺服找正——主轴下降,当电极和工件接触时主轴会自动上升,手动移动工作台时,主轴会随电极和工件接触情况自动控制伺服。

火花找正——高频电源启动,主轴下降,当电极和工件接触时主轴会自动上升,手动移动工作台时,主轴会随电极和工件接触情况自动控制伺服。

（3）点升、点降。分别使主轴上升和下降,升降速度由"速度设置"指定。

（4）加工、停止。启动加工、停止加工,等同于键盘上的 F9、F10 键。

练习 3 观察加工过程。

装上电极,设置电参数,启动加工,观察电火花成形加工过程。

修改电参数,如电流值、抬刀参数等,观察加工效果的变化。

拓展阅读　高速铣削与 EDM 的完美结合

近年来,模具行业的迅速发展对于模具制造装备及技术提出了新的要求。EDM 作为模具制造不可或缺的重要设备,一直以来都扮演着重要角色,并为众多模具制造企业所青睐。

但是,随着高速铣削技术的不断进步,高速铣削加工中心已经得到越来越多的普及,广泛应用于各类模具加工领域,迅速挤占甚至取代了原有一些 EDM 设备的市场。更有人称,不久的将来,高速铣削将全面取代 EDM,成为模具制造的绝对主力,而 EDM 或许将退出模具制造的历史舞台。

当然,对于 EDM"消失论"的这种判断,多数业内人士并不认同:虽然在模具制造领域,高速铣削抢了 EDM 的许多风头,而且这种趋势或许还会继续下去,但是 EDM 技术的一些固有特性和独特的加工方法是高速铣削所不能完全替代的。例如模具的复杂型面、深窄小型腔、尖角、窄缝、沟槽、深坑等处的加工,EDM 有其无可比拟的优点。虽然高速铣削也能部分满足上述加工要求,但是成本要比

EDM 高很多。尤其是加工 60HRC 以上的高硬材料时，EDM 要比高速铣削加工更容易，且成本更低。此外，较之铣削加工，EDM 也更容易实现自动化。

此前在模具制造领域，电火花、线切割等设备的占有率很高，而现在由于高速铣的快速发展，EDM 的市场份额大跌，但这并不值得惊慌，这只是 EDM 退回到了自己本该适用的加工领域，而此前在模具制造市场的一统天下才是不正常的。

无论如何，两者共存于模具加工领域当是毋庸置疑的，但是对于两类同样重要的模具加工装备，该如何有效发挥其作用才能更好地为模具制造企业服务，这就要了解这两类加工设备的优点，优势互补，各展特长。高速铣削的最大特点就是加工速度快，适合加工大型表面；而 EDM 加工精度高，善于加工尖角、窄缝和沟槽等，且不受待加工工件硬度的限制。这样一来，对于二者都可以加工的工件，可以先使用高速铣削进行前期粗加工，以节省加工时间，而对于最后的边、角和缝等细活，则由 EDM 来处理。据了解，现在一些发达国家的模具制造车间是先采用 EDM 进行前期加工，而后采用高速铣削完成精加工。许多制造业者认为之所以这样，估计是更多考虑了时间和成本的因素。

毕竟，对于可以完成同样任务的两种设备而言，高速铣削加工速度快，但是总体加工成本偏高，而 EDM 虽然加工成本低、精度高，但加工时间偏长。这样一来，模具制造企业应该根据具体的加工任务及交货期，选择不同的加工工艺和顺序，如果工期短，建议先用铣削加工，然后放电加工；如果工期长，则可以考虑先放电加工，后铣削加工。

但是，对于一个待加工的工件而言，到底高速铣削应该加工到什么程度（精度）然后再使用 EDM，才能实现加工经济性和时间的最优化？对此，专家认为，这需要视每个模具制造企业自身的加工特点及待加工的工件而定，对于 EDM 和高速铣削的组合使用，只有寻找出适合自身加工的最佳"黄金比"，才能同时发挥两者的最大功效，并实现加工时间和总加工成本的最优化。

任务 2　熟悉机床的结构及掌握电极与工件的装夹校正

知识点 1

电火花成形加工机床的结构

1. 机床分类及结构形式

电火花成形机床分类的方法很多，按结构形式来分，包括单立柱式（C 形结构）机床、龙门式结构机床、牛头滑枕式结构机床、悬臂式结构机床、台式结构机床，此外还有一种称为便携式结构机床，如便携式电火花穿孔机。如图 1-35 所示。

大多数中、小型电火花成形机床采用单立柱式 C 形结构，该类机床的结构特点是：床身、主轴头、工作台构成 C 形，如图 1-36 所示。优点是结构简单，制造容

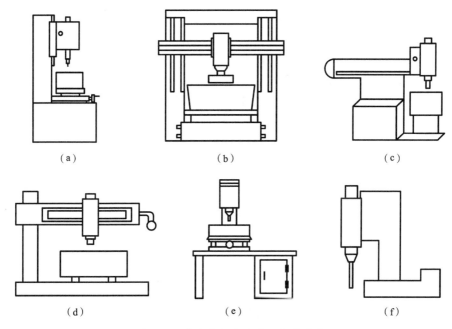

图 1-35 电火花机床分类及结构形式
(a) 单立柱式;(b) 龙门式;(c) 滑枕式;(d) 悬臂式;(e) 台式;(f) 便携式

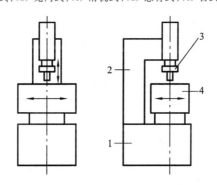

图 1-36 单立柱式(C 形结构)
1—床身;2—立柱;3—主轴头;4—工作液槽、工作台

易,具有较好的刚度和精度,操作者可以从前、左、右三面充分靠近工作台。缺点是装卸工件不方便,每次安装、检测工件都必须开门放油,然后再关门上油。

主轴头内的伺服进给装置可带着电极上下移动,称一次行程,而主轴头箱体可整体上下移动,称二次行程,这种设计可扩大机床的 Z 向行程。

2. 电火花成形机床的型号规格与参数

在电火花加工的发展初期,根据所使用脉冲电源类型的不同,把电火花加工机床分为电火花穿孔加工机床和电火花型腔加工机床两种类型。其中电火花穿孔加工机床一般采用阻容、感容和电子管、闸流管等窄脉冲电源。采用这类电源的机床较适合于对深孔和细微结构进行加工,被命名为 D61 系列机床,其典型机床有 D6125、D6135、D6140 等机床。电火花成形加工机床多采用宽脉冲发电机电源,这类机床较适合于复杂的盲孔类型腔进行加工。被命名为 D55 系列电火花加工机床,其典型机床有 D5540、D5570 型机床等。

1985 年以后,由于晶体管脉冲电源在电火花机床上的大量采用,这类机床既可用作电火花穿孔加工,又可用作型腔成形加工,其型号被统一为电火花成形加工机床,并命名为 D71 系列(JB/T 7445.2—1998),其型号均用 D71 加上机床工作台面行程的 1/10 表示,方法如图 1-37 所示。

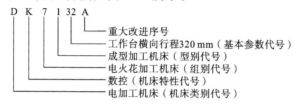

图 1-37 电火花成形加工机床的型号

D7132 中,D 表示电加工成形机床(若该机床为数控电加工机床,则在 D 后加 K,即 DK);71 表示电火花成形机床;32 表示机床工作台的行程为 320 mm。

电火花成形机床按其大小可分为小型(D7125 以下)、中型(D7125~D7163)和大型(D7163 以上)机床。

国产电火花机床型号的命名往往加上本单位名称的拼音代号及其他代号,如北京电加工研究所加 B,北京凝华实业公司加 NH 等。中外合资及国外企业的命名没有统一标准,如日本沙迪克(Sodick)公司生产的 A3R,A10R,瑞士夏米尔(Charmilles)技术公司的 ROBOFORM20/30/35,台湾乔懋机电工业股份有限公司的 JM322/430,北京阿奇工业电子有限公司的 SF100 等。

3. 机床可控轴数与联动轴数

数控机床的可控轴数是指数控系统能够控制的坐标轴的数量,联动轴数是指在数控系统控制下能够同时达到空间某一点的坐标轴的数量。

最常见的是直线移动的 X、Y、Z 三个坐标轴,三轴的判定顺序是:先 Z 轴,再 X 轴,最后按右手定则判定 Y 轴。Z 坐标轴的运动由主轴决定,X 坐标轴的运动是水平的,它平行于工件装夹面,Y 坐标轴根据 X、Z 轴按照右手直角坐标系确定,拇指为 X 轴,食指为 Y 轴,中指为 Z 轴,指尖指向各坐标轴的正方向,即增大刀具和工件距离的方向。具体判定步骤下面将作具体介绍。

如果在 X、Y、Z 轴之外还有平行于它们的直线运动,分别指定为 U、V、W 轴,如果还有第三组运动,则指定为 P、Q、R。若有旋转轴,规定绕 X、Y、Z 轴的旋转轴分别为 A、B、C 轴,其方向为右旋螺纹方向。如图 1-38 所示。

C 轴一般安装在主轴内部,和 Z 轴结合成一体,而 A 轴、B 轴都以数控转台附件的形式加装在工作台上。

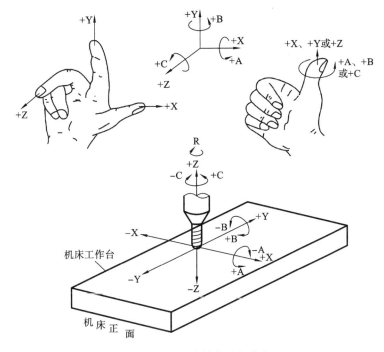

图 1-38 各传动轴名称与方向

若一台机床的 Z 轴由伺服电动机驱动(自动控制),X、Y 轴由手动控制,这种机床属于单轴数控机床。若 X、Y、Z 三轴均采用伺服电动机驱动则为三轴数控机床。

若 Z 轴可以连续转动但不是数控的,如电火花打孔机,则不能称为 C 轴,只能称为 R 轴。

图 1-38 中,C 轴为旋转伺服轴,R 轴为高速旋转轴。

三轴数控电火花加工机床的主轴 Z 和工作台 X、Y 都是数控的。从数控插补功能上讲,这类型机床又可细分为三轴两联动机床和三轴三联动机床。三轴两联动是指 X、Y、Z 三轴中,只有两轴(如 X、Y 轴)能进行插补运算和联动,电极只能在平面内走直线和圆弧轨迹(电极在 Z 轴方向只能作伺服进给运动,但不是插补运动)。三轴三联动系统的电极可在空间作 X、Y、Z 方向的插补联动(例如可以走空间螺旋线)。

四轴三联动数控机床增加了 C 轴,即主轴可以数控回转和分度。

现在部分数控电火花机床还带有工具电极库,在加工中可以根据事先编制好的程序,自动更换工具电极,称为电火花加工中心。

X、Y、Z 三轴判定顺序如下。

Z 轴(主轴):主轴头上下移动轴。

面对机床,主轴头上移为 +Z,下移为 -Z。

X轴:工作台左右移动轴。

面对机床,主轴向右(工作台向左)移动为＋X,反向为－X。

Y轴:工作台前后移动轴。

面对机床,主轴向前(工作台向后)移动为＋Y,反向为－Y。

C轴:电极旋转伺服轴。

从上往下看,电极逆时针方向旋转为＋C,顺时针方向旋转为－C。

4. 机床结构及各部分的作用

电火花成形加工机床的结构如图 1-1 所示,大致分为三大结构,包括脉冲电源与机床控制系统、机床本体、工作液循环系统。其中,机床本体又可细分为基座、立柱、主轴头、工作台、工作液槽等 7 个部分。

1）工作台

工作台主要用来支承和装夹工件。一般采用十字工作台,也称 X-Y 工作台,其下部装有 X、Y 两个垂直方向的拖板(或称滑板),使工作台面可沿 X、Y 方向移动。

工作台的上部装有工作液槽,一般有两种结构形式。一种为固定式结构,四周用钢板围成,两面钢板为活动门,可打开,便于工件的装夹。门上均用密封条加以密封。另一种为升降式结构,在工作台的四周围成工作液槽。装夹工件时,工作液槽自动下落,隐藏于工作台和床身之间;当需要加工时,可自动升起,构成工作液槽。

2）主轴头

主轴头是电火花成形加工机床的关键部件。主要由伺服进给机构、导向和防扭机构、辅助机构三部分组成。其中伺服进给机构保证电极不断地、及时地进给,以维持所需的放电间隙。

（1）电火花机床主轴必须伺服进给的原因。

正常电火花加工时,工具电极和工件间存在放电间隙 S,若 S 过大,脉冲电压不能击穿间隙间的绝缘工作液,则不会产生火花放电,一般 S 为 0.1～0.01 mm,与加工规准有关。加工时工件不断被蚀除,间隙 S 将逐渐扩大,则必须使电极工具及时补偿进给来保持 S 在一定范围内。如进给量大于蚀除速度,则间隙 S 将逐渐变小甚至等于零,形成短路。当间隙过小时,必须减少进给速度,只要发生短路(S＝0),必须使工具以较大的速度反向快速回退,消除短路状态,随后再重新向下进给。

由于火花放电间隙 S 很小,且与加工规准、加工面积、工件蚀除速度等有关,很难靠人工进给,也不能像钻削那样采用机动、等速进给,必须采用伺服进给。

（2）主轴伺服进给装置的类型。

伺服类型有液压进给式(喷嘴-挡板式电液自动进给系统,该进给式基本淘汰)、交直流伺服式、步进电动机伺服式等。直线电动机伺服进给是目前最新技术,这一技术去掉了联轴器、滚珠丝杠等环节,简化了电动机到电极之间的传动机构,没有传动间隙,能实现高速度、高加速度移动,并且具有位置信号误差小、定位精度高、响应速度快等优点。直线电动机在沙迪克公司生产的 EDM 机床上已广泛应用,最大驱动力高达 3000 N,快进速度可达 100 m/min,最大加速度达到 1 g 以上,能消除由于电蚀产物未排除而发生的集中放电、二次放电间隙不均匀性等,改善了加工质量,提高了加工效率。

主轴头移动位置的显示,初级的用大量程百分表,中高级多采用数显,即在操作面板上直接以数字显示主轴坐标值。

如图 1-39 所示是最常见的直流伺服式主轴伺服进给系统结构示意图。

数控系统根据输入的程序经过运算后发出指令,信号经过放大驱动直流伺服电动机,带动滚珠丝杠副运动,此时制动器自动放开,主轴作上下伺服运动。同时主轴的旋转速度及主轴的上下升降位移通过安装在主轴上的速度传感器及位移传感器传递给数控系统,与程序要求的理论速度及位移进行比较,由比较的结果决定主轴的旋转速度的大小和位移走向,从而保证工具电极和工件之间的合适的放电间隙。

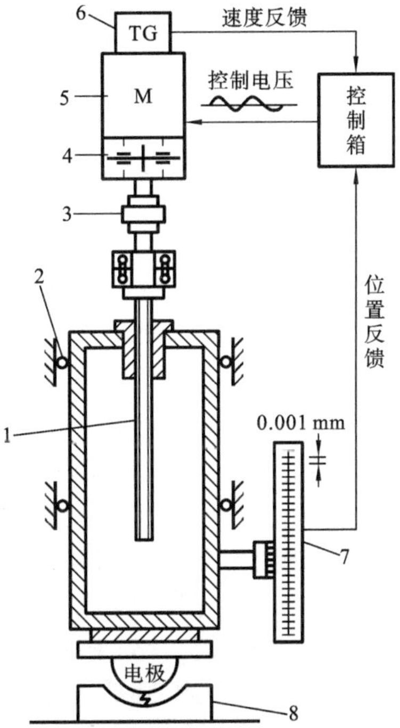

(3) 主轴头应满足以下几点。

① 保证稳定加工,维持最佳放电间隙,充分发挥脉冲电源的能力。

② 放电加工过程中发生暂时的短路或拉弧时,主轴应能迅速抬起,切断电弧。

图 1-39 直流伺服式主轴伺服进给系统
1—滚珠丝杆;2—轴承;3—离合器;
4—碟形制动器;5—直流伺服电动机;
6—转速传感器;7—光栅;8—工件

③ 为满足精密加工的要求,需保证主轴移动的直线性。

④ 主轴应有足够的刚度,使电极上不均匀分布的工作液喷射力所形成的侧面摆动最小。

⑤ 主轴应有均匀的进给而无爬行,在侧向力和偏载力的作用下仍能保持原有的精度和灵敏度。

3) 立柱

立柱的主要作用是悬挂主轴头,带动主轴头作上下运动,以弥补主轴头行程的不足,便于调节主轴与工作台面的垂直度,因此立柱的刚度和加工精度要好。

4) 工作液循环系统

电火花机床的工作液系统是机床非常重要的组成部分。为满足正常加工的需要,工作液循环系统最基本的功能是能够进行冲油操作和抽油操作。

对于不同型号的电火花机床,其工作液循环系统大同小异,原理如图 1-40 所示。

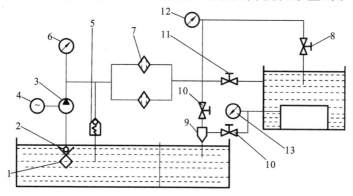

图 1-40 工作液循环系统

1—粗过滤网;2—单向阀;3—油泵;4—油泵电动机;5—溢流阀;6—压力表;7—精过滤器;
8—压力调节器;9—射流抽吸管;10—选择阀;11—补油阀;12,13—压力表

图 1-40 中,在油泵 3 的作用下,储油箱中的工作液经粗过滤网 1、单向阀 2,被吸入油泵 3,并经过精过滤器 7,将工作液送进工作台上的工作液槽中,工作液的压力不超过 0.4 MPa,由与油泵 3 相并联的溢流阀 5 来控制。补油阀 11 的作用为快速进油补充油槽的油液,及时调节冲油选择阀 10 来控制工作液的循环方式,压力调节器 8 用来控制油槽中的油液压力。

当冲油选择阀 10 处于抽油位置(打开)时,补油路和冲油路都截止不通,这时压力工作液经选择阀 10 高速穿过射流抽吸管 9,利用射流所产生的负压,将油槽中的油液快速地抽到储油箱;当冲油选择阀 10 处于冲油位置(关闭)时,补油和冲油路接通,油液经过补油阀 11 和调节阀 8 进入工作台油槽,压力由调节阀 8 来控制和调节。调节阀 8 前后的压力大小则由压力表 12 和 13 来显示,可以随时根据加工的需要来获得稳定的工作液流动效果。

拓展阅读 电火花成形加工机床的控制系统

电火花机床的自动控制系统由二部分组成:一是调节间隙大小的主轴伺服控制系统,二是加工过程参数控制系统,三是加工轨迹及多轴联动的数控系统。

1. 伺服控制系统

伺服控制系统最主要的作用是调节放电间隙大小。在电火花成形加工中,电极与工件必须始终保持一定的间隙,间隙过大或过小均应及时补偿进给。而放电间隙一般为数微米至数百微米,维持这一间隙只有依靠伺服控制系统,或称自动进给调节系统。

伺服控制系统通常由测量环节、比较环节、放大环节和执行环节等几个主要环节组成,图 1-41 是其基本原理方框图。当然,实际上不同型号电火花机床基本组成部分可能有所增减。

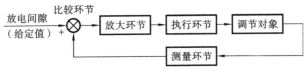

图 1-41 伺服系统基本原理框图

1）调节对象

调节对象是指工具电极和工件之间的实际放电间隙。

2）测量环节

直接测量电极间隙及其变化是很困难的，一般都是采用测量与放电间隙成比例关系的电参数来间接反映放电间隙的大小。

常用的信号检测方式有平均值测量法和脉冲电压的峰值信号测量法。

这里不介绍具体的测量方法，但需要理解电火花加工过程中会出现的五种基本放电状态（放电间隙），它们分别对应于图 1-42 中所示的五种脉冲波形。五种基本放电状态如下。

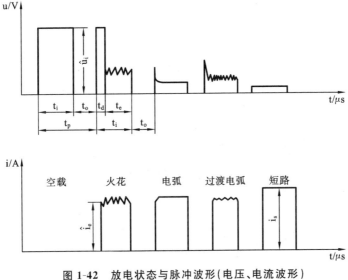

图 1-42 放电状态与脉冲波形（电压、电流波形）

（1）空载。放电间隙加工介质没有击穿，间隙上有大于 50 V 的电压，但间隙内没有电流流过，为空载状态（$t_d = t_i$）。

（2）正常火花放电。间隙内绝缘性能良好，放电期间放电电压波形上有高频杂波分量出现，峰值大，有击穿延时现象。而在形成火花放电过程中，电压电流波形平直，规律性整齐。

波形特点是：电压上有 t_d、t_e 和 i_e，波形上有高频振荡的小锯齿波形。

（3）稳定电弧放电。在间隙放电条件恶劣的情况下，如由于排屑不良，放电点集中在某一局部而不分散，局部热量积累，温度升高，恶性循环，此时火花放电就成为电弧放电。由于放电点固定在某一点或某局部，因此称为稳定电弧，常使电极表面结碳、烧伤。这时工具电极及工件表面都会形成局部凸包或凹坑,电压及电流波形都很光滑。形成烧弧后,如不擦除黑斑,加工过程不可能自行恢复正常。

波形特点是:基本没有 t_d 和高频振荡的小锯齿波。

(4) 过渡电弧。也称不稳定电弧放电,或称不稳定火花放电,过渡电弧放电是正常火花放电与稳定电弧放电的过渡状态,放电期间放电电压波形上高频杂波分量几乎没有,击穿延时也不明显,波形无规律。这种波形可通过伺服控制恢复为正常火花放电,也可因间隙状态变化而自行恢复为正常火花放电。因此它是作为理论研究提出的,实际加工控制过程中不需要专门测量。

波形特点是:击穿延时 t_d 很小或接近于零,仅成为一尖刺,电压电流波上的高频分量变低成为稀疏和锯齿形。

(5) 短路(短路脉冲)。工具电极与工件直接短路相接,这是由于伺服进给系统瞬时进给过多或放电间隙中有电蚀产物搭接所致。间隙短路时电流较大,但间隙两端的电压很小,没有蚀除加工作用。

虽然短路本身不蚀除工件,也不损伤电极,但在短路处造成了一个热点,当短路消除时易引发拉弧。

为了清晰地描述放电间隙状态,文中给出的间隙状态图是经过处理的。在实际电火花加工过程中,以上各种放电状态在实际加工中是交替或随机出现的(与加工要求和进给量、冲油、间隙污染等有关),甚至在一次单脉冲放电过程中,也可能交替出现两种以上的放电状态。

3) 比较环节

比较环节用以根据给定值来调节进给速度,以适应粗、中、精不同的加工要求。其实质是把从测量环节得来的信号和给定值的信号进行比较,再按此差值来控制加工过程。

4) 放大环节

差值信号一般都比较小,难以推动执行元件,所以必须要有一个放大环节,通常称为放大器,常用的放大器主要是晶体管放大器。

5) 执行环节

执行环节也称执行机构,主要是指主轴头的伺服执行机构(随动系统),其根据控制信号的大小及时地调节工具电极的上下进给,以保证合适的放电间隙,保证电火花加工正常进行。

执行环节多采用各种伺服电动机,如步进电动机、交直流伺服电动机、直线电动机等。

2. 加工过程参数控制系统

该系统的作用体现在以下两个方面。

1) 保证获得安全、稳定的加工

电火花加工中经常会有各种各样的干扰,除了正常的火花放电外,还有短路、拉弧、空载等，单靠主轴头的伺服进给不能完全避免这些情况的发生，需要不断检测加工过程并在出现严重干扰时作出快速响应。

2）获得最佳的工艺指标

电火花加工过程总的来说是慢过程，既要保证表面质量、加工精度，又要减少加工时间，保证生产效率，需要不断优化控制参数，这是加工过程参数控制系统的另一个作用。参数的优化控制必须在加工过程中进行，因为最佳参数值总是随着加工过程中的具体条件不断变化的。

放电加工过程中参数的变化快速而复杂，相应的控制参数，如脉宽、脉间、抬刀等，也必须实时调整。一方面，这种调整不可能手动进行；另一方面，如果不顾实际情况，完全按照预先设定的参数进行定时定量地调整，也得不到理想效果，比如定时抬刀（人为规定抬刀的时间和频率），抬刀频率过高会降低加工速度，频率过低又易导致拉弧烧伤。

先进的电火花机床均采用自适应控制系统控制加工过程。

自适应控制是指按照预定的评估指标（反映控制效果的准则），随着外界条件的变化自动改变加工控制参数和系统的特性（系统结构参数），使之尽可能接近设定目标的控制方法。

自适应控制系统一般有一套控制策略，在对加工过程实时监控所得数据的基础上，根据该策略确定新的控制参数和调整系统特性。当前常依靠所谓专家系统提供新的控制参数和系统特性，实际是一个由众多经验值组成的数据库。

3. 加工轨迹控制系统

轨迹控制是精确地控制工具电极相对于工件的运动轨迹，使零件获得所需的形状和尺寸。

轨迹控制的具体内容将在项目二部分讲述。

知识点 2

工具电极的制作

1. 电极的材料

最常用的电极材料是紫铜和石墨，一般精密及小电极用紫铜制作，大电极用石墨制作。

紫铜电极质地细密，加工稳定性好，相对电极损耗较低小，适应性好，尤其适用于制造精密花纹模的电极，其缺点为精车、精磨等机械加工困难。

石墨电极密度较小，质量小，容易加工成形，价格低廉，取材方便，适合制作大、中型电极；用高密度、高强度石墨制作的薄片电极，刚度好，不易变形；石墨电极导电性能好，加工损耗小，电加工效率高，而且取材方便，是一种良好的电极材料。但石墨较脆，遇冲击易崩裂，加工时容易发生烧伤；其次，精加工时电极损耗比紫铜大。故在大脉宽、大电流、粗加工时使用石墨电极,而精密加工时采用紫铜电极。另外,石墨加工对环境的粉尘污染较大,需要专门的防护设备和单独的防护措施。

2. 电极的分类

按结构形式的不同,电极可分为整体式电极、组合式电极、镶拼式电极和分解式电极。

(1) 整体式电极。整体式电极是用一块整体材料加工而成,如图1-43所示,小型电极大多为整体式电极。对于横截面积及质量较大的电极,一般要加工出减重孔等。

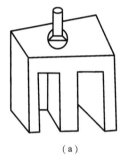
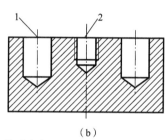

图1-43 整体式电极

1—减重孔;2—固定用螺孔

(2) 组合式电极。将多个独立的电极(形状相同或不同)组合在一块板上,使之在机械上和电气上成为一个整体,如图1-44所示,这样,一次加工就可以完成多个工序,这种电极称为组合式电极。用组合式电极加工,生产效率较高。各型孔间的位置精度,取决于各电极在安装板上的安装位置精度。

一般用低熔点合金、环氧树脂黏结剂、或螺钉来组合独立电极。

(3) 镶拼式电极。如果一个电极形状架构复杂,或尺寸较大,整体加工有困难,常将其分成几块,分别制作出来,然后再镶拼成一个完整的电极,这种电极称为镶拼式电极。

如图1-45所示,将E字形硅钢片冲模所用的电极分成二块,加工完毕后再镶

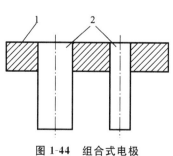
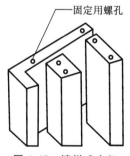

图1-44 组合式电极

1—固定板;2—电极

图1-45 镶拼式电极

拼成整体。这样既可保证电极的制造精度,得到尖锐的凹角,又简化了电极的加工,节约了材料,降低了制造成本。但在制造中应保证各电极分块之间的相对位置准确,配合要紧密牢固。

大型电极多用石墨来制造,而当石墨的坯料尺寸不够大时,可以通过镶拼技术对电极进行拼装。小块的石墨材料可以采用环氧树脂和聚乙烯醇缩醛等黏胶剂进行黏结,也可以用螺栓来进行石墨的拼接(石墨较脆,不提倡在石墨上攻螺纹)。在进行石墨拼接时要注意,同一电极的各个拼块都应该采用同一牌号的石墨材料,并且使其纤维组织的方向要一致,如图1-46(a)所示。图1-46(b)中的拼接方法不合理,石墨块是用石墨粉末压制成的,压制过程中会形成纤维,垂直于纤维方向上的石墨容易成层状脱落。

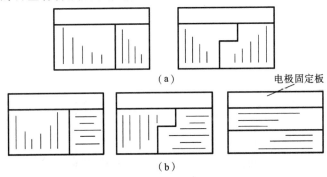

图1-46 石墨纤维方向及拼块组合
(a)合理拼法;(b)不合理拼法

为避免加工时粉尘飞扬和减少棱角崩落,坯料准备完毕后应放在机油或煤油里浸泡,然后再进行加工。

(4)分解式电极。如图1-47(a)所示的型腔,用整体电极加工较困难。在实际中先用大电极加工主型腔,如图(b)所示;再用小电极加工副型腔,如图(c)所示。即将原本的一个大电极分解制作成两个较小的电极,分别加工。

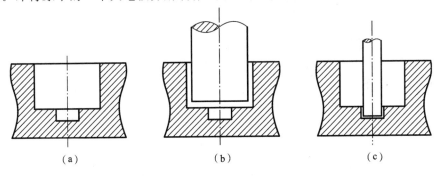

图1-47 分解式电极
(a)型腔;(b)加工主型腔;(c)加工副型腔

需要注意的是,电极不论采用哪种结构,都应具有足够的刚度,以利于提高电加工过程中的稳定性。对于体积小、易变形的电极,可将电极工作部分以外的截面尺寸增大,以提高电极的刚度。对于体积较大的电极,应尽可能减小电极的质量,以减小机床的变形。另外,电极在主轴上连接时,其重心应位于主轴中心线上,对于较重的电极这一点尤为重要。

3. 电极的排气孔和冲油孔

在加工型腔时特别要注意电极上排气孔和冲油孔的设计,因为型腔电极的截面尺寸较大,型腔的形面结构复杂,加上型腔的盲孔结构,排气和排屑条件比穿孔加工要困难得多。排气、排屑不畅会造成二次放电和加工斜度等工件表面质量问题,严重时会影响到加工稳定性和电加工效率,因此设计电极时需要很好地解决排气和冲油排屑问题。如图1-48所示为有冲油孔的电极,图1-49所示为有排气孔的电极。

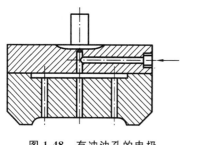

图1-48 有冲油孔的电极

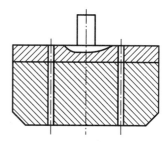

图1-49 有排气孔的电极

一般情况下,冲油孔应设计在难以排屑的拐角、窄缝等处,而排气孔要设计在蚀除面积较大的位置和电极端部有凹入的位置,冲油孔和排气孔的直径一般为 1～2 mm 为宜,过大的孔径容易在电蚀表面留下电加工凸起,不易清除。孔距为 20～40 mm,以工作通道内不产生气体和没有电蚀产物积存死角为原则。

4. 电极的制作

制作电极时,应根据电极的材料、类型、几何形状、复杂程度及精度要求,采用不同的加工方法。

1) 机械加工方法

对几何形状比较简单的电极,可用一般的切削方法来进行加工,如圆形电极可直接在车床上一次加工成形。矩形、多边形等电极可在刨床、铣床或到插床上加工后,再由平面磨床进行磨削加工,经钳工修整后即可使用。对形状比较复杂的电极,往往需要经过多道工序才能加工成形,达到图样要求。

机械加工电极除采用一般的加工方法外,已广泛采用成形磨削。根据凹模尺寸设计出电极,再用成形磨削的方法进行精加工,可以提高电极的尺寸精度、形状精度和降低表面粗糙度,用此电极对凹模进行电火花加工,再由凹模按间隙要求配制凸模,这种方法适合于凸、凹模配合间隙比放电间隙大 0.10 mm 以上,或凸、凹模配合间隙小于 0.01 mm 的场合。

对于纯铜、黄铜一类的电极，由于不能用成形磨削加工，一般可用仿形刨床加工，再通过钳工锉削进行修整。

机械加工电极常用工艺如下。

(1) 刨(或铣)。按图样要求刨或铣电极毛坯(若是圆形可车削)，按最大外形尺寸留 1 mm 左右精加工余量。

(2) 平磨。在平面磨床上磨两端面及相邻两侧面(对铜及石墨电极应在小台钳上，用刮研的方法刮平或磨平)。

(3) 划线。按图样要求在划线平台上划线。

(4) 刨(或铣)。按划线轮廓在刨床或铣床上加工成形，并留有 0.2~0.4 mm 的精加工余量。形状复杂的可适当加大，但不超过 0.8 mm。

(5) 钳工。钻、攻电极装夹螺孔。

(6) 热处理。若采用钢电极时，应按图样要求淬火。

(7) 精加工电极。对于铸铁或钢电极，在有条件的情况下，可用成形磨削加工成形；而对于铜电极，可在仿形刨床上进行仿刨成形。

(8) 化学腐蚀或电镀。指电极与凸模联合加工(或阶梯电极)时，对小间隙模具采用化学腐蚀，对大间隙模具采用电镀。

(9) 钳工修整。指对铜电极的精修成形。

2) 电极与凸模联合成形磨削

在电极制作中，为了缩短电极和凸模的制造周期，保证电极与凸模的轮廓一致，常采用电极与凸模联合成形磨削。这种方法的电极材料大多选用铸铁和钢。当电极材料为铸铁时，电极与凸模常用环氧树脂等胶合在一起，如图 1-50 所示。

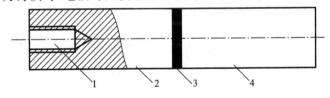

图 1-50 电极与凸模粘结

1—电极装夹螺纹；2—电极；3—黏结面；4—凸模

截面较小的工件不易黏牢，为防止在磨削过程中发生电极或凸模脱落，可采用锡焊或机械方法使电极与凸模连接在一起。当电极材料为钢时，可把凸模加长些，将其作电极。即把电极和凸模做成一个整体。

电极与凸模联合成形磨削，其共同截面的公称尺寸应直接按凸模的公称尺寸进行磨削，公差取凸模公差的 1/2~1/3。

当凸、凹模的配合间隙等于放电间隙时，正好适用磨削后电极的轮廓尺寸与凸模完全相同的情况。

当凸、凹模的配合间隙小于放电间隙时,电极的轮廓尺寸应小于凸模的轮廓尺寸则可用化学腐蚀法将电极尺寸缩小至设计尺寸。腐蚀剂可用混合比为草酸:双氧水:蒸馏水=40:40:100 的溶液,腐蚀速度为 0.04～0.07 mm/min。腐蚀的方法为:将干净的电极垂直浸入腐蚀剂中,根据其腐蚀速度的大小,每隔一定的时间后取出,测量其尺寸是否符合要求,若尺寸仍偏大时应继续侵入,直到适合为止。但取出的次数不要太多,否则在电极上会出现斜度,影响电极的加工质量。

当凸、凹模的配合间隙大于放电间隙时,电极的轮廓尺寸应大于凸模的轮廓尺寸,则需用电镀法将电极扩大到设计尺寸。如单面放大量在 0.05 mm 以下时,可以镀铜;单面放大量超过 0.05 mm 时,可以镀锌。

3)线切割加工电极

除用机械方法制造电极以外,在比较特殊需要的场合下也可用线切割加工电极,如异形截面和薄片电极,用机械加工方法无法完成或很难保证精度的场合。

4)反拷贝加工

可以直接用电火花成形加工电极,称为反拷贝加工。用这种方法制造的电极,定位、装夹均方便且误差小,但生产效率较低。如图 1-51 所示为电火花反拷贝加工制造异型电极的示意图。

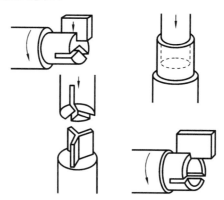

图 1-51 电火花反拷贝加工电极

5)数控雕刻

一些不易切削加工的形状,可在机械加工后,由钳工精修,或使用数控雕刻机进行雕刻。

数控铣雕机是近几年发展起来的一种新型加工机床,如图 1-52 所示,主要用来做浅切削和软材料切削,一般用来做小型模具和电极的精加工,如图 1-53 所示。其特点是主轴转速高,切削速度快,加工表面质量高。

数控铣雕机可完成复杂的铣削加工,可加工数十种材料,使用的雕刻刀具也有近百种。

项目一　电火花成形加工

图 1-52　数控铣雕机

图 1-53　铣雕鞋底电极

5. 石墨电极的加工

石墨电极是电火花型腔加工中常用的电极之一。石墨电极的制作一般是采用传统的机械加工,即车、铣、刨、磨、手工修磨、样板检验等方法,如图 1-54 所示,加工时石墨材料易碎裂、粉末飞扬、劳动条件差,最好采用湿式加工(把石墨先在机油或煤油中浸泡)。精度高和形状复杂的电极较难制造,且加工电极的重复精度差,适用于单件或少量电极的加工。

当要批量生产石墨电极时,可采用压力振动加工方法方便地将石墨制成各种所需的电极形状。压力振动加工石墨电极的方法,需要制造钢质母模,并需配有专用的压力振动加工机床,制作的石墨电极与母模的仿形性较好,加工重复精度较高。

不论是整体式还是拼合式的石墨电极,都应使石墨压制时的施压方向与电火花加工时的进给方向垂直,如图 1-46 所示,且拼合的石墨电极应采用同一牌号石墨。

图 1-54　铣削加工石墨电极

知识点 3

电极及工件的装夹与校正

电极装夹是指将电极安装于机床主轴头上,电极轴线平行于主轴头轴线,必要时使电极的横截面基准与机床纵横拖板平行。定位是指将已安装正确的电极对准工件的加工位置,主要依靠机床纵横拖板来实现,必要时保证电极的横截面基准与机床的 X 轴和 Y 轴平行。

1. 电极夹具

1) 标准套筒夹具、钻夹头夹具、螺纹夹头夹具

当工具电极直径较小时,可采用标准套筒、钻夹头装夹在机床主轴下端,如

图 1-55 和图 1-56 所示。

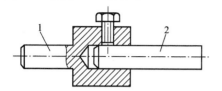

图 1-55 标准套筒夹具
1—标准套筒；2—工具电极

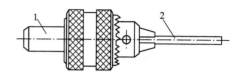

图 1-56 钻夹头夹具
1—钻夹头；2—工具电极

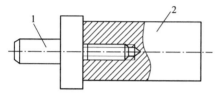

图 1-57 螺纹夹头夹具
1—连接杆；2—工具电极

当工具电极直径较大时，在工具电极上加工出内螺纹，电极与夹具通过螺纹相连，如图 1-57 所示，夹具连接杆装夹在主轴下端。

2）万向可调式夹具

万向可调式夹具是一种带水平转角和垂直调节装置的工具电极夹具，能使工具电极的轴线与主轴轴线重合或者平行，并能在水平范围转一定角度。此类夹具的调节装置有十字铰链式和球面铰链式两种，调节方法大体相同。

如图 1-58 所示为钢球铰链调节式电极夹头，其夹具体 1 固定在机床的主轴孔内，工具电极装夹在电极装夹套 5 内，装夹套 5 与夹具体 1 之间由钢球连接。转动两个调整螺钉 6，可以使工具电极绕轴线作微量转动。工具电极的垂直度可用四个调整螺钉 7 进行调整，螺钉 7 下面是球面垫圈副，其最大调整范围可达 ±15°。转动某个螺钉时需稍微松开与之相对的另外一个螺钉，在千分表的配合下反复地逐个细调拧紧，直到工具电极垂直度达到要求为止。

图 1-59 所示为一种万向可调式工具电极夹头的实物图。

2. 工件夹具

与常规的机加工不同，电火花成形加工没有显著的切削力，而且往往是单件生产，因此工件的装夹比较简单，通常是利用螺栓、压板直接夹紧在工作台上，或者使用磁力吸盘，很少使用较复杂的夹具。

1）磁力吸盘

磁力吸盘分为永磁吸盘、电磁吸盘和电永磁吸盘三种，电火花成形机床上使用的是永磁吸盘，如图 1-60 所示。

永磁吸盘不用供电即可使用，操作简便，装夹工件非常方便，使用方法是：将工件放到吸盘上，将扳手插入轴孔内再转到"ON"位置，即可吸住铁质工件及工作台，逆转到"OFF"位置再松开工件及工作台。

永磁吸盘是利用磁通的连续性原理及磁场的叠加原理设计的，吸盘的磁路设计成两个磁系，一个是固定的，另一个是活动的。扳动手柄使吸盘内的活

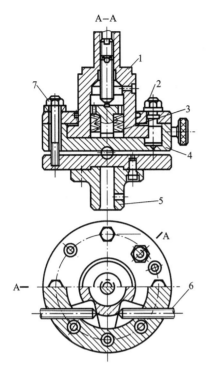

图 1-58　钢球铰链调节式电极夹头

1—夹具体；2—电线连接螺栓；3—弹簧；
4—支撑套；5—电极装夹套；
6—转动调整螺钉；7—垂直度调节螺钉

图 1-59　万向可调式工具电极夹头

1,6—左右垂直度调节螺钉；2,5—水平转角调节螺钉；
3—水平转角刻度；4—前后垂直度调节螺钉；
7—绝缘环；8—电极紧固螺栓；9—工具电极

图 1-60　永磁吸盘

动永磁钢体移位，在"ON"位置，两个磁系的极性一致，磁场叠加，磁力线经过工件形成回路，产生强大磁力吸住工件；在"OFF"位置，两个磁场相互抵消，磁力为零。

吸盘表面嵌有称为"隔磁箅子"的铜条（也有厂家使用不锈钢或塑料等不导磁材料），其作用是隔磁，即在"OFF"位置时减少磁力线经过工件。

还有单倾永磁吸盘、双倾永磁吸盘，使用这类吸盘可改变工件装夹的方位角度，如图 1-61 所示。

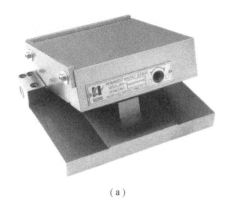

图 1-61 吸盘

(a) 单倾永磁吸盘；(b) 双倾永磁吸盘

永磁吸盘的维护和保养注意事项如下。

(1) 吸盘使用前应擦干净表面，以免划伤影响精度。

(2) 使用环境温度在 -40～50 ℃，当温度达到 60 ℃以上时，磁力会严重衰减。

(3) 严禁敲击，以防磁隙变大，磁力降低。

(4) 用完后工作面涂防锈油，以防锈蚀。

2) 压板

压板是一种简单实用的工件夹具，如图 1-62 所示。在固定工件时，垫块的高度应与工件的高度一致，确保固定可靠。

在确定定位基准与夹紧方案时应注意下列几点。

(1) 力求设计、工艺等与编程计算的基准统一。

(2) 尽量减少装夹次数，尽可能做到在一次定位后就能加工出全部待加工表面。

(3) 避免采用占机人工调整方案。

(4) 夹具要开敞，其定位、夹紧机构不能影响加工中的走刀（如产生碰撞），碰到此类情况时，可采用虎钳或加底板抽螺丝的方式装夹。

3. 工具电极及工件的校正

工具电极及工件的正确安装是非常重要的。一般电加工的加工余量都很小，尤其是精加工，要采用更换电极的方法来进行，精加工电极的精确校正就显得格外重要。

如果电极与工件之间的相对位置不能

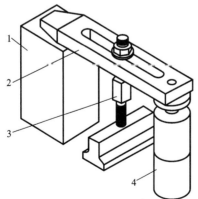

图 1-62 利用压板装夹工件

1—工件；2—压板；3—螺栓螺母；4—可调垫块

得到精确的校正定位,较小的电加工余量将不能纠正工件和电极间的位置误差。

如果是多电极加工,即加工过程中的粗、中、精加工分别使用不同的电极,加工时要多次进行电极的更换和装夹,那么,每次在主轴上安装电极时,电极都必须相对于主轴具有唯一确定的位置,尤其在使用分解电极法时,这一点则更加重要,此时可使用高精度夹具。

一般是先校正工具电极,再校正工件。

1) 工具电极的校正

工具电极的校正主要是检查其垂直度,使其轴心线或电极轮廓的素线垂直于机床工作台面,在某些情况下电极横截面上的基准,还应与机床工作台拖板的纵横运动方向平行。

校正电极垂直度的方法较多,如图 1-63 所示是用 90°角尺观察它的测量边与电极侧面素线间的间隙,在相互垂直的两个方向上进行观察和调整,直到两个方向观察到的间隙都均匀一致时,电极与工作台的垂直度即被校正。

如图 1-64 所示为用千分表来校正电极垂直度的情况。将主轴上下移动,电极的垂直度误差可由千分表反映出来,在主轴轴线相互垂直的两个方向上反复用千分表找正,可将电极校正得非常准确。

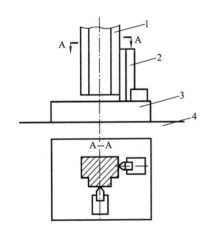

图 1-63 用角尺校正电极垂直度
1—电极;2—角尺;3—工件;4—工作台

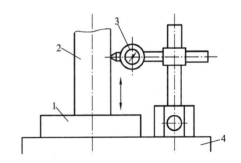

图 1-64 用千分表校正电极垂直度
1—工件;2—电极;3—千分表;4—工作台

有时还需要校正电极的水平度,如图 1-65 所示为用百分表对电极进行水平校正。

2) 工件的校正

校正工件时,如果工件毛坯留有较大余量,可先划线,然后用目测法大致调整好电极与工件的相互位置,使用脉冲电源弱规准加工出一个浅印。根据浅印进一步调整工件和电极的相互位置,使周边加工余量尽量一致。如果加工余量少,需借助量具(量块、百分表等)进行精确校正。

常用的校正方法有划线找正法、量块角尺找正法、定位板找正法。

（1）划线法。以已经精确校正的电极作为工件定位的位置基准,在电极或电极固定板的 4 个侧面划出十字中心线,同时在工件毛坯上也划出十字中心线,再将电极垂直下降,靠近工件表面,调整工件的位置,利用角尺找准电极及工件上对应的中心线使之对齐,如图 1-66 所示,然后将工件用压板压紧,试加工并观察工件的定位情况,用纵横拖板作最后的补充调整。

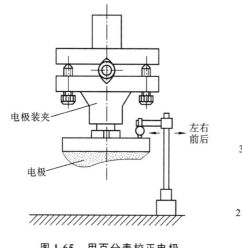

图 1-65　用百分表校正电极

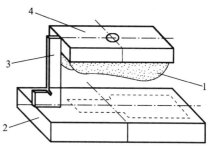

图 1-66　工件的十字线定位法

1—电极；2—工件；3—角尺；4—电极固定板

这种方法的定位精度在很大程度上取决于划线精度和操作工的校正视觉,故定位精度较低,只适用于定位精度要求不高的加工。

（2）量块角尺校正法。如图 1-67 所示,利用量块和角尺对工件进行安装定位的方法一般应用于具有垂直侧面的电极或工件。

以已经精确校正的电极为工件定位的位置基准,以电极的实际尺寸来计算出其与工件两个侧面的实际距离,将电极下降至接近工件,用量块组合和角尺来校正工件的精确位置,并将其压紧。这种操作方法简单方便,工件的校正定位精度较高。

（3）定位板找正法。定位板定位法是指利用定位板来进行工件的定位,如图 1-68 所示,在电极固定板的两个相互垂直的侧面上分别安装两块定位基准板,在工件安装定位时将工件上的定位面分别与两定位板贴紧,达到准确定位安装的目的。此法较十字线定位法的定位精度高,但电极固定板上的两块定位基准板相对于工件的预定位置,需要提前用专用的调整块进行精确地调整并安装。

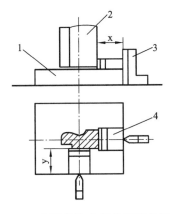
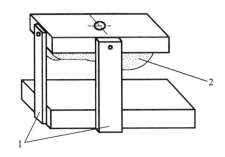

图 1-67　用量块和角尺校正定位工件
1—工件；2—电极；3—角尺；4—量块组合

图 1-68　用定位板定位工件
1—定位板；2—电极

拓展阅读　千分表和夹具介绍

1. 千分表的使用方法

千分表分为数显式、机械式两大类，如图 1-69 所示为机械式千分表，常与磁力座支架配套使用，如图 1-70 所示。

图 1-69　机械式千分表　　图 1-70　磁力座支架与千分表

千分表属于长度测量工具，利用齿条齿轮或杠杆齿轮传动，将量杆的直线位移变为指针的角位移。图 1-69 中表盘上有 100 个小格，量杆每移动 0.001 mm（1 μm），长指针转动一小格，即一小格对应千分之一毫米，故称千分表。

长指针转一圈短指针转一格，短指针指示整数部分，长指针指示小数部分，将其相加即得测量数据。也可以说，短指针用于计量长指针所转的圈数。

1）使用前检查

（1）检查相互作用。轻轻移动测杆，测杆移动要灵活，指针与表盘应无摩擦，表盘无晃动,测杆、指针无卡阻或跳动。

(2) 检查测头。测头应为光洁圆弧面。

(3) 检查稳定性。轻轻拨动几次测头,松开后指针均应回到原位。

2) 读数方法

(1) 将表固定在表座或表架上。装夹千分表(夹持表的套筒)时,夹紧力不能过大,以免套筒变形卡住测杆。

(2) 调整表的测杆轴线垂直于被测平面。对圆柱形工件,测杆的轴线要垂直于工件的轴线,否则会产生很大的误差并损坏指示表。

(3) 校正或测量零件时,测量前先调零位,且应当使测量杆有一定的初始测力,即在测量头与零件表面接触时,测量杆应有 0.3~1 mm 的压缩量(千分表可小一点,0.1 mm 即可),使指针转过半圈左右,然后转动表圈,使表盘的零位刻线对准指针。轻轻地拉动手提测量杆的圆头,拉起和放松几次,检查指针所指的零位有无改变,如改变则重调。当指针的零位稳定后,再开始测量或校正零件。

要点:先压缩测量杆,使指针预转半圈,再转动表圈使指针对零。读数时眼睛要垂直于表针,防止偏视造成读数误差。

3) 使用方法

检查工件平整度或平行度时,将工件放在平台上,使测量头与工件表面接触,调整指针使其摆动半圈左右,然后把刻度盘零位对准指针,跟着慢慢地移动表座或工件,当指针顺时针摆动时,说明工件偏高;反时针摆动,则说明工件偏低了。

如果是校正零件,此时开始改变零件的相对位置,读出指针的偏摆值,该值就是零件安装的偏差数值。

测量时注意表的测量范围,不要使测头位移超出量程,以免过度伸长弹簧,损坏指示表。

2. 3R 快速夹具

电火花加工的工具电极无论简单或复杂,都必须安装在机床主轴上。对单电极电火花加工来讲,每次加工前需要仔细校正,对刀后才能夹紧工件,夹紧后可能又有小的位移,还需要再复核校对一次。如果要求按粗、中、精进行加工,则要更换多个电极,或同一型腔上不同表面要更换不同的电极加工。

瑞典 3R 公司和瑞士 EROWA 公司提出了"高精度工艺基准定位系统""一分钟(快速)换装"的概念和装置。其工艺电极的快速、精确装夹定位,是靠装在机床主轴端面上的一个(一套)内有定位的中心孔,四周有多个定位凸爪的卡盘来实现的。如果工具电极形状简单,质量又不大,则可安装在标准化的电极柄上,如图 1-71 所示为 3R 公司生产的可快速装卡电极柄,下端与工具电极相连,上端中间 20 mm 的圆柱部分插入主轴端面卡盘的高精度内孔(为薄壁、塑料内涨胎)。电极柄中部的小横杆,装夹时使之向一边靠,用于在水平面内工具电极的

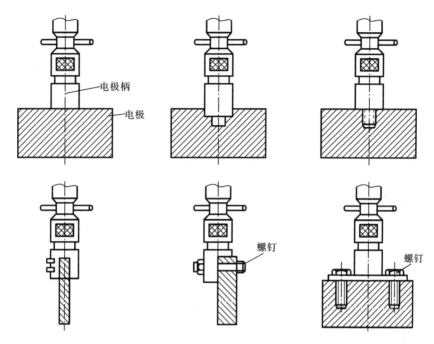

图 1-71 快速装卡电极柄

定位,消除其转动的自由度。

采用"一分钟决速换装"的工艺基准定位系统装置后,大大提高了生产的柔性化程度,避免产生废品,缩短了生产加工周期。

3. 3R 工艺基准定位系统

3R 工艺基准定位系统(EROWA 公司称之为 ITS 工具系统)将常用的机床,包括电火花、线切割加工机床,车床、铣床、磨床、加工中心、三坐标测量机等做出一个统一的基准平台,集成作为一个柔性制造系统。利用数控机床工作台 X、Y 方向以及主轴 Z 向都有的"电子零点"(坐标基准点)固定基准,只要已知工件和工具电极在 X、Y、Z(以及数控回转轴 A、B、C)的精确坐标位置,就能建立起工件、工具电极间的快速找正控制系统。

3R 工艺基准定位系统中将工件的固定基准称为 Refix 工作台,工作台上有间隔为 100 mm×100 mm、直径为 20 mm 的精密基准孔群,左右方向编号为 1、2、3……,前后方向编号为 A、B、C……。工件装在模块化的工装夹具板块上,每个板块都具备 100 mm 或其倍数的基准孔,对准 Refix 工作台上相应的基准孔,用膨胀销钉进行定位可以消除孔间的间隙和避免磨损,定位精度在 0.005 mm 之内。这样,工件在配备有 3R Refix 工作台的任何机床上就可以一分钟快速换装,而且可以中断加工,临时插入一个急件进行换装加工。大大提高了生产的柔性化程度,缩短了生产加工周期。

3R 工艺基准定位一分钟换装系统的核心是 3R 的 Refix(再定位)技术。所谓 Refix 技术,包括工件的再定位和工具电极的再定位。许多制造企业不光是在数控电火花机床上配备 3R 工艺基准精密附件,而且在与之配套的预加工工件毛坯和去除大部分表面余量、开空刀槽或制造电火花粗、中、精加工用的各式工具电极等的数控铣床、加工中心、数控磨床等机床上,也装有 3R 系统。各种数控机床都配备有"电子零位点",只要已知工件在某机床上的精确定位的坐标位置,就能在该机床主轴(工具电极)和工件的坐标系之间建立一个统一的闭环控制系统。在制造工具电极时,因为所有电极都被装夹在 3R 系统标准的电极夹头中,都有统一的同轴度、位置度的工艺定位基准,所以装到电火花机床上后用不着再进行找正调节,可很快投入电火花加工,有利于加工质量和效率的提高。

4. EROWA 公司的一种高精度快换夹具

瑞士 EROWA 公司专门生产高精度夹具,可以有效地实现工件的快速更换、装夹与校正。该公司的高精度夹具不仅可以在电火花加工机床上使用,还可以在车床、铣床、磨床等机床上使用,因而可以实现电极制造和电极使用的一体化,使电极在不同机床之间转换时不必再费时去找正。

如图 1-72 所示的快换夹具是该公司系列产品之一。定位板含四个支撑脚和四个螺栓,安装于电极底部平面上。定位板及夹头紧固于四爪卡盘上,卡盘则安

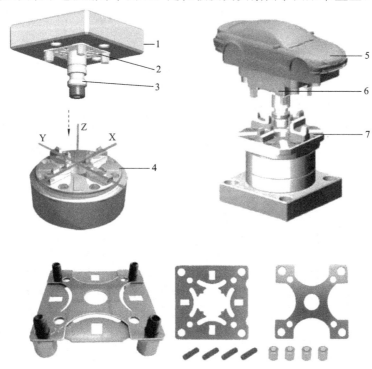

定位板及其组成

图 1-72 EROWA 公司电火花快换夹具

1—电极;2—定位板;3—夹头;4—卡盘;5—车模电极;6—定位板;7—卡盘

装在电火花机床的主轴上。

先在电极毛坯平面上钻出安装孔,将电极直接安装在定位板上(多用于大电极装夹),也可以通过另外的电极夹头装夹在定位板上(多用于中小电极装夹)。

如图 1-73 所示是快换夹具的一些使用情况。

图中所示只是 EROWA 公司系列夹具产品的一类,用于电火花加工。

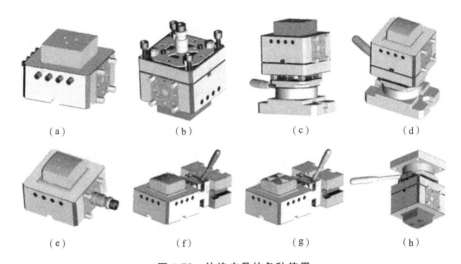

图 1-73　快换夹具的各种使用

(a) 主体装夹铜公;(b) 用螺丝连接底座;(c) 装夹定位座;(d) 进行 CNC 加工;
(e) 分开底座配上拉钉;(f) 装夹定位座;(g) 进行线切割加工;(h) 进行 EDM 加工

EROWA 公司的高精密夹具价格一般比较高,目前有些厂家仿造了 EROWA 公司的产品,价格便宜很多。

知识点 4

油杯及冲油嘴

1. 油杯的作用及其结构

放电加工过程中必须保证工作液的绝缘强度,减少二次放电的概率;工作液会分解产生气体(主要是氢气),加工时易产生爆炸(放炮)现象,造成电极与工件错动和蚀除物的抛射。利用油杯可很好地解决这些问题。

油杯是实现工作液冲油或抽油强迫循环的一个主要附件,油杯结构的好坏对加工效果有很大影响。

油杯固定在工作台面上,工件再装夹在油杯上。

油杯的结构不尽相同,工厂可自行加工,在其侧壁和底边上通常开有冲油孔和抽油孔。按国标规定,油杯上必须留有排气孔。

一般油杯的结构如图 1-74 所示。

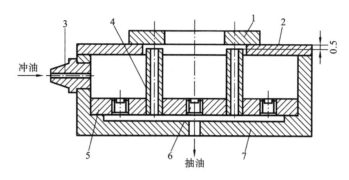

图 1-74 油杯结构

1—工件；2—油杯盖；3—管接头；4—抽油抽气管；5—底板；6—油塞；7—油杯体

油杯的应用要注意以下几点。

（1）油杯要有合适的高度，能满足加工较厚工件的电极伸出长度，在结构上应满足加工型孔的形状和尺寸要求。油杯的形状一般有圆形和长方形两种，都应具备冲、抽油的功能。为防止在油杯顶部积聚气泡，抽油抽气管应紧挨在工件底面。

（2）油杯的刚度和精度要好。根据加工的实际需要，油杯的两端面不平度不能超过 0.01 mm，同时密封性要好，防止有漏油现象。

（3）油杯底部的抽油孔，如底部安装不方便，可安置在靠底部侧面，也可省去抽油抽气管 4 和底板 5，而直接安置在油杯侧面的最上部位。

2．冲油、抽油方式

冲油是将清洁的工作液冲入加工区域。

抽油是从加工区域吸出工作液（连同电蚀产物）。

EDM 加工时，型腔越深，去除杂质越困难，电极和工件的冷却也越困难。要使加工稳定进行，防止产生电弧，必须确保油冲过间隙，因此，冲油或抽油成了电火花加工过程中必要的组成部分。

成功的冲油可以清除放电间隙中熔蚀的工件微粒和损耗的电极微粒，让工作液顺利进入间隙。

清除微粒的效果由间隙内工作液的流量决定，而流量的大小由油槽内的涡流反映。理想的油压通常是 3～5 psi（145 psi＝1 MPa），事实上，冲油时压力太大会阻碍微粒从间隙中排出，而且间隙中的工作液也得不到更新。另外，油压过高还会增加电极损耗。

维持工作液容量和压力的平衡至关重要。进行粗加工时，放电间隙较大，因此为了达到较好的加工效果，需要较大的流量和较小的压力。而进行精加工时，放电间隙减小，则需要较高的压力，并加速工作液的流动。

冲油、抽油的方式很多,主要有如下几种。

1) 下冲油(通过工件冲油)

通过工件冲油是穿孔加工最常用的方法之一。因为穿孔加工时可在工件上开设预孔,因而具有通过工件冲油的条件,如图 1-75(a)所示。

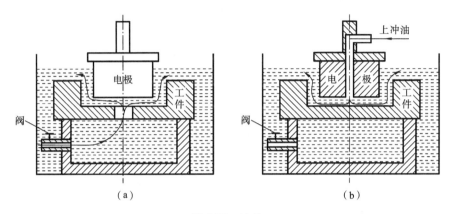

图 1-75　冲油

(a) 下冲油;(b) 上冲油

2) 上冲油(通过电极冲油)

在电极上开小孔并强迫冲油是复杂型腔或没有预孔时电加工最常用的方法,如图 1-75(b)所示。冲油小孔直径一般为 0.5～2 mm 左右,可以根据需要开一个或几个小孔。

型腔加工时如果允许在工件加工部位开孔,则也可通过工件冲油。

3) 抽油

抽油也分为两种情况,过程如图 1-76 所示。

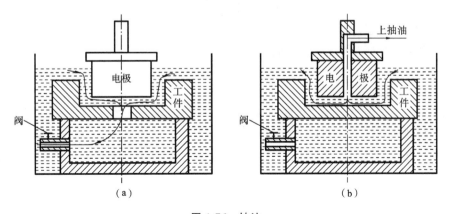

图 1-76　抽油

(a) 下抽油;(b) 上抽油

图 1-77 磁力座喷液嘴

冲油时加工的蚀除物不经过已加工区,加工斜度小于工件冲油,总体上看,冲油的排屑效果好于抽油。

3. 磁力座喷液嘴

磁力座喷液嘴是成形加工时最常用的冲油工具,如图 1-77 所示,利用磁力吸附在工件或工作台上,喷管的方向和位置可随意调整,利用它向工件与电极的间隙处喷入工作液极为方便。

磁力座如图 1-78 所示,其上有一个旋转开关,可开启或关闭磁力。

(a)

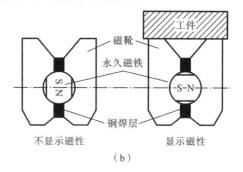
(b)

图 1-78 磁力座
(a) 磁力座原图;(b) 磁力座结构图

实训项目　利用分解电极加工模具型腔

1. 实训目标

(1) 理解何种情况下利用分解电极加工效果最好。
(2) 学会制作石墨电极。
(3) 理解型腔加工的工艺过程。
(4) 练习电加工规准的转换。

2. 实训任务

利用分解电极加工低压断路器外壳压胶盖模,如图 1-79 所示。

断路器外壳多用塑料制造,方法是先制造其金属模具,然后利用注塑机注射成形。断路器外壳形状多种多样,本实训的任务是制造一个简单的外壳模具,如图 1-80 所示。

模具工件的技术要求如下。
(1) 工件材料:3Cr2W8 合金钢(本实训可用 45 钢替代)。
(2) 外形尺寸:300 mm×200 mm×85 mm。

采用冲油加工。

图 1-79 低压断路器

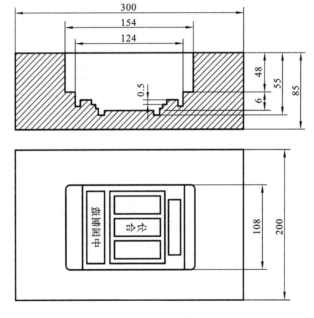

图 1-80 断路器外壳模具(部分)

本实训的重点是练习分解电极法加工,以及电加工规准的转换。

本实训可根据现有条件简化为单电极加工。

3. 工件毛坯的制作

(1) 下料。毛坯锻造成形,留有 2 mm 以上加工余量。

(2) 热处理。锻料退火。

(3) 粗铣。将锻件六面铣平,留有磨量达到外形尺寸。

(4) 钳工。将型腔轮廓线划出。

(5) 精铣。按划线要求,精铣出型腔轮廓,留有电加工余量,型腔周边留有 2~3 mm 余量,型腔底面留有 1~2 mm 电加工余量。

(6) 磨。将上下两端面磨平,并将四周侧面磨平,构成直角。

4. 工具电极的制作

(1) 材料。高纯石墨与纯铜。

(2) 电极制造。因工件型腔有凹模、条纹文字等要求,需要采用分解工具电极法,最少制造出三个电极。

第一个电极为粗加工电极,材料为高纯石墨,电极轮廓尺寸应缩小 0.8~2.1 mm(双边),如图 1-81 所示。

第二个电极加工凹槽、条纹,电极材料为高纯石墨,电极轮廓尺寸缩小 0.2 mm,如图 1-82 所示。第三个电极加工条纹和文字等,电极材料为纯铜。

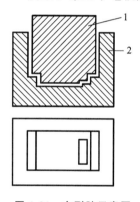

图 1-81 主型腔示意图
1—工具电极;2—工件

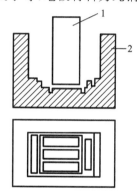

图 1-82 副型腔示意图
1—工具电极;2—工件

上述三个电极均需以精铣为主,钳工修整为辅,加工达到图样要求。

(3) 电极高度。根据型腔需要,高度应大于 70 mm。

(4) 打排气孔。第一个主型腔电极应适当加工直径为 $\phi 1$ mm~2 mm 的排气孔若干个,便于排屑、排气。

5. 电加工工艺过程

采用分解工具电极法,综合应用单工具电极平动法和多工具电极更换法。根据型腔的几何形状,把工具电极分解为主型腔工具电极(第一个工具电极)和副型腔工具电极(第二、三个工具电极)分别制造。

先采用平动工艺加工主型腔,主型腔形状不复杂,蚀除量较大。要注意,在完成主型腔加工之后,应使平动头回零(平动前的原始位置)。再加工副型腔,副型腔加工特点是蚀除量小,形状复杂(有尖角、窄槽、花纹、文字等),副型腔加工一般采用一次中、精加工成形。

6. 加工要点

(1) 第一个石墨电极进行粗加工后,应将电极拆下修整,用砂纸修光。如果电极无损耗,可以不拆下修整。此后,采用平动法将侧面修光,并加工到工件余量的 0.5 mm 处,再进行中、精加工,如图 1-81 所示。

(2) 第二个石墨电极加工有花纹的平面和凹槽部分,采用中、精加工一次成形,如图 1-82 所示。

(3) 第三个石墨电极分别加工出花纹和文字等(文字应为反写),如图 1-80 所示。

7. 装夹、校正、固定

(1) 工具电极。因采用石墨作电极材料,且电极较大,应将石墨电极安装在电极固定板上,便于电极的安装和校正。

(2) 工件。将工件水平放置工作台上,使工件的工艺基准面与工作台坐标平行,再将工件正确压装在工作台上。

8. 加工规准

使用迪蒙卡特公司生产的 CTE500ZK 型电火花成形加工机床,配备数控平动头。

(1) 第一个电极用于主型腔加工,其规准转换及平动量的分配如图 1-83 所示。

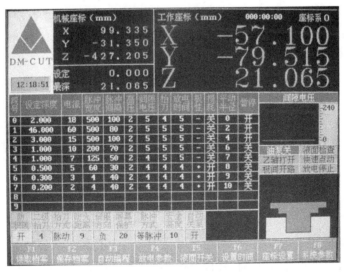

图 1-83 规准转换及平动量的分配

(2) 第二个电极用于副型腔的花纹平面和凹槽的加工,规准为:脉宽 200 μs;脉冲间隔 80 μs;电流 3~4 A;定时抬刀,侧冲油;加工极性为负。如果加工表面粗糙度达不到要求,可将脉宽选为 16 μs,脉冲间隔 40 μs;平均加工电流小于 1.2 A;再加工 0.1~0.15 mm 深,其表面粗糙度 Ra<2 μm。

(3) 第三个电极用于加工副型腔的花纹和文字等,其加工规准同第二个电极的加工规准相同,如脉冲宽度选择 2～4 μs,应将加工极性倒过来,即正极性加工。

9. 加工效果

(1) 因采用三个电极加工此型腔,工艺简化,生产效率得到提高。

(2) 主型腔修整加工之后,再加工副型腔即花纹和文字,表面粗糙度较好并均匀,花纹和文字清晰。

(3) 加工时间总计 40 h。

拓展阅读

1. 常用金属材料

1) 钢的名称、牌号及用途

(1) 普通碳素结构钢。用于一般机器零件,常用的牌号有 A1～A7,代号 A 后的数字愈大,钢的抗拉强度愈高而塑性愈低。

(2) 优质碳素结构钢。用于较高要求的机械零件。常用牌号有钢 10～钢 70。钢 15(15 号钢)的平均碳含量为 0.15%,钢 40 为 0.40%,碳含量愈高,强度、硬度也愈高,但愈脆。

(3) 合金结构钢。广泛用于各种重要机械的重要零件。常用的有 20Cr、40Cr(作齿轮、轴、杆)、18CrMnTi、38CrMoAlA(重要齿轮、渗氮零件)及 65Mn(弹簧钢)。名称前边的数字 20 表示平均碳含量为 0.20%,38 表示 0.38%。末尾的 A 表示高级优质钢。中间的合金元素化学符号含义为 Mn 锰、Si 硅、Cr 铬、W 钨、Mo 钼、Ti 钛、AL 铝、Co 钴、Ni 镍、Nb 铌、B 硼、V 钒。

(4) 碳素工具钢。因碳含量高,硬而耐磨,常用作工具、模具等。碳素工具钢牌号前加 T 字,以此和结构钢有所区别。牌号后的 A 表示高级优质钢。常用的有 T7、T7A、T8、T8A……T13、T13A 等。

(5) 合金工具钢。牌号意义与合金结构钢相同,只是前面碳含量的数字是以 0.10% 为单位(碳含量较高)。例如 9CrSi 中平均碳含量为 0.90%。常用作模具的有 CrWMn、Cr12MoV(冷冲模用)、5C_1MnMo(热压模用)。

2) 铸铁的名称、牌号及用途

(1) 灰口铸铁。牌号中以灰、铁二字的汉语拼音第一字母为首,后面第一组数字为最低抗拉强度,第二组数字为最低抗弯强度。常用的有 HT10-26、HT15-33、HT20-40、HT30-54、HT40-68 等,用以铸造盖、轮、架、箱体等。

(2) 球墨铸铁。强度比灰口铸铁高,脆性小,常用的牌号有 QT45-0、QT50-1.5、QT60-2 等。第一组数字为最低抗拉强度,最后的数字为最低延伸率。

(3) 可锻铸铁。强度和韧度更高,有 KT30-6、KT35-10 等,牌号意义同上。

3) 有色金属及其合金

(1) 铜及铜合金。纯铜又称紫铜,有良好的导电性和导热性、耐蚀性和塑性。

广泛作为电火花加工中电极材料,加工稳定而电极损耗小。牌号有 T1~T4(数字愈小愈纯)。铜合金主要有黄铜(含锌),常用牌号有 H59、H62、H80 等。黄铜电极加工时特别稳定,但电极损耗很大。

(2)铝及铝合金。纯铝的牌号有 L1~L6(数字愈小愈纯)。铝合金主要为硬铝,牌号有 LY11~LY13,用作板材、型材、线材等。

4)粉末冶金材料

最常见的是硬质合金,具有极高的硬度和耐磨性,广泛用作工具及模具。按成分分为钨钴类、钨钴钛类、钨钴钛钽铌类三大类硬质合金。

(1)钨钴类硬质合金。用 YG 表示,如 YG6 代表含钴量为 6.0%,含碳化钨为 94%的硬质合金,硬度极高而脆,不耐冲击,主要用于切削加工钢的刃具和量具。

(2)钨钴钛类硬质合金。用 YT 表示,除含碳化钨和钴外,还加入碳化钛以增加韧度。例如 YT15 代表碳化钛为 15%的钨钴钛硬质合金,可用于制造模具。

(3)钨钴钛钽铌类硬质合金。综合性能介于上述两者之间。

2. 常用电极材料

电极材料必须是导电性良好,损耗小,造型容易,并具有加工稳定、效率高、材料来源丰富、价格便宜等特点。常用电极材料有紫铜、石墨、黄铜、铜钨合金和钢、铸铁等。各电极材料的特点如下。

(1)紫铜电极。质地细密,加工稳定性好,相对损耗较低小,适应性广,尤其适用于制造精密花纹模的电极,其缺点为精车、精磨等机械加工困难。

纯铜组织致密,强度适中,塑性较好,适合制作各种形状复杂的、尖角轮廓清晰、精度要求较高的塑料模零件。但纯铜较软,刚度差,若制成壁厚较薄的细长电极极易变形,因此纯铜材料不宜制作较细长的电极。而且纯铜塑性大,质地软,加工变形较大,不易于进行精密加工,尤其不易于进行磨削加工。另外,纯铜密度较大,价格相对较高,不宜制作大型电极。实际加工中多使用紫铜。

(2)石墨电极。特别适用于大脉宽大电流型腔加工中,电极损耗可小于 0.5%,抗高温,变形小,制造容易,质量小。缺点是容易脱落、掉渣,加工表面粗糙度较差,精加工时易拉弧。

(3)黄铜电极。黄铜电极最适宜中小规准加工,稳定性好,制造也较容易,但缺点是电极的损耗率较一般电极都大,不容易使被加工工件一次成形,所以一般只用在简单的模具加工、通孔加工、取断丝锥等。

(4)铸铁电极。目前应用较少,主要特点:制造容易、价格低廉、材料来源丰富,放电加工稳定性也较好,特别适用于复合式脉冲电源加工,电极损耗一般达 20%以下,最适合加工冷冲模。

(5)钢电极。钢电极在我国应用比较多,和铸铁电极相比,加工稳定性差,效率也较低,但它可把电极和冲头合为一体,只需一次成形,可缩短电极与冲头的制造工时。电极损耗与铸铁相似,适合"钢打钢"冷冲模加工。

(6) 铜钨合金与银钨合金电极。由于钨含量较高,所以在加工中电极损耗小,机械加工成形也较容易,特别适用于工具钢、硬质合金等模具加工及特殊异形孔、槽的加工。加工稳定,在放电加工中是一种性能较好的材料。缺点是价格较高,尤其是银钨合金电极。

3. 热处理基本知识

任何金属材料,无论是黑色金属还是有色金属,一般都可以进行热处理,使金属材料内部金相结构和晶粒粗细发生变化,从而获得所需的机械性能,例如改变强度、硬度、塑性、韧度等。其中钢的热处理用得最为广泛,铸铁次之。常用的热处理方法有:退火、回火、正火、淬火和调质等。具体应用如下。

(1) 退火。将钢件加热到临界温度以上 30~50 ℃(一般加热到 750~800 ℃),保温一段时间再在炉中缓慢冷却。用于碳含量较高的铸件和冷轧坯件及一些硬度较高的合金钢。其目的是:降低硬度,改善加工性能;增加塑性和韧度;消除内应力,防止零件加工变形;细化晶粒,均匀组织,为保证其他热处理的质量做好准备。

(2) 正火。将钢加热到临界温度以上 30~50 ℃左右,保温一段时间,再在空气中冷却。正火实质是一种特殊形式的退火,其区别在于冷却速度较退火快。用于低碳、中碳及渗碳钢件。其目的是得到均匀、细密的结构组织,增加强度与韧度,改善加工性能,为保证其他热处理的质量做好准备。

(3) 淬火。将钢件加热到临界温度以上 30~50 ℃,保温一段时间,在水、盐水或油中急速冷却。用于中等碳含量以上的各种钢材。其目的是提高中碳钢的硬度、强度和耐磨性。为提高中碳钢的机械性能做好内容结构组织的准备。

(4) 表面淬火。将工件表面迅速加热到淬火温度,然后用水或油使其急速冷却。根据加热方式的不同,分为高频淬火和火焰淬火两种。用于中等碳含量以上的各种钢材,其目的是使零件表层获得高的硬度和耐磨性,而内部仍保持原有的强度和韧度。

(5) 回火。将淬硬钢件加热到临界温度以下,保温一段时间,在空气或油中冷却。根据不同要求,加热温度也不同。其目的是消除淬火时产生的内应力及由此所产生的脆性,提高零件的塑性和韧度,得到各种要求的机械性能,稳定组织,稳定尺寸。

(6) 调质。淬火后再经高温(500~600 ℃)回火。用于各种中碳钢的毛坯或粗加工后的制件。其目的是在塑性、韧度和强度方面能获得较好的综合机械性能。

4. 模具方面的知识

模具是利用压力变形来制作到具有一定形状和尺寸的制品的工具。在各种材料加工行业中广泛使用着各种模具。根据有关资料统计,汽车、拖拉机、电器、仪表及计算机等工业,有 60%~80% 的产品是靠模具冲制或压制而成的。因此,模具的制造能力与水平是衡量一个国家工业水平的重要标志之一。

1) 冲裁模的分类

冲裁模的形式很多,主要根据以下三个特征分类。

(1) 按工序的性质分类,有冲孔模、落料模、切边模、切断模、剖切模、切口模、整修模等。

(2) 按工序的组合分类,有单工序模和多工序模。

单工序模又称简单模,指在冲床的一次行程中,只完成冲裁中的一个工序,例如冲孔模、落料模。

多工序模又分复合模和跳步模(又称连续模级进模)。复合模指在冲床的一次行程内,在模具的同一位置上完成两个以上的冲压工序。且每个工序都在同一制件上,如落料冲孔复合模。跳步模是按照一定顺序,在冲床的一次行程内,在模具的不同位置上完成两个以上的冲压工序。因此对制件来说,要经过几个工步,也就是说要经过冲床的几个行程才能冲成。例如落料冲孔跳步模,就需经冲孔和落料两次行程。

(3) 按模具的结构分类,如按上下模间的导向形式分无导向(敞开式)和有导向(导板、导柱、导筒)冲模。按挡料或送料形式分类,有固定挡料钉、活动挡料销、导头和侧刃定距的冲模。

2) 冲压模的分类

冲压模分为压弯模、引伸模、冷挤压模和成形模四种。

(1) 压弯模。压弯是使板料、棒料等产生弯曲变形的一种加工方法。压弯模的结构与一般冲裁模结构相似,分上模部分和下模部分,它由凸凹模定位、卸件、导向及紧固零件等组成。但是压弯模有它自己的特点,如凸凹模,除一般动作外,有时还会有摆动、转动等动作,设计压弯模时,应考虑到制造及修理中能消除回弹的可能性,并能防止压弯件的偏移,尽量减少压弯件的拉长、变薄等现象。

(2) 引伸模。引伸是将板料冲压成各种简单立体形状的一种加工方法。引伸模的结构一般比较简单,根据使用的冲床不同,可分为单动冲床引伸模和双动冲床引伸模;根据引伸工序复合情况,又可分为落料引伸模和落料引伸冲孔模等。

(3) 冷挤压模。冷挤压是对金属制件进行无切削的压力加工方法之一。金属的冷挤压是指在常温条件下,将冷态的金属毛坯放在冷挤压模具的模腔中,利用压力机的往复运动和压力作用,使金属毛坯产生塑性变化,从而获得所需的形状尺寸及具有一定机械性能的挤压件。冷挤压模具按工艺性质分类有正挤压模、反挤压模、复合挤压模、镦挤复合模等。按导向装置分类,可分为无导向挤压模和导向挤压模。导向挤压模又可分为导柱导套导向冷挤压模,导板导向冷挤压模和导口导向冷挤压模等。按生产的性质分为专用冷挤模和通用冷挤模。

(4) 成形模 当冲裁弯曲、引伸等方法不能满足制件形状尺寸要求时,可以采用成形的方法对制件进行加工。所谓成形就是利用各种局部变形(翻边或起伏、缩口、胀形、矫形和旋压等)来改变毛坯形状、尺寸的一种冲压方法。

3) 型腔模的分类

型腔模的种类很多,按压制的材料可分为塑料模、金属压铸模、陶土模、橡胶模、玻璃模及粉末冶金模等。

任务3　掌握电火花成形加工方法及加工工艺

知识点1

成形加工机床的平动加工及平动头

1. 电极的平动及其作用

电极平动是指电极在水平面内作平面移动。

电火花粗加工时的火花间隙比中加工的要大,而中加工的间隙又比精加工的要大一些。用一个电极进行粗加工,当工件的大部分余量蚀除掉后,其底面和侧壁四周的表面粗糙度很差,为了将其修光,就得改变规准,逐挡进行修整。由于后挡规准的放电间隙比前挡小,对工件底面可通过主轴进给进行修光,而四周侧壁就无法修光了。平动头就是为修光侧壁、提高其尺寸精度而设计的。

2. 平动头及其作用

平动头是一个能够使装在其上的电极做水平平动的附件。在采用单电极加工型腔时,可以补偿上一个加工规准和下一个加工规准之间的放电间隙差。慢速均匀的自转可以使电极损耗很均匀,而径向平动可以不断扩大电极加工的区域和范围。

普通单轴电火花机床为了修光侧壁(称"侧修")和提高尺寸精度而使用平动头,使工具电极的轨迹可以向外逐步扩张,称为平动。对于三轴联动的数控电火花机床,由于工作台是数控的,可以实现工件加工轨迹逐步向外扩张,达到修光侧壁的目的,称为摇动。因此三轴联动数控电火花机床不需要平动头。

平动、摇动的区别是,前者工作台不动,电极平动;后者电极不动,工作台动(工件平动)。

有些厂家的说明书中将摇动也称作平动,未加以区分,如北京阿奇公司。

3. 平动头的工作原理

利用偏心机构,将伺服电动机的旋转运动通过平动轨迹保持机构转化成电极上每一个质点都能围绕其原始位置在水平面内作平面小圆周运动,类似于筛筛子的动作,许多小圆的外包络线就形成加工表面。其运动半径,通过调节可由零逐步扩大,以补偿粗、中、精加工的火花放电间隙之差,从而达到修光型腔的目的。其中每个质点的运动轨迹的半径就是平动量,如图 1-84 所示。

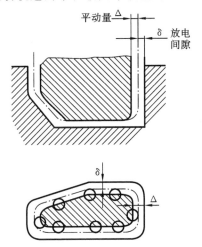

图 1-84 平动加工时电极的圆形运动轨迹

机械式平动头的平动轨迹是圆形,数控平动头的平动轨迹除圆形外,还可作"×"形、"十"字形、"□"形等平动,如图 1-85 所示。

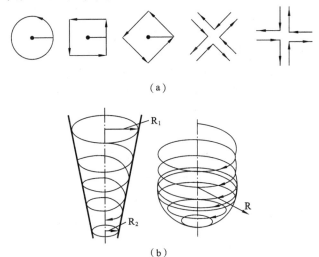

(a)

(b)

图 1-85 数控平动头的几种典型平动轨迹

(a) 电极平动的平面图;(b) 电极平动的立体图(配合 Z 轴的进给)

R_1—起始半径;R_2—终了半径;R—球面半径

4. 平动头的分类及结构

平动头分为两大类:机械式平动头(亦称手动式平动头)和数控平动头。

机械式平动头主体一般由两部分组成:偏心机构、平动轨迹保持机构。偏心机构用于调整偏心量,并通过电动机驱动电极作平面扩张运动。平动轨迹保持机构用于保证电极的运动是平动而不是转动。

机械式平动头如图 1-86 所示,由操作者手动调节平动量。

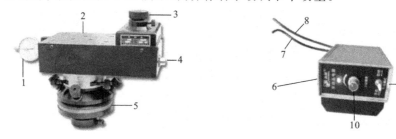

图 1-86　机械式精密平动头

1—百分表;2—平动头;3—平动量调节旋钮;4—信号线插头;5—电极夹头;6—平动头电源控制盒;
7—电源线;8—信号线;9—平动头模式开关;10—平动头开关和速度调整旋钮

5. 机械平动头使用方法

机械平动头的电气控制由平动头电源控制盒完成,如图 1-86 所示,将随机的专用连接信号线接在平动头上的 7 芯信号线插座上,将电源线与 AC220V 连接,要注意连接地线。

（1）启动电源开关,旋转平动头开关和速度调节旋钮,此时指示灯亮,平动头电动机转动,百分表指示的最大值即是最大平动量。

（2）慢慢旋转速度调节旋钮,旋至高速 60～70 r/m,电极越重,速度应选择越慢。

（3）转动平动头上的平动量调节旋钮,旋至平动量在 0.020～0.040 mm 左右,将百分表校准至以零为中心,左右相等后,再慢慢调整平动量旋钮,使表针在正负 0.01 mm 的范围以内(平动量为零)。该平动量旋钮顺时针转时平动量加大,逆时针转时平动量减小。

（4）平动方向控制:在运行时,平动头可实现自动换向,作往返运动一次约 2 s 时间,然后自动换向功能开启,每转动十圈即自动换向一次。

（5）若在运动时,将平动头模式开关切换到另一个方向,平动头则反方向运动,这两种方向的使用效果是一样的,交替使用两个方向可以使电极损耗均匀。

注意:不允许电极质量过大及平动量过大,不要敲击电极夹头处,以免损坏电动机。

6. 数控平动头

数控平动头如图 1-87 所示,通过数控编程确定平动轨迹和平动量,其实质是一个小型的十字工作台,与常用的数控工作台的工作原理一致,由步进电动机沿 X、Y 两方向拖动小工作台按给定轨迹运动。

数控平动头能够作多种循迹及侧向加工,包含圆形循迹、方形循迹、正方形侧向、圆周任意角度等分连续、任意角度对称、任意角度侧向,大大地提升了电火花加工的能力。

7. 平动头使用要点

（1）粗规准加工时不用平动，从中规准加工起开始，逐步提高平动量，并改变电规准参数。

（2）机械式平动头由于有圆形平动轨迹半径的存在，无法加工有清角要求的型腔；而数控平动头可以两轴联动，能加工出清棱、清角的型孔和型腔。

图 1-87　数控平动头

1—平动头；2—电极夹头

（3）通过轨迹半径的改变，可以实现"转换电规准的修整"，即只需使用一个电极，通过转换电规准就能由粗至精直接加工出一副型腔，而不必准备多个电极。

知识点 2

三轴联动电火花成形机床的摇动加工

三轴联动即 X、Y、Z 三轴联动，工具电极在向工件进给（Z 向）的同时，还可以沿 X、Y 向移动（实际是工作台带着工件沿 X、Y 方向移动），实现侧壁修光，简称侧修，一般称摇动加工，故三轴电火花机床不需要平动头。

这种三轴联动的运动方式不易积碳，排屑排气容易，不会造成拉弧，生产效率高，侧面及底面粗糙度均匀一致。

单轴电火花机床若不使用平动头，加工时一般要使用双电极，即粗加工电极和精加工电极，分别用于同一个工件的粗加工、精加工。而三轴联动电火花加工机床可采用同一个电极连续进行粗、精加工，节省了电极制造的时间与费用，省去了精加工电极校正带来的麻烦，缩短了工件制造的时间，减轻了劳动强度。

三轴联动数控电火花成形机床克服了单轴电火花机床功能的不足，是当前电火花加工技术的发展方向之一。

外观上，有些三轴联动机床与单轴机床无多大区别，有些则有明显的区别，图1-88所示为北京凝华公司的 NHS7145 三轴电火花机床，图 1-89 所示为北京迪蒙卡特公司的 CTM1680 三轴数控电火花成形机床。

1. 摇动加工的作用

摇动加工的作用有如下几个方面。

（1）可以精确控制加工尺寸精度。

（2）可以加工出复杂的形状，如螺纹。

（3）可以提高工件侧面和底面的表面

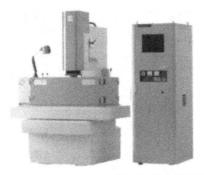

图 1-88　NHS7145 三轴电火花成形机床

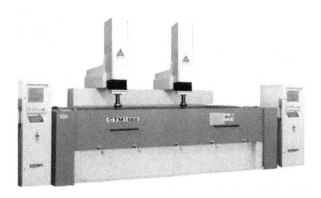

图 1-89 CTM1680 三轴数控电火花成形机床

粗糙度。

(4) 可以加工出清棱、清角的侧壁和底边。

(5) 变全面加工为局部加工,有利于排屑和加工稳定。

(6) 对电极尺寸精度要求不高。

摇动加工可以实现平动头的所有轨迹,有圆形、方形、菱形、叉形和十字形等,可用于平面、型腔、柱面等的加工,如图 1-90、图 1-91、图 1-92 所示。

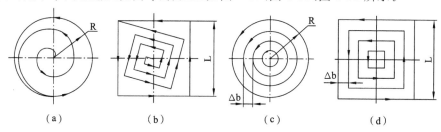

图 1-90 四种典型摇动轨迹

(a) 圆形摇动加工;(b) 方形摇动加工;(c) 扩圆形孔;(d) 扩方形孔

如图 1-91 所示为摇动加工柱面型腔的过程。

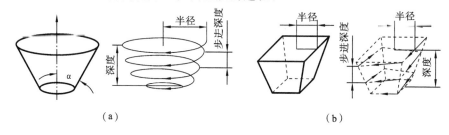

图 1-91 圆柱(台)和方柱(台)型腔的摇动加工

(a) 圆柱(台)型腔的加工;(b) 方柱(台)型腔的加工

如图 1-92 所示,图(a)、图(b)分别是摇动加工柱面、圆柱台面和方柱面、方柱台面过程。有柱面岛屿的型腔的加工方法与之相同。

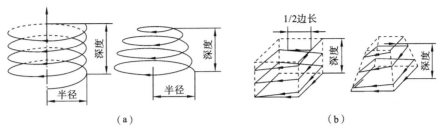

图 1-92 圆柱(台)和方柱(台)的摇动加工

(a) 圆柱(台)面加工；(b) 方柱(台)面加工

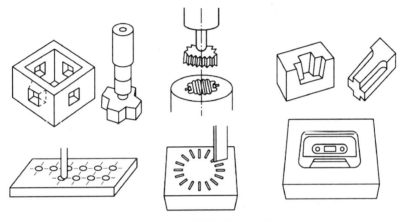

图 1-93 几种摇动加工实例

摇动加工需要编写加工程序，编程代码由各公司自己规定。以日本沙迪克公司为例，摇动加工的指令格式如图 1-94 所示，表 1-2 与该指令对应。

图 1-94 摇动加工的指令格式

2. 摇动加工的伺服方式

(1) 自由摇动。选定某一轴向(例如 Z 轴)作为伺服进给轴，其他两轴进行摇动运动。

例如：G01 LN001 STEP30 Z−10

G01 表示沿 Z 轴方向进行伺服进给。LN001 中的 00 表示在 X-Y 平面内自由摇动，1 表示工具电极各点绕各原始点作圆形轨迹摇动，STEP30 表示摇动半径为 30 μm，Z−10 表示伺服进给至 Z 轴负向 10 mm 为止。

自由摇动方式下沿各轴方向可能出现不规则的进进退退。

表 1-2　电火花摇动加工类型

类型	摇动轨迹所在平面	无摇动	○	□	◇	×	＋
自由摇动	X-Y 平面	000	001	002	003	004	005
	X-Z 平面	010	011	012	013	014	015
	Y-Z 平面	020	021	022	023	024	025
步进摇动	X-Y 平面	100	101	102	103	104	105
	X-Z 平面	110	111	112	113	114	115
	Y-Z 平面	120	121	122	123	124	125
锁定摇动	X-Y 平面	200	201	202	203	204	205
	X-Z 平面	210	211	212	213	214	215
	Y-Z 平面	220	221	222	223	224	225

（2）步进摇动。在某选定的轴向作步进伺服进给,每进一步的步距为 2 μm,其他两轴作摇动运动。

例如：G01 LN101 STEP20 Z－10

G01 表示沿 Z 轴方向进行伺服进给。LN101 中的 10 表示在 X-Y 平面内步进摇动,1 表示工具电极各点绕各原始点作圆形轨迹摇动,STEP20 表示摇动半径为 20 μm,Z－10 表示伺服进给至 Z 轴负向 10 mm 为止。

步进摇动限制了主轴的进给动作,使摇动动作的循环成为优先动作。

步进摇动常用在深孔排屑比较困难的加工中。相对自由摇动的加工速度稍慢,但更稳定,没有频繁的进给、回退现象。

（3）锁定摇动。在选定的轴向停止进给运动并锁定轴向位置,其他两轴进行摇动运动。在摇动中,摇动半径幅度逐步扩大,主要用于精密修扩内孔或内腔。

例如：G01 LN202 STEP20 Z－5

G01 表示沿 Z 轴方向进行伺服进给。LN202 中的 20 表示在 X-Y 平面内锁定摇动,2 表示工具电极各点绕各原始点作方形轨迹摇动,Z－5 表示 Z 轴加工至 Z 轴负向 5 mm 处再停止进给并锁定,X、Y 轴进行摇动运动。

锁定摇动能迅速除去粗加工留下的侧面波纹,是达到尺寸精度最快的加工方法,其主要用于通孔、盲孔或有底面的型腔模加工中。

如果锁定后作圆轨迹摇动,则还能在孔内滚花、加工内花纹等。

电火花成形加工的具体编程方法将在后面讲述。

知识点 3
电火花成形加工机床的 G 代码及编程方法

学习电火花成形加工首先要明确两点。

一是目前使用的电火花成形机床多是单轴的,一般不支持 G 代码编程,用户只需在面板上设定各项电参数即可进行成形加工。设定各项电参数后,系统会自动生成相应的 G 代码,这种在面板上设定参数的编程称为"半自动编程"。

二是各生产厂家均自己规定 G 代码的使用方法,即不同型号机床的编程方法不一定相同。

本节介绍北京阿奇公司 SP 电火花成形机床的编程方法。SP 电火花成形机床支持 G 代码编程,但只能先在机外编好程序,然后在机床上采用"文件加工"的方法调用该程序进行加工。SP 电火花成形机床的 G 代码及其功能如表 1-3 所示。

1. 代码与数据

代码和数据的输入形式如下。

C***:加工条件号,如 C007,C105。

D/H***:补偿代码,有 1000 个补偿代码。可给每个代码赋值,范围为 ±99999.999 mm 或 ±9999.9999 in。

G**:准备功能。如 G00、G54。

L*:子程序重复执行次数,后接 1~3 位十进制数,最多为 999 次,如 L5,L99。

M**:辅助功能代码,如 M00,M02,M05。

N****/O****:程序的顺序号,最多可有 10000 个顺序号。如 N0000,N9999 等。

P****:指定调用子程序的序号,如 P0001,P0100。

Q****:直接跳转代码,指定要跳转的目标程序号。本系统未用。

T**:表示一部分机床控制功能。如 T84,T85。

X*,Y*,Z*:坐标值代码,指定坐标移动值,数据范围为 ±99999.999mm 或 ±9999.9999 in。

2. 坐标系

本系统中有两种坐标系,绝对坐标系和增量坐标系。所谓绝对坐标系,即每一点的坐标值都是以所选坐标系原点为参考点而得出的值。所谓增量坐标系,则是指当前点的坐标值是以上一个点为参考点而得出的距离值。

3. 注释

在自动生成的程序中,会有一些用"( )"括起来的字符,一般为 NC 程序的注释部分,并非执行指令,仅对该段程序进行说明。例如

表 1-3　SP 电火花机床代码及其功能

组	代码	功　能	组	代码	功　能
A	G00	快速移动,定位指令		D＊＊＊	补偿码
	G01	直线插补,加工指令		H＊＊＊	补偿码
B	G11	打开跳转(SKIP ON)		L＊＊＊	子程序重复执行次数
	G12	关闭跳转(SKIP OFF)		P＊＊＊＊	指定调用子程序号
C	G20	英制		M00	暂停指令
	G21	公制		M02	程序结束
D	G30	按指定轴向抬刀		M05	忽略接触感知
	G31	按路径反方向抬刀		M98	子程序调用
	G32	伺服回原点(中心)后再抬刀		M99	子程序结束
	G45	比例缩放		N＊＊＊＊	程序号
	G53	进入子程序坐标系		O＊＊＊＊	程序号
E	G54	选择工作坐标系 1		T84	启动液泵
	G55	选择工作坐标系 2		T85	关闭液泵
	G56	选择工作坐标系 3		X＊	轴指定
	G57	选择工作坐标系 4		Y＊	轴指定
	G58	选择工作坐标系 5		Z＊	轴指定
	G59	选择工作坐标系 6		C＊＊＊	加工条件号
F	G80	移动轴直到接触感知		PT＊＊	脉宽 PW
	G81	移动到机床的极限		PP＊＊	脉间 PG
	G82	移到原点与现位置的一半处		PI＊＊	低压管数 PI
	G83	读取坐标值→H＊＊＊		CV＊	高压管数 HI
	G84	定义 H 起始地址		POL－/＋	加工极性 POL
	G85	读取坐标值→H＊＊＊并 H＊＊＊＋1		SV＊＊	基准电压 COMP
	G86	定时加工		DC＊＊	放电时间 DN
	G87	退出子程序坐标系		JP＊＊	抬刀高度 UP
	G90	绝对坐标指令		CC＊＊	电容 CC
	G91	增量坐标指令		IK＊＊	损耗类型 WEARTYPE
	G92	指定坐标原点		OBT＊＊＊	自由平动的类型 OBT
				STEP＊＊＊＊	自由平动的半径 STEP

(Main Program);   //注释
G90 G92 X0 Y0;
M98 P0010;
G05;(X Mirror Image ON);   //注释
⋮

利用括号的这一功能,可以将程序中不需要执行的部分括起来,同时不破坏原程序。

4. 子程序

在加工中,往往有相同的工作步骤,将这些相同的步骤编成固定的程序,在需要的地方调用,那么整个程序将会简化和缩短。我们把调用固定程序的程序叫做主程序,把这个固定程序叫做子程序,并以程序开始的序号来定义子程序。当主程序调用子程序时只需指定它的序号,并将此子程序当做一个单段程序来对待。

上面的程序段中,M98 P0010 就是调用子程序 0010。详细解释见"M98"、"M99"指令。

5. G 代码

G 代码大体上可分为两种类型。① 只对指令所在程序段起作用,称为非模态,如 G80、G04 等。② 在同组的其他代码出现前,这个代码一直有效,称为模态。在表 1-3 中,凡"组"栏目有字母的均为模态代码。在后面的叙述中,如无必要,这一类代码均作省略处理,不再说明。

1) G00(定位、移动轴)

格式:G00 {轴1}±{数据1} {轴2}±{数据2} {轴3}±{数据3};

G00 代码为定位指令,用来快速移动轴。执行此指令后,主轴不加工并移动到指定的位置。可以是一个轴移动,也可以两轴或三轴同时移动。例如

G00 X+10. Y－20.;

轴标识后面的数据如果为正,"+"号可以省略,但不能出现空格或其他字符,否则属于格式错误。这一规定也适用于其他代码。例如

G00 X 10. YA 10.;

出错,轴标志和数据间有空格或字符

2) G01(直线插补加工)

格式:G01 {轴1}±{数据1} {轴2}±{数据2};

用 G01 代码可指令各轴直线插补加工(ST 系列最多可以有四个轴标志及数据)。例如

G01 X20. Y60.;

3) G11,G12(跳段)

G11:"跳段 ON",跳过段首有"/"符号的程序段,标志参数画面的 SKIP 显示

"ON"。

G12:"跳段 OFF",忽略段首的"/"符号,照常执行该程序段,标志参数画面的 SKIP 显示"OFF"。

4) G20,G21(单位选择)

这组代码应放在 NC 程序的开头。

G20:英制,有小数点为英寸,否则为万分之一英寸。如 0.5 in 可写作"0.5"或"5000"。

G21:公制,有小数点为毫米,否则为微米。如 1.2 mm 可写作"1.2"或"1200"。

1 in=25.4 mm。

5) G30,G31,G32(指定抬刀方式)

G30:指定抬刀方向,后接轴向指定。例如"G30 Z+",即抬刀方向为 Z 轴正向。

G31:按加工路径的反方向抬刀。

G32:伺服轴回平动的中心点后再抬刀。

6) G54,G55,G56,G57,G58,G59(工作坐标系 0~5)

这组代码用来选择工作坐标系,从 G54~G59 共有六个坐标系可选择,以方便编程。这组代码可以和 G92、G90、G91 等一起使用。

7) G80(接触感知)

格式:G80{轴指定及方向};

执行该命令使指定轴沿指定方向前进,直到电极与工件接触为止。方向用"+""-"号表示,而且"+"号不能省略。例如

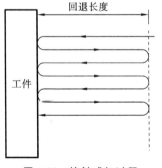

图 1-95 接触感知过程

G80 X-;

工作过程:电极沿 X 轴负方向以感知速度前进,接触到工件后,回退一小段距离,再接触工件,再回退,上述动作重复数次后停止,确认已找到了接触感知点,并显示"接触感知",过程如图 1-95 所示,注意,为便于观看,图中将接触工件再回退的轨迹绘制成分散的,实际上该轨迹线是原地重叠的。

其中三个参数可设定。

感知速度:即电极接近工件的速度,从 0~255,数值越大,速度越慢。

回退长度:电极与工件脱离接触的距离,单位为 μm,一般为 250 μm。

感知次数:重复接触的次数,从 0~127,一般为 4 次。

8) G81(回机床极限)

格式:G81{轴指定及方向};

该命令使机床指定轴回到极限位置。例如

G81 Y-；

该指令的执行过程为：机床 Y 轴移动到负极限后减速，有一定过冲，然后回退一段距离，再以低速到达极限位置停止。

9）G82（半程返回）

格式：G82｛轴指定｝；

执行命令使电极移动到指定轴当前坐标的 1/2 处。例如

G82 X；

假如电极当前位置的坐标是 X100.，Y60.，那么执行上述命令后，电极将移动到 X50.处。

10）G83，G84，G85（存坐标值到 H 寄存器）

(1) G83（读取坐标值到 H 寄存器）

格式：G83｛轴指定及 H 寄存器地址｝；

把指定轴的当前坐标值读到指定的 H 寄存器中，H 寄存器地址范围为 000～890。例如

G83　X012；　　　//把当前 X 坐标值读到寄存器 H012 中

G83　Y030；　　　//把当前 Y 坐标值读到寄存器 H030 中

G83　Z053；　　　//把当前 Z 坐标值读到寄存器 H053 中

(2) G84（定义 H 寄存器起始地址）

格式：G84｛轴指定及 H 寄存器起始地址｝；

为 G85 定义一个 H 寄存器的起始地址，应注意各轴的 H 寄存器地址不要重合。举例见 G85。

(3) G85（读取坐标值到 H 寄存器并使 H 加 1）

格式：G85｛轴指定｝；

把当前坐标值读到由 G84 指定的起始地址的 H 寄存器中，同时 H 寄存器地址加 1。例如

G90 G92 X0 Y0 Z0；

G84 X100；　　　//X 坐标值放到由 H100 开始的地址中

G84 Y200；　　　//Y 坐标值放到由 H200 开始的地址中

G84 Z300；　　　//Z 坐标值放到由 H300 开始的地址中

M98 P0010 L5；

M02；

；

N0010；

G91；

G85X；

G85Y；

G85Z；

G00 X10.；

G00 Y23.；

G00 Z－5.；

M99；

执行完程序后,H 寄存器的值如下：

H100＝0；　　　H200＝0；　　　H300＝0；

H101＝10.；　　H201＝23.；　　H301＝－5.；

H102＝20.；　　H202＝46.；　　H302＝－10.；

H103＝30.；　　H203＝69.；　　H303＝－15.；

H104＝40.；　　H204＝92.；　　H304＝－20.；

11）G86（定时加工）

格式：G86｛地址｝｛时分秒｝；

(1) 地址可以是 X 或 T。当地址为"X"时,本段加工到指定的时间后结束,不管加工深度是否达到设定值；当地址为"T"时,则是在加工到设定深度后,启动定时加工,使加工再持续指定时间,但加工深度不会超过设定的值。

(2) G86 仅对其后的第一个加工代码段有效。

(3) G86 请放在一个单独的段内。

(4) 时、分、秒各 2 位,共 6 位数,不够请补足 0。最长定时为 99h 99min 99s。

例如

G86 X001000；　　　　∥加工 10 min,不管 Z 是否达到－20 深

C109；

G01 Z－20.；

⋮

C103 BT001 STEP0050；

G86 T003000；　　　　∥Z 达到－22 mm 深度后,再加工 30 min

G01 Z－22.；

M05 G00 Z1.；

M02；

12）G90（绝对坐标指令）、G91（增量坐标指令）

G90：绝对坐标指令,即所有点的坐标值均以坐标系的零点为参考点。

G91：增量坐标指令,即当前点坐标值是以上一点为参考点得出的。

13）G92（设置当前点的坐标值）

G92 代码把当前点的坐标设置成需要的值。

例如：G92 X0 Y0；　　　　∥把当前点的坐标设置为(0,0),即坐标原点。

又如:G92 X10 Y0;   //把当前点的坐标设置为(10,0)。

(1) 在补偿方式下,如果遇到 G92 代码,会暂时中断补偿功能,相当于撤销一次补偿,执行下一段程序时,再重新建立补偿。

(2) 每个程序的开头一定要有 G92 代码,否则可能会发生不可预计的错误。

(3) G92 只能定义当前点在当前坐标系的坐标值,而不能定义该点在其他坐标系的坐标值。

14) G53,G87(子程序坐标系)

在固化的子程序中,用 G53 代码进入子程序坐标系;用 G87 代码退出子程序坐标系,回到原程序所设定的坐标系。

6. X、Y、Z 坐标轴

在编程中,坐标轴是一个字,由地址和其后面的数字组成,数字表示该坐标轴的运动量,可以用绝对或增量的方式进行指定。面对工作台,各坐标轴和其方向一般定义如下。

X 轴:左右方向为 X 轴,主轴头向工作台右方作相对运动时为正方向。

Y 轴:前后方向为 Y 轴,主轴头向工作台立柱侧作相对运动时为正方向。

Z 轴:上下方向为 Z 轴,主轴头向上运动时为正方向。

坐标值的单位有公制、英制之分,如表 1-4 所示。

表 1-4 公制、英制单位换算

计量制式	计量单位	最大命令值	最小命令值
公制	0.001 mm	99999.999 mm	0.001 mm
英制	0.0001 in	9999.9999 in	0.0001 in

7. M 代码

1) M00(暂停指令)

执行 M00 代码后,程序运行暂停。它的作用和单段暂停作用相同,按回车键后,程序接着运行。

2) M02(程序结束)

M02 代码是整个程序结束命令,其后的代码将不被执行。执行 M02 代码后,所有模态代码的状态都将被复位,然后接受新的命令以执行相应的动作。也就是说上一个程序的模态代码不会对下一个执行程序构成影响。

3) M05(忽略接触感知)

M05 代码只在本程序段有效,而且只忽略一次。当电极与工件接触时,要用此代码才能把电极移开。如电极与工件再次接触,须再次使用 M05。

4) M98(子程序调用),M99(子程序结束)

M98 指令使程序进入子程序;M99 是子程序的最后一个程序段,表示子程序结束,返回主程序,继续执行下一个程序段。

主程序调用子程序的格式:M98 P**** L***;

其中:P****里的****为要调用的子程序的序号,L***里的***为子程序被调用的次数。如果L***省略,那么此子程序只调用一次,如果为"L0",那么不调用此子程序。子程序最多可调用999次。

子程序的格式:N****;　　　//****为子程序的顺序号。

　　　（程序）

　　　M99;

子程序以M99作为结束标志。当执行到M99时,返回主程序,继续执行后面的程序。

子程序实例见例2-1。

8. 其他代码

1）C代码

C代码用在程序中选择加工条件,格式为C***,C和数字间不能有其他字符,数字也不能省略,不够三位请用"0"补齐,如C005。加工条件的各个参数显示在加工条件显示区域中,加工进行中可随时更改。

其他加工参数代码如下:

PT**脉宽(PW);POL－/＋加工极性(POL);CC**电容(CC);

PP**脉间(PG);SV**基准电压(COMP);IK**损耗类型(WEARTYPE);

PI**低压管数(PI);DC**放电时间(DN);OBT***自由摇动的类型(OBT);

CV*高压管数(HI);JP**抬刀高度(UP);STEP****自由摇动半径(STEP)。

例如:

C109 PT18 PP13 PI09 CV0 SV55 POL＋ CC00 DC50 JP04 OBT000 STEP0000

2）T84、T85（打开、关闭工作液泵）

T84为打开工作液泵指令,T85为关闭工作液泵指令。

3）H代码（补偿）

H代码实际上是一种变量,每个H代码代表一个具体的数值,既可根据需要在控制台上输入修正,也可在程序中用赋值语句对其进行赋值。

赋值格式:H***=

对H代码可以作加、减和倍数运算。

9. 关于运算

本系统支持的运算符有:

＋,－,dH***(d×H***);d为1位十进制数

1）运算符地址

在式子中(地址后所接代码、数据)能够用运算符的地址如表1-5所示。

表 1-5 运算符的地址

种　类	地　址
坐标值	X,Y,Z,U,V,I,J
旋转量	RX,RY
赋值类	H

2) 优先级

所谓优先级即执行运算符的先后顺序,本系统中运算符的优先级如下:

高:dH＊＊＊；低:＋,－。

3) 运算式的书写

运算符的式长只能在一个程序段内。

如 H000＝1000；

G90 G01 X1000＋2H000；　　//X 轴直线插补到 3000 μm 处

如 H000＝320；

H001＝180＋2H000；　　　　//H001 等于 820

10. 代码的初始设置

有些功能的代码遇到如下情况要回到初始设置状态:

(1) 刚打开电源开关时；

(2) 执行程序中遇到 M02 指令时；

(3) 在执行程序期间按了 OFF 急停键时；

(4) 在执行程序期间,出现错误,按下了 ACK 确认键后。

要回到初始设置状态的代码及其初始状态如表 1-6 所示。

表 1-6 代码的初始设置

初始状态	可设置的状态
G00	G01
G12	G11
G90	G91

11. 程序举例

例 1-1　　圆形有自由摇动加工程序(SP 机床将摇动称为平动,为免混淆,本教材统称为摇动)。

1) 工艺数据

停止位置＝1.000 mm

加工轴向＝Z－

材料组合＝铜-钢

工艺选择＝标准值

加工深度＝10.000 mm

尺寸差＝0.600 mm

粗糙度＝2.000 μm

投影面积＝3.14 cm²

摇动方式＝打开

型腔数＝0

自由圆形摇动,摇动半径为 0.30 mm

2) 加工程序(为便于阅读,指令间加了空格,实际编程是不需空格的)

T84；

G90；

G30 Z+；

H970＝10.0000；(machine depth)

H980＝1.0000；(up-stop position)

G00 Z0＋H980；

M98 P0130；

M98 P0129；

M98 P0128；

M98 P0127；

M98 P0126；

M98 P0125；

T85 M02；

；

N0130；　　(子程序,顺序号为0130)

G00 Z+0.5；

C130 OBT001 STEP0070；

G01 Z+0.230－H970；

M05 G00 Z0＋H980；

M99；

；

N0129；　　(子程序,顺序号为0129)

G00 Z+0.5；

C129 OBT001 STEP0148；

G01 Z+0.190－H970；

M05 G00 Z0＋H980；

M99；

；

N0128;　　　（子程序,顺序号为0128）
G00 Z+0.5;
C128 OBT001 STEP0188;
G01 Z+0.140－H970;
M05 G00 Z0+H980;
M99;
;
N0127;　　　（子程序,顺序号为0127）
G00 Z+0.5;
C127 OBT001 STEP0212;
G01 Z+0.110－H970;
M05 G00 Z0+H980;
M99;
;
N0126;　　　（子程序,顺序号为126）
G00 Z+0.5;
C126 OBT001 STEP0244;
G01 Z+0.070－H970;
M05 G00 Z0+H980;
M99;
;
N0125;　　　（子程序,顺序号为125）
G00 Z+0.5;
C125 OBT001 STEP0272;
G01 Z+0.027－H970;
M05 G00 Z0+H980;
M99;

3）对应的半自动编程（即在操作面板上输入电参数的情形）

SP实现上述同样加工效果的半自动编程方法如下,在面板上输入如图1-96所示的各个电参数。

光标移至第2行的参数处,按回车键,此时会出现一个对话方框,按要求输入第一个条件号及摇动参数,如图1-97所示。

输入完毕后,按F10键返回。用同样的方法输入其余放电条件,对话框同第一个条件相似,只是条件号在变化,最后一个放电加工中"间隙补偿量"改为"放电间隙",其余不变。

至此这个半自动编程就完成了。

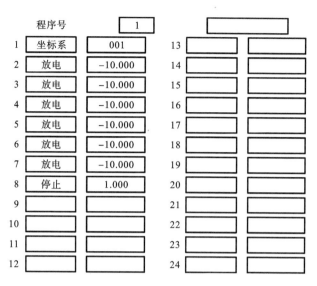

图 1-96 电参数

图 1-97 条件号及摇动（平动）参数

编程过程中可用拷贝的方法，输入一个放电条件后，其余的条件可拷贝此条件，然后只修改每个放电的条件号及最后一个放电修改条件号和间隙补偿量即可。

例 1-2 SP 电火花成形机床的子程序。

SP 电火花机床自带有许多子程序，可直接调用。

1) 内孔找中心（孔径与电极直径差较小）

(This sub program found x and y center of small hole)

N9145；

G53；

G91 G80 X+；

G92 X0；

M05 G00 X－100；

G80 X－；

M05 G82 X；

G80 Y＋；

G92 Y0；

M05 G00 Y－100；

G80 Y－；

M05 G82 Y；

G92 X0 Y0；

G87；

M99；

2）内孔快速找中心（孔径与电极直径差较大）

(This sub program fast found x and y center of big hole)

N9146；

G53；

G91 G00 X0＋H900；

G80 X＋；

G92 X0；

M05 G00 X－100；

G00 X0－2H900；

G80 X－；

M05 G82 X；

G00 Y0＋H910；

G80 Y＋；

G92 Y0；

M05 G00 Y－100；

G00 Y0－2H910；

G80 Y－；

M05 G82 Y；

G92 X0 Y0；

G87；

M99；

12. 模具加工编程实例

冲模零件如图 1-98 所示，其外形已加工，余量均为 0.50 mm，粗线为需要加工部位，要求编制其加工程序，工件的编程原点设在 φ30 mm 孔的中心上方。

加工路线如图 1-99 所示，参考程序如下。

T84；   //打开工作液泵

G90；   //绝对坐标指令

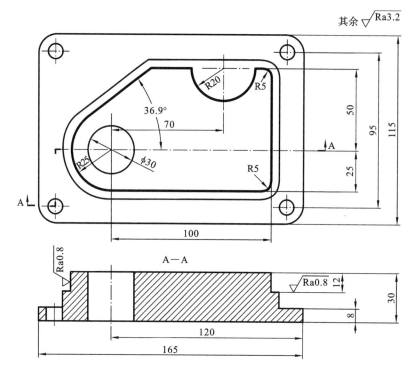

图 1-98 冲模零件示意图

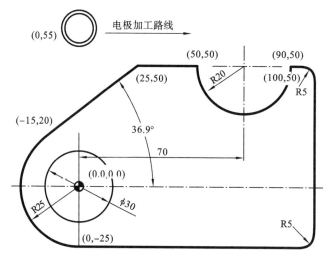

图 1-99 电极加工路线示意图

```
G54;                    //工件坐标系 G54
G00 X0.0 Y55.0;         //快速定位 X0.0 Y55.0
H097=5000;              //电极补偿半径值
G00 Z-12.0;             //快速定位 Z-12.0
```

```
M98 P0107;                      //调用子程序 107
M98 P0106;                      //调用子程序 106
M98 P0105;                      //调用子程序 105
M98 P0104;                      //调用子程序 104
G00 Z5.0;                       //快速定位 Z5.0
G00 X0.0 Y0.0;                  //返回工件零点
T85 M02;                        //关闭液泵及程序结束
;
N0107;                          //子程序 0107
C107 OBT000;                    //执行条件号 107
G32;                            //指定抬刀方式为按加工路径的反向进行
G00 X0.0 Y55.0;                 //快速定位 X0.0 Y55.0
G41 H000=0.40+H097;             //电极左补偿 5.4
G01 X25.0 Y50.0;                //加工
G01 X50.0 Y50.0;
G03 X90.0 Y50.0 I20.0 J0.0;
G01 X100.0 Y50.0 R5.0;
G01 X100.0 Y-25.0 R5.0;
G01 X0.0 Y-25.0;
G02 X-15.0 Y20.0 I0.0 J25.0;
G01 X25.0 Y50.0;
G40 G00 X0.0 Y55.0;             //取消电极补偿及快速定位 X0.0 Y55.0
M99;                            //子程序结束
;
N0106;                          //子程序 0106
C106 OBT000;                    //执行条件号 106
G32;                            //指定抬刀方式为按加工路径的反向进行
G00 X0.0 Y55.0;                 //快速定位 X0.0 Y55.0
G41 H000=0.20+H097;             //电极左补偿 5.2
G01 X25.0 Y50.0;                //加工
G01 X50.0 Y50.0;
G03 X90.0 Y50.0 I20.0 J0.0;
G01 X100.0 Y50.0 R5.0;
G01 X100.0 Y-25.0 R5.0;
G01 X0.0 Y-25.0;
G02 X-15.0 Y20.0 I0.0 J25.0;
```

```
G01 X25.0 Y50.0;
G40 G00 X0.0 Y55.0;              //取消电极补偿及快速定位 X0.0 Y55.0
M99;                             //子程序结束
;
N0105;                           //子程序 105
C105 OBT000;                     //执行条件号 105
G32;                             //指定抬刀方式为按加工路径的反向进行
G00 X0.0 Y55.0;                  //快速定位 X0.0 Y55.0
G41 H000=0.10+ H097;             //电极左补偿 5.1
G01 X25.0 Y50.0;                 //加工
G01 X50.0 Y50.0;
G03 X90.0 Y50.0 I20.0 J0.0;
G01 X100.0 Y50.0 R5.0;
G01 X100.0 Y-25.0 R5.0;
G01 X0.0 Y-25.0;
G02 X-15.0 Y20.0 I0.0 J25.0;
G01 X25.0 Y50.0;
G40 G00 X0.0 Y55.0;              //取消电极补偿及快速定位 X0.0 Y55.0
M99;                             //子程序结束
;
N0104;                           //子程序 104
C104 OBT000;                     //执行条件号 104
G32;                             //指定抬刀方式为按加工路径的反向进行
G00 X0.0 Y55.0;                  //快速定位 X0.0 Y55.0
G41 H000=0.05+ H097;             //电极左补偿 5.1
G01 X25.0 Y50.0;                 //加工
G01 X50.0 Y50.0;
G03 X90.0 Y50.0 I20.0 J0.0;
G01 X100.0 Y50.0 R5.0;
G01 X100.0 Y-25.0 R5.0;
G01 X0.0 Y-25.0;
G02 X-15.0 Y20.0 I0.0 J25.0;
G01 X25.0 Y50.0;
G40 G00 X0.0 Y55.0;              //取消电极补偿及快速定位 X0.0 Y55.0
M99;                             //子程序结束
```

实训项目　零件方孔的电火花加工

1. 实训目标

（1）熟悉电火花成形加工机床的结构及操作过程。

（2）掌握电火花成形加工的方法，熟悉摇动加工过程。

（3）练习电极的设计与制作。

（4）掌握电火花加工的程序编制方法及加工条件的选择方法。

2. 实训任务

图 1-100 所示为注射模镶块，材料为 Cr12，热处理硬度为 57～60 HRC，中间的方孔（型腔）为待加工部位，加工部位表面粗糙度 Ra＝1.6 μm，方孔的棱角部位圆角半径 R＝0.1 mm。

按照上述要求制定加工方案，完成注射模镶块的加工。

该工作任务为利用电火花机床加工简单孔型型腔。工件毛坯制作比较简单，但孔型尺寸要求精确，表面粗糙度要求较高。

本任务的工艺过程大致为：对工件轮廓进行预加工、电极的设计与制造、工件、电极的装夹与校正、电极的定位（将电极对准工件上待加工的部位）、电参数的配置、加工过程的监控、工件的检测。

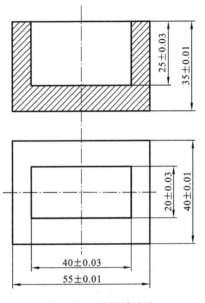

图 1-100　注射模镶块

所用设备为陕西汉川机床集团有限公司的 HCD300K 精密数控电火花成形机床，或北京阿奇 SP 电火花成形机床，另外还有数控铣床、机械划线台、游标卡尺、千分表、磁性表座、扳手、压板、锉刀、砂纸等。工件尺寸为 55 mm×40 mm×35 mm，材料可用 45 钢代替。

采用冲油加工。

3. 实训过程

1）加工方案的确定

分析加工零件图，注射模镶块的加工部位为方形的盲孔，如果采用铣床加工，方孔棱角部位圆角半径无法达到 0.1 mm，故不能采用铣床加工此方孔。工件材料 Cr12 是应用广泛的冷作模具钢，具有高强度、较好的淬透性和良好的耐磨性，且热处理硬度为 57～60 HRC，可以采用电火花成形加工，要求加工部位表面粗糙度 Ra＝1.6 μm，方孔的棱角部位圆角半径 R＝0.1mm，电火花成形加工能够达到上述要求。

单电极直接成形法适用于电极结构简单、棱角要求不高的型腔加工。由于注射模镶块型腔方孔棱角圆角半径 R=0.1 mm,采用单电极直接成型法即能满足要求,如果加工完成后棱角部位圆角半径大于 0.1 mm,可以将电极的加工部位切除再重复加工便可以满足要求。

2) 电极的设计

(1) 电极的材料选择紫铜锻件,以保证电极自身的加工质量和成形加工时的表面粗糙度。

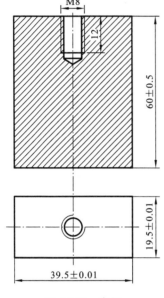

图 1-101 电极

(2) 电极采用整体式结构,尺寸如图 1-101 所示。

电极截面尺寸的确定:截面尺寸根据孔型型腔尺寸及公差、放电间隙的大小而定,再考虑加工方法和放电参数(见后文),电极水平尺寸单边缩放量取 0.25 mm,该尺寸缩放量较小,因此加工时用于基本成形的粗规准参数不宜过大。

电极长度的确定:电极在长度上分两部分,一部分为直接加工部分,长度取 30 mm,该长度主要考虑最大电极损耗长度和零件型腔的深度;另一部分为装夹部分,长度取 30 mm,因此电极总长度为 60 mm。

根据机床加工参数表可知,实际使用的加工参数会产生 1%的电极损耗,型腔深度已知为 25 mm,则加工时电极端面进给深度为 25.25 mm。

3) 电极的制造

电极可以采用铣削加工,也可以采用线切割加工,本项目采用铣削加工,工序如下:

(1) 备料;

(2) 铣削上表面;

(3) 画线,加工 M8×12 的螺纹孔;

(4) 铣削下表面及电极四周轮廓;

(5) 钳工修整。

4) 电极与工件的装夹、校正及定位

(1) 电极的装夹、校正。固定电极的夹具安装在主轴头上,用夹具上的 M8 的螺栓固定电极。校正电极时,以电极相邻的两个侧面为基准,校正电极的垂直度,首先将千分表的磁性表座吸附在机床的工作台上,然后让千分表的测头沿 X 轴方向缓缓移到电极的侧面,待测头接触到电极后千分表指针转动 1 至 2 圈即可,接下来在 Z 轴方向上移动主轴头,观察千分表指针的变化情况,若指针在小范围内来回摆动,则表明电极在该方向上垂直度良好,同理,调节电极相邻侧面的垂直度,并使电极的侧面与机床的移动方向一致。

(2) 工件的装夹、校正。工件用压板固定在机床的工作台上,压板上的螺栓只需拧紧即可,不需要太大的预紧力。校正工件时,将千分表的磁性表座吸附在机床的主轴头上,以工件相邻的两个侧面为基准,校正工件使工件的侧面与机床的移动方向一致,方法与校正电极垂直度相同。

(3) 电极定位。常用定位方法有"端面定位""角定位""柱中心定位""孔中心定位""自动三点定位"等,本实训中,凹模上型腔加工的位置为凹模的中心,所以采用"柱中心定位",感知后反转值设置 1 mm,便可以简单、方便地达到定位要求。

5) 加工条件及 ISO 代码

(1) 选择加工条件。电流过大会增加电极损耗,降低精度;脉冲宽度可以适当取大些,以利排屑;采用负极性加工。根据这些要求,结合机床说明书选用合适的加工条件,如表 1-7 所示。

表 1-7 加工条件

C 代码	脉宽 ON /μs	脉间 OFF /μs	电流 IP (管数)	间隙电压 SV/V	表面粗糙度 /μm	摇动半径 /mm	端面进给量 /mm
C168	380	50	12	60	12.5	0	24.9
C152	180	50	10	60	6.3	0.1	0.2
C342	100	50	1	60	3.2	0.2	0.1
C100	10	50	5	60	1.6	0.25	0.05

(2) 摇动参数。

① 摇动类型:锁定摇动。

② 摇动形状:矩形。

③ 摇动平面:XY 面。

④ 象限摇动:无。

(3) 加工程序。

G90G54G92 X0 Y0 Z1;   //加工开始时 Z 方向上电极端面距工件上表面 1 mm

C168 G01 Z-24.9;   //以 C168 条件加工深 24.9 mm

C152 G01 LN002 STEP100 Z-25.1; //以 C152 条件加工深 25.1 mm

C342 G01 LN002 STEP200 Z-25.2; //以 C342 条件加工深 25.2 mm

C100 G01 LN002 STEP250 Z-25.25;//以 C342 条件加工深 25.25 mm

G00 Z1;   //快速返回到加工开始位置

M02;   //程序结束

6）加工操作步骤

（1）开机：启动机床电源进入系统。

（2）检查系统各部分是否正常。

（3）装夹并校正电极。注意手控盒面板一定要置于对刀状态，以防触电。

（4）装夹并校正工件。

（5）进行电极定位。

（6）关好工作液槽门，进油并保持适当液面高度。

（7）调整好喷嘴的冲油压力，冲油。

（8）调整好加工参数，调出加工程序进行加工。

（9）加工完毕，关油泵，升起主轴，关闭主电源。

（10）卸下工件并进行检测。

4．检查评估

（1）实施过程中有详细的书面记录。

（2）测量检验工件的尺寸精度、表面粗糙度。

（3）根据过程记录及最终完成的工件，总结分析此次加工中出现的各种问题。

（4）加工任务完成后必须清理机床、打扫卫生，工具、量具放回原位。

5．注意事项

（1）加工前要分析电极、工件、夹具之间有没有运动干扰；检查灭火装置是否齐备完好。加工时，操作者不能长时间离开机床，出现问题及时处理。

（2）加工时工作电流小于 50 A，工作液液面高度应高于加工表面 50 mm，工作电流增大，液面高度应相应增加。

（3）避免电极和喷油嘴间放电。

（4）导线的绝缘外壳破裂时不能进行加工，否则可能导致导线与工件或工作液槽放电，必须更换后加工。

（5）机床出现报警信息后应停止加工，根据提示的故障原因进行排除，严禁故障运行。特别是提示"短路""液温液位异常"时，必须排除故障后加工。

（6）一般情况下，不建议使用忽略"接触感知"的移动。必须这样使用时，一定要注意避免发生干涉、碰撞。

（7）加工时严禁同时触摸电极与工作台。

知识点 4

影响材料放电蚀除的因素

电火花加工过程中，材料被放电蚀除的规律十分复杂。研究影响材料放电蚀除的因素，对于应用电火花加工方法、提高电火花加工的生产率、降低工具电极的损耗极为重要。

这些因素主要体现在以下几个方面。

1. 极性效应

极性效应的加工表现特征前面已经讲述,这里不做讲述。

在电火花加工中极性效应越显著越好,这样,可以把电蚀量小的一极作为工具电极,以减少工具电极的损耗。

产生极性效应的原因很复杂,大体上原因是:在火花放电过程中,正、负电极表面分别受到负电子和正离子的撞击和瞬时热源的作用,两极表面所分配到的能量不一样,因而熔化、汽化抛出的电蚀量也不一样。这是因为电子的质量和惯性均小,容易获得很高的加速度和速度,在击穿放电的初始阶段就有大量的电子奔向正极,把能量传递给正极表面,使电极材料迅速熔化和汽化;而正离子则由于质量和惯性较大,启动和加速较慢,在击穿放电的初始阶段,大量的正离子来不及到达负极表面,而到达负极表面并传递能量的只有一小部分离子。所以,在用窄脉冲(放电持续时间较短)加工时,电子的撞击作用大于离子的撞击作用,正极的蚀除速度大于负极的蚀除速度,这时工件应接正极。当采用宽脉冲(放电持续时间较长)加工时,质量和惯性大的正离子将有足够的时间加速,到达并撞击负极表面的离子数将随放电时间的延长而增多;由于正离子的质量大,对负极表面的撞击破坏作用强,同时自由电子挣脱负极时要从负极获取逸出功,而正离子到达负极后与电子结合释放位能,故负极的蚀除速度将大于正极,这时工件应接负极。因此,当采用窄脉冲(例如纯铜电极加工钢时,$t_i < 10~\mu s$)精加工时,应选用正极性加工;当采用宽脉冲(例如纯铜加工钢时,$t_i > 80~\mu s$)粗加工时,应采用负极性加工,可以得到较高的蚀除速度和较低的电极损耗。

能量在两极上的分配对两个电极电蚀量的影响是一个极为重要的因素,而电子和正离子对电极表面的撞击则是影响能量分布的主要因素,因此,电子撞击和离子撞击无疑是影响极性效应的重要因素。但是,近年来的生产实践和研究结果表明,接电源正极的电极表面能吸附工作液中分解游离出来的碳微粒,形成碳黑膜(覆盖层)减小电极损耗。

例如,纯铜电极加工钢工件,当脉宽为 $8~\mu s$ 时,通常的脉冲电源必须采用正极性加工,但在用分组脉冲进行加工时,虽然脉宽也为 $8~\mu s$,却需采用负极性加工,这时在正极纯铜表面明显地存在着吸附的碳黑膜,保护了正极,因而使钢工件负极的蚀除速度大大超过了正极。在普通脉冲电源上的实验也证实了碳黑膜对极性效应的影响,当采用脉宽为 $12~\mu s$,脉间为 $15~\mu s$,往往正极的蚀除速度大于负极,应采用正极性加工。

当脉宽不变,逐步把脉间减少,这样有利于碳黑膜在正极上的形成,就会使负极的蚀除速度大于正极而可以改用负极性加工。实际上是极性效应和正极吸附碳黑之后对正极有保护作用的综合效果。但是,在电火花加工过程中,碳黑膜不断形成又不断破坏。为了实现电极低损耗,加工精度高的目的,应使覆盖层的形成与破坏的程度达到动态平衡。

由此可见,极性效应是一个较为复杂的问题。除了脉宽、脉间的影响外,还有脉冲峰值电流、放电电压、工作液及电极对的材料等都会影响到极性效应。

从提高加工生产率和减少工具损耗的角度来看,极性效应越显著越好,加工中必须充分利用极性效应,最大限度地降低工具电极的损耗,并合理选用工具电极的材料,根据电极对材料的物理性能、加工要求选用最佳的电规准,正确地选用加工极性,达到工件的蚀除速度最高,工具损耗尽可能小的目的。

当用交变的脉冲电流加工时,单个脉冲的极性效应便相互抵消,增加了工具的损耗。因此,电火花加工一般都采用单向脉冲电源。

2. 电参数

电参数主要是指电压脉冲宽度、电流脉冲宽度、脉冲间隔、脉冲频率、峰值电流、峰值电压和极性等。

在电火花加工过程中,无论正极或负极都存在单个脉冲的蚀除量与单个脉冲能量在一定范围内成正比的关系。某一段时间内的总蚀除量约等于这段时间内各单个有效脉冲蚀除量的总和,所以正、负极的蚀除速度与单个脉冲能量、脉冲频率成正比。

单个脉冲放电所释放的能量取决于极间放电电压、放电电流和放电持续时间。由于火花放电间隙的电阻的非线性特性,击穿后间隙上的火花维持电压是一个与电极对材料及工作液种类有关的数值(如在煤油中用纯铜加工钢时约为25 V,用石墨加工钢时约为30 V)。火花维持电压与脉冲电压幅值、极间距离及放电电流大小等的关系不大,因而正负极的电蚀量正比于平均放电电流的大小和电流脉宽;对于矩形波脉冲电流,实际上正比于放电电流的幅值。

因此提高电蚀量和生产率的途径在于:提高脉冲频率,增加单个脉冲能量或者说增加平均放电电流(对矩形脉冲即为峰值电流)和脉冲宽度;减小脉冲间隔并提高有关的工艺参数。当然,实际生产时要考虑到这些因素之间的相互制约关系和对其他工艺指标的影响,例如脉冲间隔时间过短,将产生电弧放电;随着单个脉冲能量的增加,加工表面粗糙度值也随之增大;等等。

3. 金属材料热学常数

所谓热学常数是指熔点、沸点(汽化点)、热导率、质量热容、熔化热、汽化热等。常见材料的热学常数可查相应手册。

每次脉冲放电时,通道内及正、负电极放电点都瞬时获得大量热能。而正、负电极放电点所获得的热能,除一部分由于热传导散失到电极其他部分和工作液中外,其余部分将依次消耗在如下几个方面。

(1) 使局部金属材料温度升高直至达到熔点(每克金属材料升高 1℃所需之热量即为该金属材料的质量热容;每熔化 1 g 材料所需之热量即为该金属的熔化热)。

(2) 使熔化的金属液体继续升温至沸点。

(3) 使熔融金属汽化(每汽化 1g 材料所需的热量称为该金属的汽化热)。

(4) 使金属蒸气继续加热成过热蒸气。

显然当脉冲放电能量相同时,金属的熔点、沸点、质量热容、熔化热、汽化热越高,电蚀量将越少,越难加工;另外,热导率较大的金属会将瞬时产生的热量传导散失到其他部位,因而降低了本身的蚀除量。而且当单个脉冲能量一定时,脉冲电流幅值越小,脉冲宽度越长,散失的热量也越多,从而使电蚀量减少;相反,若脉冲宽度越短,脉冲电流幅值越大,由于热量过于集中而来不及传导扩散,虽使散失的热量减少,但抛出的金属中汽化部分比例增大,多耗用了汽化热,电蚀量也会降低。因此,电极的蚀除量与电极材料的热导率及其他热学常数、放电持续时间、单个脉冲能量等有密切关系。

由此可见,当脉冲能量一定时,对不同材料的工件都会各有一个使工件电蚀量最大的最佳脉宽。另外,获得最大电蚀量的最佳脉宽还与脉冲电流幅值有相互匹配的关系,最佳脉宽值随脉冲电流幅值的不同而变化。

4.工作液

1) 工作液的作用

电火花加工时,液体介质面通常高出加工工件几十毫米,液体介质通常称为工作液。工作液的作用如下。

(1) 形成火花击穿放电通道,并在放电结束后迅速恢复间隙的绝缘状态。

(2) 对放电通道产生压缩作用。

(3) 帮助电蚀产物的抛出和排除。

(4) 对工具和工件具有冷却作用。

2) 工作液的种类

工作液性能对加工质量的影响很大。介电性能好、密度和黏度大的工作液有利于压缩放电通道,提高放电的能量密度,强化电蚀产物的抛出效应,但黏度过大不利于电蚀产物的排出,影响正常放电。

当前使用的工作液种类多,成分性能各异,归纳一下主要是四种。

(1) 油类有机化合物。包括机油、变压器油、锭子油、柴油、煤油、酒精或它们的混合物,好处是成分中含有碳元素,高温下分解出的碳可降低电极损耗,缺点是易挥发,有火灾隐患,有气味,对人体健康有一定影响。

（2）乳化液。乳化液的主要成分是润滑油、乳化剂、抗磨剂等，优点是成本低，配置简便，也有补偿工具电极损耗的作用，且不腐蚀机床和零件。乳化液多用于电火花线切割加工。

（3）水类。水的优点是流动性好、散热性好，不易起弧，不燃、无味，价格低廉，但由于不含碳，加工时电极损耗较大。纯度不高的水有一定程度的电解作用，会降低加工精度，因此应尽量采用蒸馏水、去离子水。一般多用于低速走丝线切割。

就表面粗糙度而言，使用去离子水最佳，其次是蒸馏水，自来水最差。

（4）电火花加工专用油。专用油是由厂家将基础油精炼后按一定配方配置而成，优点是无色无味，对人体副作用小，挥发性低，闪点高，不易燃，黏度低，流动性好，有较好的绝缘性，加工稳定。但加工成本会较前几类高。

电火花成形加工主要采用油类工作液。由于粗加工时采用的脉冲能量大，加工间隙也较大，爆炸排屑抛出能力强，往往选用介电性能强、黏度较大的全损耗系统用油（机油），且全损耗系统用油的燃点较高，大能量加工时着火燃烧的可能性小；中、精加工时放电间隙比较小，排屑比较困难，一般选用黏度小、流动性好、渗透性好的煤油作为工作液。

油类工作液有味、容易燃烧，尤其在大能量粗加工时工作液高温分解产生的烟很大。水的绝缘性能和黏度较低，在同样加工条件下，和煤油相比，水的放电间隙较大，对通道的压缩作用差、蚀除量较少，且易锈蚀机床，但在水中加入各种添加剂，可以改善其性能，且最新的研究成果表明，水基工作液在粗加工时的加工速度可大大高于煤油，但在大面积精加工中取代煤油目前技术尚不成熟。在电火花高速加工小孔、深孔的机床上，已广泛使用蒸馏水或去离子水做工作液。

5. 其他因素

影响电蚀量的还有其他一些因素。

首先是加工过程的稳定性。加工过程不稳定将干扰以致破坏正常的火花放电，使有效脉冲利用率降低。加工深度、加工面积的增加，或加工型面复杂程度的增加，都将不利于电蚀产物的排出，影响加工稳定性和降低加工速度，严重时将造成结碳拉弧，使加工难以进行。为了改善排屑条件，提高加工速度和防止拉弧，常采用强迫冲油和工具电极定时抬刀等措施。

如果加工面积较小，而采用的加工电流较大，也会使局部电蚀产物浓度过高，放电点不能分散转移，放电后的余热来不及传播扩散而积累起来，造成过热，形成电弧，破坏加工的稳定性。

电极材料对加工稳定性也有影响。用钢电极加工钢时不易稳定，用纯铜、黄铜电极加工钢时则比较稳定。脉冲电源的波形及其前后沿陡度影响着输入能量的集中或分散程度，对电蚀量也有很大影响。

电火花加工过程中电极材料会被瞬时熔化或汽化而抛出，如果抛出速度很高,就会冲击另一电极表面而使其蚀除量增大;如果抛出速度较低,则当喷射到另一电极表面时,会反粘或涂覆在电极表面,减少其蚀除量。此外,正极上碳黑膜的形成将起"保护"作用,大大降低正电极的蚀除量(损耗量)。

知识点 5
电火花加工的加工速度和工具的损耗速度

电火花加工时,工具电极和工件同时遭到不同程度的电蚀,单位时间内工件的电蚀量称为加工速度,即生产率;单位时间内工具电极的电蚀量称为损耗速度。

1. 影响加工速度的主要因素

根据前面对电蚀量的讨论,提高加工速度的途径在于提高脉冲频率,增加单个脉冲能量,设法提高工艺系数。同时还应考虑这些因素间的相互制约关系和对其他工艺指标的影响。

提高脉冲频率,可通过减小脉冲停歇时间来实现,但脉冲停歇时间过短,会使加工区工作液来不及消电离和排除电蚀产物及气泡,阻碍恢复其介电性能,以致形成破坏性的稳定电弧放电,使电火花加工过程不能正常进行。

增加单个脉冲能量主要靠加大脉冲电流和增加脉冲宽度。单个脉冲能量的增加可以提高加工速度,但同时会使表面粗糙度变坏和降低加工精度,因此一般只用于粗加工和半精加工的场合。

提高工艺系数的途径很多。例如合理选用电极材料、电参数和工作液,改善工作液的循环过滤方式等,从而提高有效脉冲利用率,达到提高工艺系数的目的。

电火花成形加工的加工速度,粗加工(加工表面粗糙度 Ra 为 10~20 μm)时可达 200~1000 mm^3/min,半精加工(Ra 为 2.5~10 μm)时降低到 0~100 mm^3/min,精加工(Ra 为 0.32~2.5 μm)时一般都在 10 mm^3/min 以下。随着表面粗糙度值的减小,加工速度显著下降。

2. 工具相对损耗

加工中的工具相对损耗是产生加工误差的主要原因之一。在生产实际中用来衡量工具电极是否耐损耗,不只是看工具损耗速度,还要看同时能达到的加工速度,因此,采用两者之比,即相对损耗作为衡量工具电极耐损耗的指标。

为了降低工具电极的相对损耗,要正确处理好电火花加工过程中的各种效应,这些效应主要包括:极性效应,吸附效应,传热效应等。

1)极性效应

前已述及。

2)吸附效应

当采用煤油等碳氢化合物作为工作液时,在放电过程中将发生热分解而产生大量的碳,碳可和金属结合形成金属碳化物的微粒——胶团。中性的胶团在电场作用下可能与其可动层(胶团的外层)脱离,而成为带电荷的碳胶粒。电火花加工中的碳胶粒一般带负电荷,因此,在电场作用下会向正极移动,并吸附在正极表面。如果电极表面瞬时温度为400℃左右,且能保持一定时间,即能形成一定强度和厚度的化学吸附碳层,通常称为碳黑膜,由于炭的熔点和汽化点很高,可对电极起到保护和补偿作用,从而实现"低损耗"加工。

由于碳黑膜只能在正极表面形成,因此,要利用碳黑膜的补偿作用来实现电极的低损耗,必须采用负极性加工。为了保持合适的温度场和吸附碳黑有足够的时间,增加脉冲宽度是有利的。实验表明,当峰值电流、脉冲间隔一定时,碳黑膜厚度随脉宽的增加而增厚;而当峰值电流和脉冲宽度一定时,碳黑膜厚度随脉冲间隔的增大而减薄。这是由于脉冲间隔加大,电极为正的时间相对变短,引起放电间隙中介质消电离作用增强,放电通道分散,电极表面温度降低,使"吸附效应"减少。反之,随着脉冲间隔的减小,电极损耗随之降低。但过小的脉冲间隔将使放电间隙来不及消电离和使电蚀产物扩散,因而造成拉弧烧伤。

影响吸附效应的除上述电参数外,还有冲、抽油的影响。采用强迫冲、抽油,有利于间隙内电蚀产物的排除,使加工过程稳定;但强迫冲、抽油使吸附、镀覆效应减弱,因而增加了电极的损耗。因此,在加工过程中采用冲、抽油时其压力、流速不宜过大。

3)传热效应

对电极表面温度场分布的研究表明,电极表面放电点的瞬时温度不仅与瞬时放电的总热量(与放电能量成正比)有关,而且与放电通道的截面面积有关,还与电极材料的导热性能有关。因此,在放电初期限制脉冲电流的增长率,可使电流密度的增速不致太高,也就使电极表面温度不致过高,这将有利于降低电极损耗。脉冲电流增长率过高时,对在热冲击波作用下易脆裂的工具电极(如石墨)的损耗,尤为显著。因此一般采用导热性能比工件好的工具电极,配合使用较大的脉冲宽度和较小的脉冲电流进行加工,使工具电极表面温度较低而损耗小,工件表面温度较高而蚀除快。

另外,为了减少工具电极损耗,还应选用合适的工具材料,一般应考虑经济成本、加工性能、耐蚀性能、导电性能等几方面的因素。

钨、钼的熔点和沸点较高,损耗小,但其机械加工性能不好,价格又高,所以除线切割加工外很少采用。铜的熔点虽较低,但其导热性好,因此损耗也较少,又比较容易制成各种精密、复杂电极,常用作中、小型腔加工用的工具电极。石墨电极不仅热学性能好,而且在宽脉冲粗加工时能吸附游离的碳来补偿电极的损耗,所以相对损耗很低,目前已广泛用作型腔加工的电极。铜碳、铜钨、银钨合金等复合材料,不仅导热性好,而且熔点高,因而电极损耗小,但由于其价格较高,制造成形比较困难,因而一般只在精密电火花加工时采用。

知识点 6

影响成形加工精度的因素

影响成形加工精度的主要因素有:放电间隙的大小及其一致性、工具电极的损耗及其稳定性。电火花加工时,工具电极与工件之间存在着一定的放电间隙,因此工件的尺寸、形状与工具电极并不一致。如果加工过程中放电间隙能保持不变,则可以通过修正工具电极的尺寸对放电间隙引起的误差进行补偿,以获得较高的加工精度。然而,放电间隙的大小实际上是变化的,从而影响了加工精度。

1. 放电间隙变化的原因

脉冲宽度、峰值电流、峰值电压这三个参数值越大,放电间隙越大,而实际加工过程中,这三个参数受加工环境的影响时刻在发生变化,导致放电间隙的变化,结果是间隙的大小不一致性影响了加工精度。

对复杂形状的加工表面,棱角部位电场强度分布不均,间隙越大,仿形的逼真度越差,影响越严重。因此,为了减少尺寸加工误差,应该采用较小的加工规准,缩小放电间隙,这样不但能提高仿形精度,而且放电间隙越小,可能产生的间隙变化量也越小,另外还必须尽可能使加工过程稳定。精加工放电间隙一般为 0.01 mm(单面),而在粗加工时可达 0.5 mm 以上。

2. 工具电极的损耗

工具电极的损耗对尺寸精度和形状精度都有影响。电火花穿孔加工时,工具电极可以贯穿型孔而补偿电极的损耗,型腔加工时则无法采用这一方法,精密型腔加工时可采用更换工具电极的方法。

3. 二次放电

"二次放电"是指已加工表面上由于电蚀产物等的介入而再次进行的不必要放电,集中反映在工件的侧面产生斜度和使加工的棱角或棱边变钝。

如图 1-102 所示,在工件的整个加工过程中,由于电蚀产物的存在,电极入口处始终处于放电加工状态,入口处的尺寸要大于工件底部。此外,由于电极下端部加工时间长,绝对损耗大,形状上逐渐变成上粗下细,也使得底部的加工尺寸变小,因而总体上表现出加工斜度。

在穿孔加工时"二次放电"易形成喇叭口,如图 1-103 所示。

另外,工具的尖角或凹角很难精确地"复印"在工件上,这是因为当工具为尖角时,一则由于放电间隙的等距性,工件上只能加工出以尖角顶点为圆心,放电间隙为半径的圆弧;二则工具电极上的尖角本身因尖端放电蚀除的概率大而损耗成圆角,如图 1-104(a)所示。

当工具电极为凹角时,工件上对应的尖角处放电蚀除的概率大,容易遭受腐

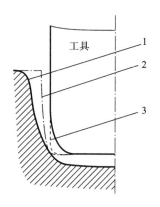

图 1-102 电火花加工时的加工斜度
1—工件实际轮廓线;2—工件理论轮廓线;
3—工具电极无损耗时的轮廓线

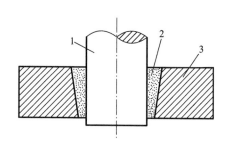

图 1-103 穿孔加工时的喇叭口
1—工具电极;2—电蚀产物;3—工件

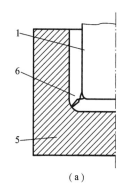
(a)

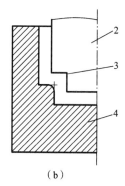
(b)

图 1-104 电火花成形加工时圆角的形成
(a) 工具电极有尖角时;(b) 工具电极有凹角时
1,2—工具电极;3—凹角;4,5—工件电极;6—尖角

蚀而成为圆角,如图 1-104(b)所示。采用高频窄脉宽精加工,放电间隙小,圆角半径可以明显减小,因而提高了仿形精度,可以获得圆角半径小于 0.01 mm 的尖棱。

目前,电火花加工的精度可达 0.01~0.05 mm。

知识点 7

电火花加工的表面质量

电火花加工的工件表面质量体现在表面粗糙度、表面变质层和表面力学性能三方面。

1. 表面粗糙度

电火花加工的工件表面粗糙度的形成与切削加工不同,它是由无方向性的无数电蚀小凹坑所组成,特别有利于保存润滑油;而机械加工表面则存在着切削或磨削刀痕,具有方向性。两者相比,在相同的表面粗糙度和有润滑油的情况下,电火花成形加工的工件表面的润滑性能和耐磨损性能均比机械加工的表面好。

对表面粗糙度影响最大的是单个脉冲能量,若脉冲能量大,每次脉冲放电的蚀除量也大,放电凹坑既大又深,从而使表面粗糙度恶化。

但实践中发现,即使单脉冲能量很小,但在电极面积较大时,表面粗糙度仍不理想,而且加工面积越大,可达到的最佳表面粗糙度越差。这是因为在煤油工作液中的工具电极和工件相当于电容器的两个极,具有"潜布电容"(寄生电容),相当于在放电间隙上并联了一个电容器,当小能量的单个脉冲到达工具电极和工件时,电能被此电容"吸收",只能起"充电"作用而不会引起火花放电。只有经过多个脉冲充电达到较高的电压,积累了较多的电能后,才能引起击穿放电,形成较大的放电凹坑。

工件材料对加工表面粗糙度也有影响,熔点高的材料(如硬质合金),在相同能量下加工的表面粗糙度要比熔点低的材料(如钢)好。当然,加工速度会相应下降。

精加工时,工具电极的表面粗糙度也将影响到加工粗糙度。由于石墨电极很难加工到非常光滑的表面,因此用石墨电极的加工表面粗糙度较差。

在国标 GB/T 6060.3—2008 中给定了电火花加工表面粗糙度的评定标准,并有比较样块,如图 1-105 所示。

图 1-105 电火花加工表面粗糙度比较样块

现在出现了电火花"混粉加工"的新工艺,可在较大面积上加工出 Ra 为 $0.05\sim0.1\ \mu m$ 的光亮面,方法是在工作液中混入一定比例的导电或半导电微细粉末,如硅粉或铝粉,混粉使工作液的电阻率降低,放电间隙成倍增大,潜布、寄生电容大幅度减少,使放电点分布趋于均匀,且微粉颗粒将放电通道分割细化,使极间放电分散,最终作用到工件表面形成相对均匀且较小的放电蚀坑。

混粉加工可以明显克服普通电火花加工的某些缺点,减小表面粗糙度和白硬层的厚度,消除微观裂纹,使加工后的表面达到类似镜面的效果,且可实现大面积稳定加工,可免除后续抛光处理。

混粉加工主要应用于复杂精密模具型腔表面的最终加工,尤其是不便于进行抛光作业的复杂曲面的精密加工。可降低零件表面粗糙度值,省去手工抛光工序,提高零件的使用性能。同时,加工后的表面耐磨性和耐蚀性均得到提高,可延长模具的使用寿命。

有专门的混粉电加工机床,相对普通电火花机床其有如下特征。

(1) 具有镜面精加工电路,即要有极小的单个脉冲能量。

(2) 粉末颗粒会沉淀,需要扩散装置来消除浓度误差。

(3) 采用无冲液处理方式。

2. 表面变质层

在电火花加工过程中,由于放电的瞬时高温和工作液的快速冷却作用,材料的表面层发生了很大的变化,粗略地可把它分为熔化凝固层和热影响层,如图1-106所示。

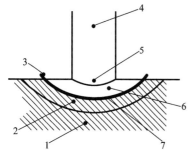

图1-106 单个脉冲放电表面变质层剖面图

1—无变化区;2—热影响层;3—翻边凸起;
4—放电通道;5—汽化区;
6—熔化区;7—熔化凝固层

1) 熔化凝固层

熔化凝固层位于工件表面最上层,它被放电时瞬时高温熔化而又滞留下来,受工作液快速冷却作用而凝固。对于碳钢来说,熔化层在金相照片上呈现白色,故又称为白层,它与基体金属完全不同,是一种树枝状的淬火铸造组织,与内层的结合也不甚牢固。熔化层的厚度随脉冲能量的增大而变厚,但一般不超过0.1 mm。

2) 热影响层

热影响层介于熔化层和基体之间。在加工过程中其金属材料并没有熔化,只是受到高温的影响,使材料的金相组织发生了变化,它与基体材料并没有明显的界限。由于温度场分布和冷却速度的不同,对淬火钢,热影响层包括再淬火区、高温回火区和低温回火区;对未淬火钢,热影响层主要为淬火区。因此,淬火钢的热影响层厚度比未淬火钢大。

不同金属材料的热影响层金相组织结构是不同的,耐热合金的热影响层与基体组织差异不大。

3) 显微裂纹

电火花加工表面由于受到瞬时高温作用并迅速冷却而产生残余拉应力,往往出现显微裂纹。实验表明,一般裂纹仅在熔化层内出现,只有在脉冲能量很大的情况下(粗加工时)才有可能扩展到热影响层。

脉冲能量对显微裂纹的影响是非常明显的,能量越大,显微裂纹越宽越深。脉冲能量很小,加工表面粗糙度 Ra 小于 1.25 μm 时,一般不会出现显微裂纹。

工件材料不同对裂纹的敏感性也不同,硬质合金等硬脆材料容易产生裂纹。工件加工前的热处理状态对裂纹产生的影响也很明显,加工淬火材料要比加工淬火后回火或退火的材料容易产生裂纹,因为淬火材料脆硬,原始残余拉应力也较大。

3. 表面力学性能

1)显微硬度及耐磨性

电火花加工后表面层的硬度一般比较高,但对某些淬火钢,也可能稍低于基体硬度。对未淬火钢,特别是原来碳含量低的钢,热影响层的硬度都比基体材料高;对淬火钢,热影响层中的再淬火区硬度稍高或接近于基体硬度,而回火区的硬度比基体低,高温回火区又比低温回火区的硬度低。因此,一般来说,电火花加工表面最外层的硬度比较高,耐磨性好。但对于滚动摩擦,由于是交变载荷,尤其是干摩擦,则因熔化凝固层和基体的结合不牢固,产生疲劳破坏,容易剥落而使表面光洁度不好。

2)残余应力

由于电火花加工表面存在着瞬时先热后冷作用而形成的残余应力,而且大部分表现为拉应力。残余应力的大小和分布,主要和材料在加工前的热处理状态及加工时的脉冲能量有关。因此,对表面层要求质量较高的工件,应注意工件预备热处理的质量,并尽量避免使用较大的加工规准。

3)耐疲劳性能

电火花加工后,表面存在着较大的拉应力,还可能存在显微裂纹,因此其耐疲劳性能比机械加工表面低许多倍。采用回火处理、喷丸处理等,有助于降低残余应力,或使残余拉应力转变为压应力,从而提高其耐疲劳性能。

实验表明,当表面粗糙度 Ra 在 $0.32 \sim 0.08~\mu m$ 范围内时,电火花加工表面的耐疲劳性能将与机械加工表面相近,这是因为电火花精微加工表面所使用的加工规准很小,熔化凝固层和热影响层均非常薄,不会出现显微裂纹,而且表面残余拉应力也较小的原因。

知识点 8

电火花加工规准的选择

1. 电规准定义

所谓电规准是指在电火花加工中所选用的一组电脉冲参数,包括脉冲电流的峰值、脉冲的周期、脉冲的宽度和脉冲的间隔大小等电参数。

2. 电规准对成形加工的影响

在电火花成形加工中,电极会随着加工的进行而产生损耗。电规准选择是否合理,将直接影响到电加工的加工效率和加工质量,因此,电规准应根据工件的加工质量要求、电极和工件的材料性能、机床设备与工艺指标等因素作合理的选择。

电加工中电规准的选择是否恰当,可以通过对工件的加工精度、加工速度和经济性要求来确定。电规准在生产中主要通过工艺试验确定(试验一般由机床厂家完成,并将加工数据提供给机床的使用者)。一个完整的电加工过程,经常需要先后采用几个不同的电规准,即电规准的转换。

3. 三种电规准

电规准通常可分为粗、中、精规准三种,每一种又可分几挡。

(1) 粗规准。粗规准主要用于粗加工,对粗规准的要求是加工效率要高,工具电极的损耗小,加工工件的表面粗糙度则不需要过于精细,一般粗糙度 Ra 达到 12.5 μm 即可。因此,粗规准一般采用较大的电流峰值和较长的脉冲宽度。

(2) 中规准。中规准是粗、精加工间的过渡性加工所采用的电规准,其主要目的在于减小精加工的余量,促进加工稳定性,为后面的精加工作准备,中规准采用的脉冲宽度小于粗规准,脉冲宽度的具体值视加工对象而定。中规准加工工件的表面粗糙度 Ra 为 6.3~3.2 μm。

(3) 精规准。精规准用来进行精加工,其主要目的在于保证各项加工技术要求(如配合间隙、表面粗糙度和刃口斜度等),在此前提下,尽可能提高生产率。故精规准多采用小的电流峰值、高的频率和短的脉冲宽度,脉冲宽度的具体值视加工对象及精度要求而定。

粗规准和精规准的正确配合,可以适当地解决电火花加工时的质量和生产率之间的矛盾。

正确选择粗、中、精加工规准,可参考电火花加工工艺参数曲线图表(请查阅相关资料或说明书)。

4. 不同电规准的应用与转换

粗规准加工效率高,但加工精度低;精规准加工效率较低,而加工精度高,实际生产中经常通过不断地转换和调整电规准,来达到所需要的不同加工目的。

开始加工时,应选择粗规准参数进行加工,当电极工作端进给到凹模的刃口处时,可先转换成中规准进行过渡加工 1~2 mm,再转入精规准进行精加工,若精规准有多挡,还应依次进行精规准转换。

另外,还应注意在规准转换的同时,如冲油压力等工艺条件也要适当地进行配合。粗规准加工时,放电间隙大,排屑容易,冲油压力应小些;而转入精规准后,电加工的深度增大,放电间隙较小,排屑困难,冲油压力应适当增大;在开始穿透工件时,冲油压力要适当降低;如果加工那些精度较高、粗糙度要求较小、加工斜度较小的凹模件,应将上部冲油改为下端抽油,以增强排屑,防止电蚀碎屑向上运动而造成二次放电及喇叭口。

拓展阅读　电火花成形加工技术的新发展

1. 精密微细化

电火花微细加工主要是指尺寸小于 300 μm 的轴孔、沟槽、型腔等的加工。

实现精密、微细加工的一个重要条件是加工单位(每次放电的蚀除量)尽可能小。加工单位只取决于单个放电脉冲的能量。微细电火花加工的极限能力一直是研究工作者追求的目标之一。日本东京大学生产技术研究所的增泽隆久教授加工出的直径为 5 μm 的微细孔和直径为 2.5 μm 的微细轴,代表了当前这一领域的世界前沿水平。

2. 脉冲电源参数的精确控制

高性能脉冲电源控制技术主要体现在三个方面,即:蚀除脉冲精度的精确控制、阻断清扫脉冲的控制、稳定放电脉冲检测的控制。下面介绍后两种控制技术对加工结果的影响。

1) 阻断清扫脉冲的控制技术

瑞士 AGIE-Hyperspark 脉冲电源的阻断清扫脉冲控制技术是在放电柱逐渐进入饱和状态前突加一个适当的高电流脉冲,以阻断已没有蚀除作用的放电柱,形成第一次材料抛出,凹坑中有明显残留物;然后重建新的放电柱,在其扩展过程中又会有些蚀除,更重要的是在其放电结束后的第二次材料抛出时,将原坑中的残料充分清除,形成光滑干净的放电凹坑,此放电凹坑比通常脉冲的放电凹坑浅,从而使表面粗糙度减小,白层(变质层)减薄。由于脉冲蚀除量的增加及表面质量改善使后续精修省力,故此项技术使加工效率提高(采用铜和石墨电极时平均提高 30%,深窄槽加工提高 50%),电极损耗降低。

2) 稳定放电脉冲检测的控制技术

实现稳定检测放电脉冲主要是采用了逐个脉冲检测技术。能逐个检测脉冲并做出相应对策的首要条件是速度要快,为此瑞士 AGIE-Hyperspark 脉冲电源中使用了名为 FPGA 的脉冲优化模块,特点是具有超强的计算能力(30MIPS),可在约 33.3 ns 时间内对脉冲前沿的状况进行一次检测,不仅可消除拉弧的风险,还可按使用中效率和表面质量(表面粗糙度的一致性和加工表面平整性)的权重来设定阈值。这一脉冲控制技术使诸如 300 mm×300 mm 的大面积精加工得以实现。

3. 多轴联动数控电火花加工技术

数控电火花加工技术中的多轴联动加工方法在模具制造等领域具有非常重要的作用,特别是加工表面形状复杂的关键零部件时,更具有不可替代的作用。整体叶轮是火箭发动机、飞机发动机以及航空机载设备的重要零件之一。整体叶轮工作在高温、高压、高转速条件下,多选用不锈钢、高温耐热合金和钛合金等难切削材料制造,由于材料难加工,再加上其为整体结构,带有复杂型面的叶片,使得它的制造非常困难,成为航空航天制造中的关键技术,目前国外采用五轴联动电火花成形加工方法。

4. 高表面质量与混粉镜面加工技术

混粉镜面加工技术的出现有效地解决了深槽窄缝等不易抛光和加工精度差

的问题。利用该加工技术在直径为 25 mm（面积为 490 mm²）加工表面上，达到表面粗糙度 Ra 0.05 μm，表面可像镜子一样光滑；镜面加工回路有效克服了分布电容、分布电感等寄生参数对加工的不利影响，精确控制了微小放电能量的恒量输出，并在工具电极表面形成一层碳黑保护膜。

混粉镜面加工技术克服了常规电火花加工表面粗糙度、表面性能差的缺点，使电火花加工作为大面积精密、复杂型面的最终加工成为可能，省去了后续抛光工序，使产品的制作周期、工人的劳动强度降低。

5. 先进的主轴伺服技术及执行机构

主轴的高速、高加速和高响应伺服性能，可有效产生抽吸作用，使加工屑有效排出，实现了深型腔的无冲液加工，对深型腔加工、深槽窄缝加工、小间隙高精度高效率加工、精密微细加工等都具有重要意义。主轴的高速和高响应受主轴的执行机构影响。目前主轴的执行机构有3种形式，一是直线电动机直接驱动，二是交流电动机直接带动滚珠丝杠副，三是交流电动机通过齿轮减速带动滚珠丝杠副。直线电动机结构没有反向间隙，插补能力好，加工的圆度好。目前，沙迪克公司直线电动机的 SEDM 机 Z 轴最高速度是 6 m/min，Z 轴最高抬刀速度达 36 m/min；MAKINO 公司用滚珠丝杠和软件技术最高速度是 10 m/min。

6. 专家系统

由于电火花成形加工的复杂性，操作人员需要熟练掌握数控编程技术、加工规准选择、电极损耗补偿等技术和相关知识，其中任何一个环节的欠缺都将造成加工过程的缺陷或失败。采用专家系统可以较好解决这一问题。

专家系统就是把有关的电火花加工工艺知识和经验技巧等，即所谓专家知识，移植到计算机中，建立一个加工规准数据库，相当于汇集了众多电加工专家的知识和能力。加工时操作者按照画面提示输入一些数据，如电极材料、工件材料、表面粗糙度等，计算机自动选取组合出一套最优参数，实现最优控制。

专家系统的建立及功能的完善需要根据电火花成形加工的特点，结合多年来的试验研究成果及实际操作经验，不断充实专家系统知识库，细化推理过程，建立良好的人机接口，从而根据不同的加工要求，实现加工参数优化及加工过程中的在线实时调整，达到降低操作难度、实现高效率、高精度和稳定加工的目的。

当前的电火花机床普遍配置了专家系统。

7. 人工智能技术

提高电火花成形加工的自动化程度是技术发展的必然趋势，需要建立多输入、多输出的控制系统，智能控制将是解决此类复杂问题的有效途径。智能控制系统具有自学习和自适应功能，能自主调节系统的控制结构、参数和方法，进行决策规划和广义问题求解。它就如同一个有经验的操作者，可通过对加工信息的把握，模拟熟练操作者的思维方式，根据当前的加工状态调整加工参数，进而实现提高加工效率、加工精度、加工过程稳定性以及简化操作过程。

（1）人工神经网络技术的应用。专家系统可使计算机控制系统具有类似人类专家解决问题的能力，但专家系统自学能力差，在知识的获取方面存在困难。人工神经网络是一种通过计算机对人类大脑功能进行抽象、简化和模拟而建立的高度非线性系统，它具有自组织、自学习、容错性和并行处理信息的能力，特别适合处理复杂问题，与专家系统、模糊控制技术互相取长补短，提高对放电状态、加工效率、放电位置等的预测精度，提高在线实时控制效果。

（2）模糊控制技术（FC）的应用。模糊控制技术是在模糊集合论、模糊语言变量及模糊逻辑推理技术的基础上发展起来的先进控制技术，通过输入少量参数，模糊控制系统即可自动选择最优参数，自动监控加工过程，实现自动化、最优化控制。用模糊控制理论可起到替代一个熟练操作人员的作用，即对检测到的间隙放电状态进行模糊推理，以识别加工是否高效、稳定，由此确定下阶段新的加工参数，来实现加工过程的最优化。

目前，国外电火花成形机床几乎都应用了模糊控制技术。

习题与思考

1. 电火花加工有哪些特点？
2. 电火花加工需要具备哪些基本条件？
3. 一次电火花的放电过程可以划分为哪几个阶段？
4. 对电火花加工的脉冲电源有什么要求？
5. 电火花加工的脉冲电源分为哪几类？各有什么特点？
6. 如何去除折断在工件中丝锥、钻头？
7. 怎样选择加工极性？
8. 阶梯电极有何特殊作用？
9. 电火花加工型腔用的电极，为什么要设排气孔和冲油孔，如何设置？
10. 脉冲宽度对电火花加工的正、负极选择有何影响？
11. 初加工时如何确定加工极性、脉冲宽度、脉冲间隔？
12. 请设计电火花加工型孔之前，凹模毛坯的准备工序。
13. 比较紫铜电极、钢电极、石墨电极各自的特点。
14. 什么是可控轴数与联动轴数？
15. 电火花成形加工机床对伺服进给系统的要求有哪些？
16. 主轴头的作用是什么？
17. 什么是极性效应？在电火花加工中如何充分利用极性效应？
18. 什么是覆盖效应？请举例说明覆盖效应的用途。
19. 在实际加工中如何处理加工速度、电极损耗、表面粗糙度之间的关系？
20. 提高脉冲频率是提高生产率的有效方法，是否频率越高越好？

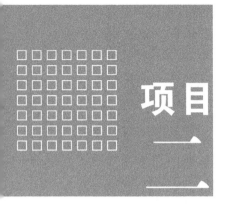

项目二 电火花线切割加工

电火花线切割加工(WEDM)除具有电火花成形加工的基本特点外,还有一些其他特点:不需要制造形状复杂的工具电极,就能加工出以直线为母线的任何二维曲面;能切割 0.05 mm 左右的窄缝;加工中并不把全部多余材料加工成废屑,提高了能量和材料的利用率;在电极丝不循环使用的低速走丝电火花线切割加工中,由于电极丝不断更新,有利于提高工件的加工精度和减少表面粗糙度;此外,在试制电动机、电器等产品时,直接用线切割加工某些零件,可省去制造冲压模具的时间,缩短试制周期。

电火花线切割加工主要用于模具制造,在样板、凸轮、成形刀具、精密细小零件和特殊材料的加工中也得到日益广泛的应用。

任务4 理解线切割加工原理及熟悉线切割机床

知识点 1

线切割加工原理

电火花线切割加工与成形加工的加工原理完全相同,所用脉冲电源也基本相似,不过受加工表面粗糙度和电极丝允许承载电流的限制,线切割加工脉冲电源的脉宽较窄(2～60 μs),单个脉冲能量、平均电流(1～5 A)一般较小,所以线切割总是采用正极性加工。电火花线切割加工与成形加工异同点对比如下。

1. 共同点

(1) 二者所依据的加工原理相同,都是通过电火花放电产生的热来熔解去除金属,加工中不存在显著的机械切削力。

(2) 二者的加工原理、生产率、表面粗糙度等工艺规律基本相似,可以加工硬质合金等一切导电材料。

(3) 加工时最小角部半径均有限制,电火花加工中最小角部半径为加工间隙,线切割加工中最小角部半径为电极丝的半径加上加工间隙。

2. 不同点

(1) 从加工结果来看,电火花成形加工是将电极形状复制到工件上的一种工艺方法,可以加工通孔(穿孔加工)和盲孔(成形加工);线切割加工是利用移动的电极丝(铜丝或钼丝)做电极,对工件进行放电切割的一种工艺方法。

(2) 从产品形状角度看,电火花成形加工必须先用数控加工等方法加工出与产品形状相似的电极;线切割加工中产品的形状是通过工作台按给定的控制程序移动电极丝而进行切割加工,加工余料仍可利用。

(3) 从电极损耗角度看,电火花成形加工中电极相对静止,易损耗,从粗加工到精加工过程中需更换电极,即需要制作多个电极;线切割加工中由于电极丝连续移动,损耗较小,对精度的影响相对较小。

(4) 从应用角度看,电火花成形加工可以加工通孔、盲孔,特别适宜加工形状复杂的塑料模具等零件的型腔以及刻文字、花纹等;线切割加工只能加工通孔,能方便地加工出窄缝及各种复杂轮廓的零件,如图 2-1 所示。

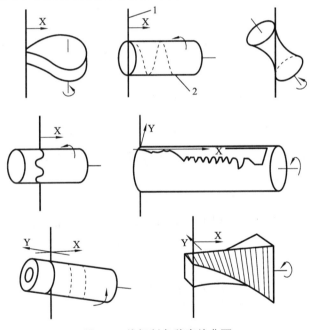

图 2-1 线切割各种直纹曲面

1—电极丝;2—工件

知识点 2

电火花线切割机床

根据电极丝的运行速度,线切割机床通常分为两大类:高速走丝机床

(WEDM-HS)，或称快走丝；低速走丝机床(WEDM-LS)，或称慢走丝。现在也出现了众多的中走丝机床。

1. 快走丝线切割机床工作过程

快走丝机床的电极丝作高速往复运动，走丝速度一般为 8～10 m/s。图 2-2 (a)、(b)所示为快走丝电火花线切割工艺及结构图，细钼丝作为工具电极，钼丝穿过工件上预钻好的小孔，经导向轮由储丝筒带动钼丝作正反向交替转动，加工能源由脉冲电源供给。加工时，喷嘴将工作液以一定的压力喷向加工区，工作台按火花间隙状态做伺服进给，拖动工件沿 X 和 Y 两个坐标方向移动或联动，按预定的控制程序与工具电极的运动合成所需轨迹。

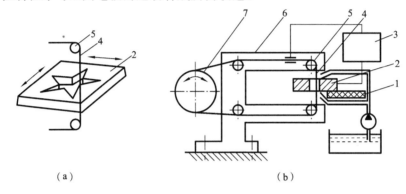

图 2-2　快走丝机床线切割加工示意图
(a) 被切割工件；(b) 装置结构
1—绝缘底板；2—工件；3—脉冲电源；4—钼丝；5—导向轮；6—支架；7—储丝筒

这类机床的电极丝运行速度快，而且是双向往返循环运行，直到断线为止。电极丝主要是钼丝(一般直径为 0.1～0.2 mm)，工作液通常采用乳化液，也可采用矿物油（切割速度低，易产生火灾）、去离子水等。由于电极丝的快速运动能将工作液带进狭窄的加工间隙，以保持加工间隙的"清洁"状态，有利于切割速度的提高。

相对而言，高速走丝电火花线切割机床结构比较简单，价格比低速走丝机床便宜，但是机床的振动较大（主要是由于钼丝的高速往返），电极丝晃动变形，导丝导轮损耗大，此外，电极丝在反复的运行加工中存在放电损耗，因而要得到高精度的加工是比较困难的。通常的加工精度为 0.015～0.02 mm，表面粗糙度 Ra 为 1.25～2.5 μm，可满足一般模具的要求。

目前我国制造和使用的电火花线切割机床大多为高速走丝切割机床，采用数字程序控制，一般都有自动编程功能。

图 2-3 所示为北京迪蒙卡特公司生产的 CTWG320 快走丝线切割机床实物。

2. 慢走丝线切割机床工作过程

慢走丝线切割机床单向走丝，走丝速度一般低于 0.2 m/s，多利用铜丝做电

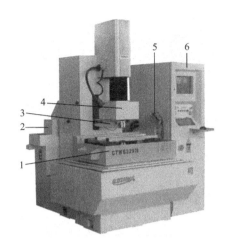

图 2-3 迪蒙卡特 CTWG320 快走丝线切割机床
1—工作台；2—储丝筒；3—丝架；4—U-V 工作台；5—手控盒；6—控制柜

极丝，如图 2-4 所示。加工时，由储丝筒带动电极丝经导轮相对工件不断向下作单向移动，安装工件的工作台在 X 轴电动机、Y 轴电动机拖动下，沿加工图形的轨迹进给。脉冲电源分别连接电极丝和工件，在电极丝和工件之间浇注工作液，产生火花放电，使工件不断被电蚀加工。

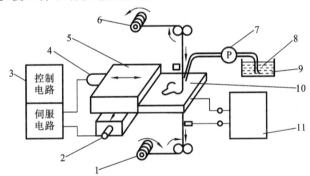

图 2-4 慢走丝机床线切割加工示意图
1—收丝筒；2—Y 轴电动机；3—数控装置；4—X 轴电动机；5—工作台；6—储丝筒；
7—泵；8—工作液；9—工作液箱；10—工件；11—脉冲电源

图 2-5 所示为夏米尔公司生产的 240SLP 慢走丝线切割机床实物。

慢走丝线切割机床运丝速度慢，多使用纯铜、黄铜，或者钨、钼和各种合金及金属涂覆线作为电极丝，直径为 0.03～0.35 mm。电极丝不重复使用，可避免电极丝损耗给加工精度带来的影响。工作液主要是去离子水或乳化液，使用去离子水工作效率高，且没有引起火灾的危险。这类机床的切割速度目前已达到 350～400 mm²/min，表面粗糙度 Ra 可达到 0.03～0.05 μm；尺寸精度高，一般为 0.002～0.005 mm，高精度的机床能达±0.001 mm。

图 2-5 夏米尔 240SLP 慢走丝线切割机床

慢走丝线切割机床能自动卸除加工废料、自动搬运工件、自动穿电极丝和自适应控制,能实现无人操作的加工,有自动编程功能。此外,慢走丝在操作的舒适性及劳动保护方面往往要优于快走丝,如多数慢走丝机床装有电磁防护设备。

3. 线切割机床的型号与主要技术参数

根据 JB/T 7445.2—1998 规定,国产数控线切割机床型号命名以 DK77 开头。以 DK7725A 为例,其名称中各项字符的含义如图 2-6 所示。国外及合资企业的产品无统一命名规则。

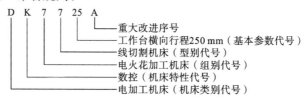

图 2-6 DK7725A 机床的命名含义

电火花线切割机床的主要技术参数包括工作台行程(纵向行程和横向行程)、最大切割厚度、加工表面粗糙度、加工精度、切割速度以及数控系统的控制功能等。

4. 机床结构及各部分的作用

线切割机床主要由机床床身、X-Y 坐标工作台、U-V 工作台(锥度切割)、走丝机构、丝架、脉冲电源、控制系统、工作液循环系统、附件和夹具等组成,如图 2-7 所示。

快走丝机床与慢走丝机床的外观及结构有很大区别。

1) 机床床身

机床的床身通常采用箱式结构的铸铁件,是 X-Y 坐标工作台、走丝机构及丝架的支撑和固定基础,应有足够的强度和刚度。床身内部可安置电源和工作液

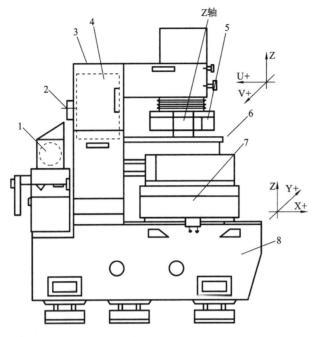

图 2-7 快走丝机床结构

1—储丝筒;2—储丝筒操作面板;3—立柱;4—机床电气箱;
5—U-V工作台(锥度切割);6—丝架;7—工作台;8—床身

箱,考虑电源的发热和工作液泵的振动对机床精度的影响,有些机床将电源和工作液箱移出床身外另行安放。

2) X-Y 坐标工作台

快走丝机床的 X-Y 坐标工作台大多采用步进电动机作为驱动元件,电动机通过减速齿轮驱动丝杠和工作台,如图 2-8 所示。慢走丝机床上则采用所谓"直拖结构",不用减速机构,交流伺服电动机直接驱动滚珠丝杠,减少了齿轮间隙误差,通过与电动机相连的编码器构成半闭环检测控制系统,将滚珠丝杠反向间隙造成的误差输入数控装置进行实时补偿,提高了运动精度。X-Y 坐标工作台实物图如图 2-9 所示。

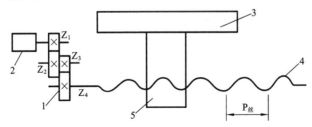

图 2-8 步进电动机驱动工作台原理

1—减速齿轮;2—步进电动机;3—工作台;4—丝杠;5—螺母

图 2-9 X-Y 坐标工作台实物图

1—床身；2—X 轴电动机；3—X 轴导轨；
4—夹具（工作台面）；5—Y 轴导轨；6—Y 轴电动机

3）走丝机构

走丝机构使电极丝以一定的速度运动并保持一定的张力。

（1）走丝路线。

在快走丝机床上，储丝筒通过联轴节与驱动电动机相连，电极丝一头以螺栓固定在储丝筒上，卷绕若干圈后出储丝筒，穿过各导轮及工作区再回到储丝筒，以螺栓将末尾固定在储丝筒的另一端，如图 2-10 所示，其走丝路线及张紧机构如图 2-11 所示。

图 2-10 快走丝机床的走丝机构

1—走丝电动机；2—固定螺栓；3—储丝筒

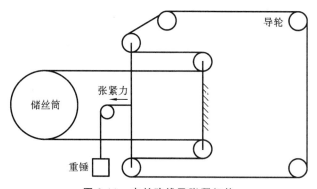

图 2-11 走丝路线及张紧机构

走丝电动机由专门的换向及限位装置控制，不断作正反向交替运转。走丝速度等于储丝筒周边的线速度，通常为 8～10 m/s。在运动过程中，电极丝由丝架支撑，并依靠导轮保持电极丝与工作台垂直或倾斜一定的几何角度（锥度切割时）。

为了定位准确及减小电极丝的振动,加工时电极丝的跨度应尽可能小(按工件厚度调整),通常在工件的上下方采用 V 形导向器或圆孔导向器,附近装有引电区,工作液一般通过引电区和导向器再进入加工区,可使全部电极丝的通电部分都冷却。

慢走丝系统如图 2-12 所示。电极丝由放丝筒开始,依靠卷丝轮以较低的速度(通常 0.2 m/s 以下)移动,经工作台最后至剪丝器处,废丝被剪断坠入收集箱中。在走丝路径中装有机械式或电磁式张力机构,可提供一定的张力(2~25 N)。

为实现断丝时自动停车并报警,走丝系统中通常还装有断丝检测微动开关。

(2) 慢走丝机床的自动穿丝机构。

慢走丝机床的自动穿丝机构如图 2-12、图 2-13 所示,其依靠高压射流来引导电极丝自上而下穿过工件上的穿丝孔。

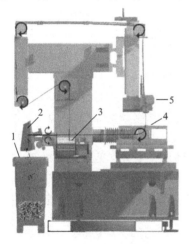

图 2-12 夏米尔机床走丝系统
1—废丝收集箱;2—剪丝器;
3—放丝筒;4—工作台;5—自动穿丝机构

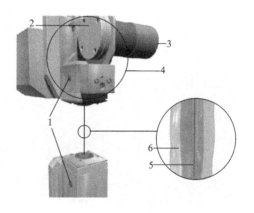

图 2-13 夏米尔慢走丝机床自动穿丝机构
1—导电棒;2—走丝刹车轮;3—走丝电动机;
4—自动穿丝机构;5—电极丝;6—工作液

自动穿丝详细过程如下。

先由人工将电极丝从储丝筒牵出,导入送丝轮,再穿入导丝管,然后导入穿丝专用的拉力轮,导丝管上下两端接入加热专用进电块给两进电块之间的电极丝加热,至此开始了自动穿丝过程,如图 2-14 所示,因送丝轮与拉力轮旋向相反,可将加热变红的电极丝在指定地点拉伸变细,尖端细化、拉断,并喷液冷却,使电极丝变硬,便于穿丝。完成以上动作后,加热进电块和拉力轮自动退回原位,再由高压射流引导电极丝穿过导丝轮,如图 2-15 所示,并启动自动搜索程序,搜索穿丝孔或断丝点进行穿丝,穿丝所需时间约 20 s。

自动穿丝机构在必要时能自动断丝并重新穿丝,进行跳步加工尤为方便,无需进行重定位,为无人连续切割、提高加工精度和效率创造了条件。

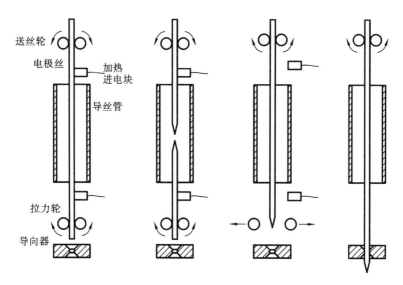

图 2-14 自动穿丝过程(从左往右)

图 2-15 高压射流引导穿丝

(3) 张紧机构。

加工过程中,脉冲放电对电极丝有爆炸冲击力,会使电极丝振动,电极丝过松会造成加工不稳定,表面粗糙度高;电极丝处于高温状态,受热伸长,会变得松弛。现在出现了冷拔钼丝,其工作状态好于普通钼丝。

目前普遍采用手动调节张紧轮或使用恒张力机构。

图 2-11 所示的张紧机构为双边重锤张紧机构,张紧效果较好,可使电极丝正反向运行时张力一致。

(4) 导轮。

导轮是快走丝机床的关键部件,对加工精度、表面粗糙度起至关重要的作用,在 GB/T 6060.3—2008 中有专门规定。

导轮由硬度高、耐磨性好的材料制成,普通精度等级的导轮使用 GCr15、Cr12 等材料,淬火硬度为 HRC58~62;精度等级高的导轮采用陶瓷、蓝宝石或硬质合金材料镶嵌在钢件上的结构,以增强导轮 V 形槽的耐磨性。

导轮分双支撑导轮、单支撑导轮两种,如图 2-16 所示。

加工中必须防止切削液进入导轮轴承,否则会严重影响切割精度,因此导轮轴承都有密封圈。此外,应定期为轴承加注润滑油,保证导轮运转灵活。

(5) 储丝筒组件。

快走丝机床的储丝筒组件如图 2-17 所示,主要由储丝筒、电动机、联轴器、滑板及排丝传动系统组成。

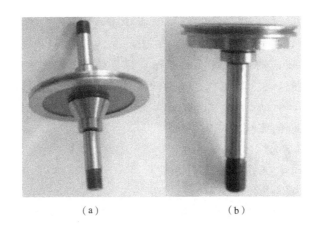

图 2-16 导轮

(a) 双支撑导轮；(b) 单支撑导轮

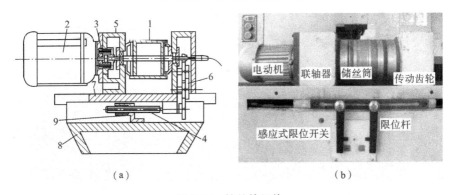

图 2-17 储丝筒组件

(a) 结构；(b) 实物

1—储丝筒；2—电动机；3—联轴器；4—丝杠；5—联轴器外罩；
6—排丝传动齿轮；7—滑板；8—床身；9—螺母

储丝机构的动力源是储丝电动机，电动机的运动通过联轴器传给储丝筒，使储丝筒作高速的储丝运丝旋转。为了使电极丝能够整齐均匀地逐层缠绕在储丝筒上，要求储丝筒相对于丝架导轮每一转要移动一个电极丝直径的距离，称为排丝运动。

排丝运动通过排丝传动机构来完成。该机构由丝杠和螺母及三对传动齿轮组成。当储丝筒高速转动时，该运动经过齿轮和丝杠螺母的传动带动滑板进行轴向移动，传动比由传动齿轮的齿数决定，因此，当要更换不同直径的电极丝时，要注意根据电极丝直径调整排丝传动齿轮的传动比。

走丝有两个运动：一是储丝筒的正反向旋转，它使电极丝在各个导轮和导电块之间作往复穿梭运动；二是储丝筒拖板的往复直线运动，它使电极丝均匀地缠绕在储丝筒上。

在实际工作过程中,储丝筒需要频繁地制动和换向反转。按照一筒电极丝长约 400 m 计算,若走丝速度最快为 10 m/s,大约 40 s 储丝筒就要换向一次。为了减少换向时间,要求每次的换向动作要尽量快,因此,要求储丝筒的转动惯量要尽量小。为此,储丝筒的直径及轴向尺寸不能太大,储丝筒壁尽量薄而均匀。储丝筒的径向跳动不大于 0.01 mm,并且应该进行动平衡调整,以确保储丝筒能快速准确地换向缠丝。

4) 锥度切割装置

锥度切割(taper 式倾斜加工)是指切割有一定锥度(斜度)的表面,切割时电极丝向指定方向倾斜指定的角度。

加工模具时常使用锥度切割功能,这是因为模具一般需要有一个拔模斜度。此外,锥度切割还可用于加工直齿锥齿轮、斜孔、上下异形零件等,如图 2-18、图 2-19 所示。

图 2-18　直齿锥齿轮

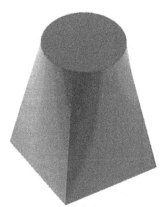

图 2-19　上下异形件

实现锥度切割要解决两个问题,一是能改变电极丝的空间方位,按所需斜度定位,二是丝架要做相应配合,以适应电极丝空间方位及长度的变化,如图 2-20 所示。

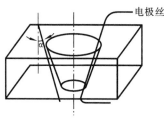

图 2-20　锥度加工

现在的快、慢走丝机床均依靠 U-V 工作台实现锥度切割,但不同厂家生产的 U-V 工作台外观及结构有很大区别。

国产快走丝机床的 U-V 工作台外观如同一个小箱子,如图 2-21 所示,工作台与丝架相连,沿U、V两个相互垂直的方向移动工作台,使丝架偏移,电极丝倾斜,从而进行锥度加工。

U-V工作台的内部结构如图2-22所示,两个步进电动机分别带动U、V拖板,俗称锥度头。

图2-21 快走丝的U-V工作台

1—丝架;2—立柱;3—U-V工作台;4—工作区

图2-22 U-V工作台的内部结构

注:U、V两个方向类似于X、Y两个方向,取不同的名字以示区别。

(1) 快走丝机床的丝架。

快走丝机床一般采用摆动式丝架,如图2-21、图2-23所示。

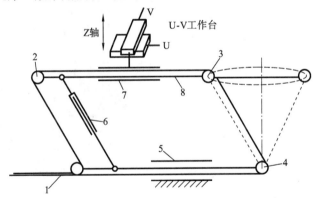

图2-23 摆动式丝架结构图

1—电极丝;2—后导轮;3—上导轮;4—下导轮;5—下丝臂;6—伸缩杆;7—上丝臂;8—转轴

在图2-23中,丝架的上、下丝臂及伸缩杆形成一个平行四边形的四连杆机构。以下丝臂为轴心,U-V工作台可带动整个丝架做前、后、左、右四个方向的偏移,上导轮随之呈圆锥运动。

电极丝在摆动式丝架上绕成一个平行四边形,无论丝架怎么变形,电极丝的长度可以保持不变,不会因丝架移动而断裂。

伸缩杆可以缩短或拉长,与Z轴的上下移动相配合。需要说明的是,在加工之前就应根据工件的厚度调整好Z轴高度,然后再穿丝加工,加工过程中Z轴是不能上下移动的。

理论上用这类丝架可做任意锥度的加工,但实际上受结构限制,锥度有限。

显然,丝架的整体刚度较差,这也是快走丝机床精度不高的原因之一。

还有一类丝架称为平移式锥度线架,平移式锥度线架是在线架的上丝臂前安装一锥度头,上导轮悬挂在锥度头的下方。这种锥度线架结构简单,精度高。

如图 2-24 所示是上导轮沿 U、V 方向平移的情形,无论上导轮沿哪个方向移动,下导轮均固定不动。此种丝架的缺点非常明显,导轮向前移,电极丝会被拉长,甚至被拉断;导轮向后移,电极丝会失去张力变松。如果电极丝的伸缩量处在丝弹性模量允许范围内,电极丝长度可自动复原。如果偏移锥度超过 6°,电极丝的伸缩量将超过弹性模量允许范围,其塑性拉长不会自动复原,将变得越来越松,严重时会将电极丝拉断。

另外,从图 2-24 中可以看出,上导轮在 U、V 方向左右平移时,平移距离越大,角度变化越大,电极丝偏向导轮的一个侧面,导轮单面受磨损。锥度超过 6°时,电极丝会从导轮槽内跳出,所以平移式锥度机构适于 6°以下的小锥度切割。

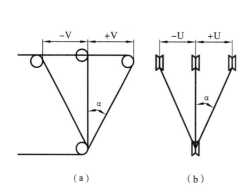

图 2-24 上导轮移动情形

(a) V 方向;(b) U 方向

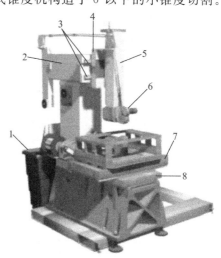

图 2-25 夏米尔慢走丝机床的 U-V 工作台

1—废丝收集箱;2—前后移动(V 轴);
3—U 轴导轨;4—左右移动(U 轴);
5—上下移动(Z 轴);6—自动穿丝机构;
7—X 工作台;8—Y 工作台

(2) 慢走丝机床的丝架。

如图 2-25 所示为夏米尔慢走丝机床的 U-V 工作台,从图中可以看出,它的结构与快走丝有很大区别,是由几个垂直移动的部件联合构成的。

由于是单向走丝,即丝的一端没有固定,锥度加工中 U、V、Z 轴可根据需要自由移动。整体刚度要好于快走丝机床。

5．脉冲电源

线切割机床的脉冲电源与成形加工机床的脉冲电源基本一致，只是由于加工条件和加工要求不同，对其又有特殊的要求。

线切割加工大多属于精加工，受加工表面粗糙度和电极丝允许承载电流的限制，脉冲电源的脉冲宽度较窄，单个脉冲能量、平均电流一般较小（在实际加工中，快走丝线切割加工的峰值电流通常取为 10～30 A，慢走丝线切割加工的峰值电流约比快走丝的高 6～10 倍）。

实训项目　线切割加工机床的初步认识

1．实训目标

（1）了解线切割机床的结构、组成、开关机过程。

（2）熟悉线切割机床的操作面板。

（3）理解线切割机床各电加工参数的含义、输入及修改方法。

（4）认识线切割加工的过程。

（5）初步认识线切割机床的附件及作用。

本实训项目以北京迪蒙卡特公司生产的 CTW800 型线切割机床为例。

本实训项目侧重于掌握开关机过程、理解电加工参数。训练中要求多次修改电参数，观察变化情况。

要求加工简单零件，材料选用薄钢板即可。

2．实训过程

1）装夹工件毛坯

把工件毛坯装夹在机床上。

2）开机，编程

转动控制柜上的主开关，旋起红色蘑菇按钮，按下绿色启动按钮启动电脑，随后进入 DOS 状态，屏幕上出现 C:\>，光标闪烁。

若输入 C:\>win，再回车，进入 Windows 98 操作系统，如图 2-26 所示。

(a)

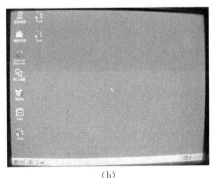
(b)

图 2-26
(a) DOS 界面；(b) Windows 98 状态

注:Windows 98是基于DOS的图形界面操作系统。具备DOS系统的信号实时传输特点,以及开放的体系结构和数据交互功能,在其平台上开发的数控系统不仅具有良好的开放性、可维护性、可扩展性,并且具有支持多任务、多类型文件识别以及利用计算机编程文件的功能。利用Windows 98的DOS模式可进行机床控制,而更高版本的Windows操作系统都不具备这一特性,这是很多线切割机床安装Windows 98操作系统的原因。

屏幕上有三个线切割软件的快捷方式图标,分别是CAXA线切割、CNC2和TCAD(TurboCAD)。一般用CAXA编程,用CNC2加工,这是因为CAXA线切割不具备控制机床的能力,即无CAM功能。

利用CAXA线切割绘图并生成程序,程序必须保存在C盘的cxyexch文件夹里,使用默认的类型即可(3B或ISO),然后在CNC2中调用该程序。

所绘制的图文件可保存,也可不保存。

编好程序后启动CNC2进行加工,出现如图2-27所示的界面。

图2-27　CNC2主菜单

3) 对刀

对刀是指确定电极丝在穿丝孔中的正确位置,先要选择合适的起切点,并校正丝的垂直度。按下键盘上的"F1"键(X-Y移动)及控制柜上的"进给"按钮,利用手控盒上的X、Y按钮移动工作台,使电极丝移动到合适的位置(实际是工件在移动)。

注意,若不按下"进给"按钮工作台是不会动的。

校正垂直度:按下"高频"按钮,使用小电流,根据火花情况调整电极丝的垂直度。

垂直度的具体校正方法将在后面详细讲解,本实训项目不做要求。

4) 加工

按"ESC"键退出F1状态,复位"进给"键,按键盘的"F3"键(文件加工),输入程序名称(一定要重新输入,即使有相同文件名也不能直接回车),如123.3b,回车。

注意,需先复位"进给"按钮,否则,按"F3"键不会有任何反应。

按"F4"键修改程序。

按"F5"键显示工件图形。

按"F6"键进行间隙补偿。

按"F7"键进行加工预演。

按"F8"键,接着按下"高频""进给"按钮,如图2-28(a)所示再按手控盒上的"WIRE ON"按钮、"PUMP ON"按钮,如图2-28(b)所示开始运丝、上水(工作液)。待工作液流入切缝,按"变频"即开始加工,工作台随之移动,屏幕上的坐标值开始发生变化,说明开始切割加工。

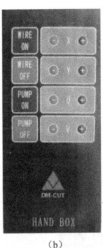

(a) (b)

图2-28 面板按钮及手控盒

(a)面板按钮;(b)手控盒

不按"变频"是不会加工的。要注意按的时机,太早会烧丝。

按"F2"键可暂停,此时有两个选项:暂停、停止。

按"F8"键停止加工。

按"Esc"键,可退回至加工选项画面,在此处选"自动编程"可重新进入Windows状态。

加工中若突然断电,且欲从断电处继续加工,在图2-27界面中选择"从断点处开始加工"即可,无需做任何其他设置。

3. 面板按钮电参数及其设置

以下是对面板上的各个按钮的电参数进行介绍。

(1) 脉停调节:调节脉冲间隔时间。

工件较厚时,适当加大脉冲间隔有利于排屑,减少切割处的电蚀污物的生成,使加工较稳定,防止断丝。

观察电流表,旋转"脉停调节"旋钮时,电流变小则表示脉冲间隔变大,电流变大则表示脉冲间隔变小,亦即通过"脉停调节"可调整工作电流的大小。

(2) 脉冲参数：调节脉冲宽度。

脉冲宽度宽时，放电时间长，单个脉冲的能量大，加工稳定，切割效率高，但表面粗糙度较差。反之，脉冲宽度窄时，单个脉冲的能量就小，加工稳定较差，切割效率低，但表面粗糙度较好。

(3) $I_1 \sim I_9$：调节工作电流。

实为多路电流开关，接通路数越多，即功放管数选得越多，加工电流就越大，加工速度也就快一些。

在同一脉冲宽度下，加工电流越大，表面粗糙度也就越差。

(4) 进给调节：调节进给速度。

调节机床工作台的进给速度，需与其他参数匹配，应根据实际加工状况调整。

(5) 高频：实为启动高频电源的总开关。

(6) 变频：使工作台开始移动，自动控制移动，正常加工时必须按下此键。

(7) 进给：用于移动工作台，手动控制移动（由手控盒控制），对刀时必须按下此键。

(8) 加工：用于告诉控制系统此时是正常加工而不是对刀，不按此键工作台就不会自动移动（即使已经按下了"变频"键）。

不断调整上述电参数，观察加工过程发生了哪些变化，体会各个按钮及参数的作用。

知识点 3

线切割使用的工作液

1. 工作液的作用和种类

同电火花成形加工一样，使用绝缘的工作液是线切割加工的必备条件之一。工作液可在脉冲间歇时间内将电蚀产物从加工区域中及时排除，迅速恢复绝缘状态。工作液还有助于压缩放电通道，使能量更加集中，提高电蚀能力；可以冷却受热的电极丝，防止放电产生的热量扩散到不必要的地方，有助于保证工件表面质量和提高电蚀能力。

工作液在线切割加工中对加工工艺指标的影响很大，如对切割速度、表面粗糙度、加工精度和生产率影响很大。因此，工作液应具有一定的介电能力、较好的消电离能力、渗透性好、稳定性好等特性，还应有较好的洗涤性能和对人体无危害，对机床及工件没有腐蚀等。

快走丝线切割机床使用的工作液是专用乳化液，目前生产乳化液的厂家很多，还可以自行配置，各有其特点。有的适用于快速加工，有的适用于大厚度切割，也有的是在原来工作液中添加某些化学成分来改善其切割表面粗糙度或增加防锈能力等。

慢走丝线切割机床大多采用去离子水作为工作液,只有在特殊精加工时才采用绝缘性能较高的煤油。工作液系统比较复杂,有的还配有液温控制装置。

2. 乳化液的配制方法

配制方法是按一定比例将水冲入乳化油中搅拌成乳白色,使工作液充分乳化。天冷时可先用少量热水冲入乳化油进行拌匀,再加冷水搅拌。某些工作液要求用蒸馏水配制,则需按生产厂家的说明配制。

注意工作液的配制比例,一般均按质量比配制,在称量不方便或要求不太严格时,也可大致按体积比配制。

(1) 浓度 10%～20%,适合加工表面粗糙度和精度要求比较高的工件,加工后的料芯可轻松地从料块中取出,或靠自重落下,加工出的表面洁白均匀。

(2) 浓度 5%～8%,适合加工要求切割速度高或大厚度工件,加工比较稳定,且不易断丝。

(3) 对材料为 Cr12 的工件,工作液用蒸馏水配制,浓度稍小些,可减轻工件表面的黑白交叉条纹,使工件表面洁白均匀。

新配制的工作液,当加工电流约为 2 A 时,其切割速度约 40 mm^2/min,使用约 16 h 以后效果最好,继续使用 8～10 天后就易断丝,须更换新的工作液。

3. 工作液的注入方式

工作液的注入方式有浸泡式、喷入式和浸泡喷入复合式。

浸泡式注入:浸泡式注入工作液时,线切割加工区域工作液流动性差,加工不稳定,放电间隙大小不均匀,很难获得理想的加工精度。

喷入式注入:是目前国产快走丝线切割机床应用最广的一种,工作液以这种方式强迫注入工作区域,其间隙的工作液流动更快,加工较稳定。但是,由于工作液喷入时会带进一些空气,故不时发生气体介质放电,其蚀除特性与液体介质放电不同,从而影响加工精度。

比较浸泡式和喷入式,喷入式的优点明显,大多数快走丝线切割机床采用这种方式。慢走丝线切割加工普遍采用浸泡喷入复合式的工作液注入方式,既有喷入式的优点,同时又避免了喷入式带入空气的隐患。

由于切缝狭小,加工时供液一定要充分,使工作液包住电极丝,这样工作液才能顺利进入加工区。

任务5 熟练操作线切割加工

知识点 1

线切割工件的装夹

工件的装夹形式对加工精度有直接影响。线切割机床的夹具比较简单,一般是在通用夹具上采用压板螺栓固定工件,有时也会用到磁力夹具、旋转夹具或专用夹具。

1. 工件装夹的一般要求

(1) 工件的基准表面应清洁无毛刺,经热处理的工件,要清除在穿丝孔内及扩孔台阶处的热处理残物及氧化皮。

(2) 夹具应具有必要的精度,将其稳固地固定在工作台上,拧紧螺栓时用力要均匀。

(3) 工件装夹的位置应有利于工件找正,并应与机床行程相适应,工作台移动时工件不得与丝架相碰。

(4) 对工件的夹紧力要均匀,不得使工件变形或翘起。

(5) 大批零件加工时,最好采用专用夹具以提高生产效率。

(6) 细小、精密、薄壁的工件应固定在不易变形的辅助夹具上。

2. 支撑装夹方法

线切割机床上都有支架,便于安装夹具和工件,如图 2-29 所示。

图 2-29 线切割机床工作区

1—工件夹具支架;2—电极丝;3—下丝臂;4—脉冲电源正极线;5—工作液回流沟槽;6—绝缘块

1) 悬臂支撑方式

如图 2-30 所示,是最常见的装夹方式,多利用夹板固定工件,通用性强,装夹方便。但由于工件单端压紧,另一端悬空,因此工件底部不易与工作台平行,易出现上仰或倾斜,使切割面与工件上下平面不垂直或达不到预定的精度。用于要求不高或悬臂较小的情况。

2) 两端支撑方式

如图 2-31 所示,工件两端架于支架上,其支撑稳定,平面定位精度高,工件底面与切割面垂直度好,但对于较小的零件不适用。

3) 桥式支撑方式

如图 2-32 所示,采用两块支撑垫铁架在支架上,工件置于垫铁上。其特点是

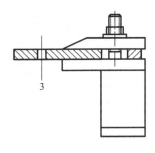

图 2-30 悬臂支撑方式

1—压板；2—工件；3—电极丝

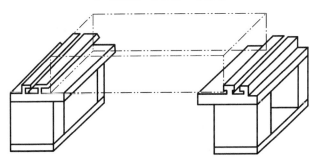

图 2-31 两端支撑方式

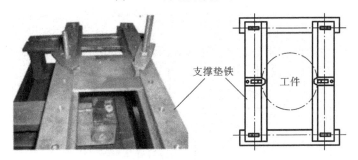

图 2-32 桥式支撑方式

通用性强，对大、中、小工件装夹都比较方便。

4）板式支撑方式

利用一块带孔的支撑平板放置工件，如图 2-33 所示，孔的尺寸可根据经常加工的工件尺寸而定，形状可为矩形或圆形孔，并可增加 X、Y 两方向的定位基准。装夹精度高，适于常规生产和批量生产。

5）复式支撑方式

如图 2-34 所示，在桥式夹具上，再装上专用夹具组合而成。装夹方便，特别适合于成批零件加工。可节省工件找正和调整电极丝相对位置等辅助工时，易保证工件加工的一致性。

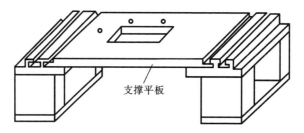

图 2-33　板式支撑方式

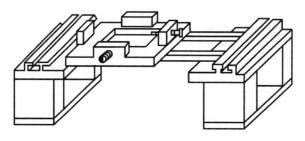

图 2-34　复式支撑方式

3. 穿丝点及装夹部位的选择

选择穿丝点及装夹部位时主要考虑两点：一是加工中工件会不会变形，二是割断后工件会不会坠落导致意外情况。

在线切割中，工件坯料常会因内应力平衡被破坏而产生变形，影响加工精度，严重时切缝甚至会夹住、拉断电极丝。如图 2-35(a)、图 2-35(b) 所示。

考虑内应力导致变形等因素，可以看出，图 2-35(c) 所示的穿丝孔位置及切割方向最好，在图 2-35(d) 中，零件与坯料工件的主要连接部位被过早地割离，余下的材料被夹持部分少，工件刚度大大降低，容易产生变形，从而影响加工精度。

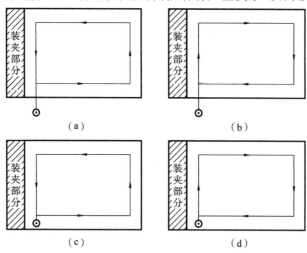

图 2-35　切割凸模时穿丝孔位置及切割方向比较图

知识点 2
线切割加工的工艺指标及影响因素

1. 主要工艺指标

1) 表面粗糙度

线切割加工工件的表面粗糙度 Ra 通常用轮廓算术平均值偏差表示。慢走丝线切割的 Ra 为 0.3 μm,快走丝线切割的 Ra 为 0.8~2.5 μm。

2) 切割精度

线切割的切割精度主要包括被切割零件的尺寸精度,如加工面的尺寸、轮廓或孔的间距、定位尺寸等,及其形位公差值的大小。快走丝的切割精度可达 ±0.015 mm,慢走丝的线切割精度可达 ±0.001 mm 左右。

3) 切割速度

切割速度是在保证切割质量的前提下,电极丝中心线在单位时间内从工件上切过的面积总和,单位为 mm^2/min。

切割速度是反映加工效率的一项重要指标,通常慢走丝线切割速度为 50~80 mm^2/min,快走丝线切割速度可达 350 mm^2/min。

对快走丝机床,电极丝损耗量用电极丝在切割 10000 mm^2 后电极丝直径的减少量来表示,一般减小量不应大于 0.01 mm。对于慢走丝机床,由于电极丝是一次性的,故电极丝损耗量可忽略不计。

2. 影响工艺指标的主要因素

1) 电极丝的影响

(1) 电极丝直径。电极丝的直径是根据加工要求和工艺条件选取的,电极丝的直径决定了切缝宽度和允许的峰值电流。在加工要求允许的情况下,可选用直径大些的电极丝,直径大,抗拉强度大,承受电流大,可采用较强的电规准进行加工,能够提高输出的脉冲能量,提高加工速度,这对于厚工件加工意义特别重大。但电极丝过粗会造成切缝过大,反而影响切割速度,且难于加工出内尖角,降低了加工精度,如图 2-36 所示。若电极丝直径过小,则抗拉强度低、易断丝,且切缝较窄,蚀除物排出条件差,加工经常出现不稳定现象,导致加工速度降低。细电极丝的优点是可以得到较小半径的内尖角,加工精度能相应提高,如在切割小模数齿轮等复杂零件时,采用细电极丝能获得精细的形状和很小的圆角半径。

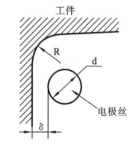

图 2-36 电极丝直径与拐角的关系

(2) 走丝速度。对于快走丝线切割机床,高速运动的电极丝有利于将工作液带入放电间隙,有利于放电加工稳定和排屑,同时在一定的范围内,走丝速度的提高有利于放电通道的消电离,故在一定加工条件下,增大丝速能提高加工速度。但走丝速度过高将加大机械振动,降低精度,表面粗糙度也恶化,并易造成断丝。一般以小于 10 m/s 为宜。

(3) 电极丝的往复运动。快走丝线切割加工时,工件表面往往会出现黑白相间的条纹,如图 2-37 所示,规律是电极丝进口处呈黑色,出口处呈白色。

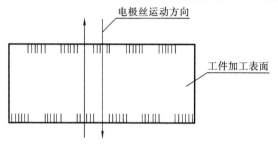

图 2-37 工件表面的换向条纹

条纹的出现是电极丝运动过程中排屑和冷却的条件不同造成的。电极丝从上向下运动时,工作液由电极丝从上部带入工件内,放电产物由电极丝从下部带出。这时,上部工作液充分,冷却条件好,下部工作液少,冷却条件差,但排屑条件比上部好。工作液在放电间隙里受高温热裂分解,形成高压气体,急剧向外扩散,对上部蚀除物的排除造成困难,此时放电产生的碳黑等物质凝聚附着在上部表面,使之呈黑色;在下部,排屑条件好,工作液少,放电产物中碳黑较少,而且放电常常是在气体中发生的,因此加工表面呈白色。

同理,当电极丝从下向上运动时,下部呈黑色,上部呈白色。这样,加工表面就形成黑白交错相间的条纹。

出现黑白条纹是快走丝独有的,慢走丝由于电极丝单方向运动,并且放电间隙中工作液和蚀除产物的分布大致均匀,可以避免黑白相间的条纹。

(4) 电极丝的安装与调整。电极丝的安装主要是电极丝的上丝与紧丝,是线切割操作的一个重要环节,其好坏直接影响到线切割速度和零件的加工质量。试验表明,当电极丝张力适中时,切割速度最大。如果上丝过松,将使电极丝的振动加大,降低精度,表面粗糙度变差,且易断丝。

电极丝有延伸性,在切割较厚工件时,电极丝由于跨距较大,会在加工过程中受放电压力的作用而弯曲变形,如图 2-38 所示。如果电极丝切割轨迹落后或偏离工件轮廓,即出现加工滞后现象,从而造成形状与尺寸误差,而且,弯弓形状严重时电极丝

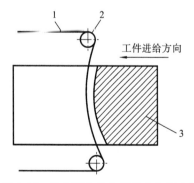

图 2-38 放电压力使电极丝弯曲示意图

1—电极丝;2—导轮;3—工件

容易跳出导轮槽或限位槽,被卡断或拉断。

2) 电参数的影响

(1) 放电峰值电流。试验表明,放电峰值电流对线切割的表面粗糙度和切割速度都有很大影响。当其他工艺条件不变时,增加放电峰值电流,会使电极丝损耗变大,表面粗糙度变差,但切割速度会提高。因为放电峰值电流大,单个脉冲能量大,所以使电极丝损耗变大,同时放电痕迹大,故切割速度高,表面粗糙度差。因此第一次切割加工及加工较厚工件时取较大的放电峰值电流。放电峰值电流不能无限制增大,当其达到一定临界值后,若再继续增大峰值电流,则加工的稳定性变差,加工速度明显下降,甚至断丝。

(2) 脉冲宽度。在一定工艺条件下,加大脉冲宽度,线切割加工的速度会提高,表面粗糙度会变差。这是因为当脉冲宽度增加时,单个脉冲放电能量增大,放电痕迹会变大。同时,随着脉冲宽度的增加,电极丝损耗也变大。因为脉冲宽度增加,正离子对电极丝的轰击加强,结果使得接负极的电极丝损耗变大。

当脉冲宽度增大到一临界值后,线切割加工速度将随脉冲宽度的增大而明显减小,因为当脉冲宽度达到一临界值后,加工稳定性变差,从而影响加工速度。

精加工和中加工时单个脉冲放电能量应限制在一定范围内。当放电峰值电流选定后,脉冲宽度要根据具体的加工要求来选定,精加工时,脉冲宽度可在 20 μs 内选择,中加工时,可在 20~60 μs 内选择。

(3) 脉冲间隔。在一定的工艺条件下,减小脉冲间隔,脉冲频率将提高,单位时间内放电次数增多,平均电流增大,从而提高切割速度。但脉冲间隔的变化对加工表面粗糙度影响不大,在其余参数不变的情况下,随脉冲间隔的减小,线切割工件的表面粗糙度数值稍有增大。这是因为一般电火花线切割加工用的电极丝直径都在 0.25 mm 以下,放电面积很小,脉冲间隔的减小导致平均加工电流增大,由于面积效应的作用,致使加工表面粗糙度值增大。

(4) 开路电压。在一定的工艺条件下,开路电压峰值的提高会使加工电流增大,切割速度提高,表面更粗糙。因电压高使得加工间隙变大,加工精度会有所降低。但间隙大则提高了加工稳定性和脉冲利用率,因为间隙大有利于放电产物的排除和消电离。采用乳化液介质和高速走丝方式时,开路电压峰值一般选在 65~145 V 的范围。

(5) 加工极性。线切割加工因脉宽较窄,所以都用正极性加工,否则切割速度会变低,且电极丝损耗增大。

3) 进给速度的影响

在正常加工中,蚀除速度大致等于进给速度,从而使放电间隙维持在一个正常的范围内,使线切割加工能连续进行下去。进给速度调节不当,不但会造成频繁的短路、开路,而且还影响加工工件的表面粗糙度,致使出现不稳定条纹,或者出现表面烧蚀现象。

4）工件的影响

（1）线切割零件毛坯的加工方法对切割速度会产生影响。平面磨削后的钢质工件，如果未经退磁处理，因剩磁可能在割缝中吸附蚀屑，导致无规律的短路现象，会大大降低切割速度，同时经锻造的工件，如果含有电导率低的夹杂物，将会大大降低其切割速度，甚至导致切割困难。

（2）工件的厚度会影响线切割的切割速度。

（3）不同的材质其切割速度不同。

因不同材质的汽化点、熔点、电蚀物的附着（或排除）程度及加工间隙的绝缘程度、热导率等都不一样，对切割速度的影响程度不同。

5）机械传动等的影响

线切割的切割精度受机械传动的影响极大，如导轨、轴承、导轮等的磨损工件和传动误差的影响，加工过程稳定性对表面粗糙度的影响也很大，为此，要保证储丝筒和导轮的制造和安装精度，控制储丝筒和导轮的轴向及径向跳动。

导轮转动要灵活，防止导轮跳动和摆动，这样有利于减少钼丝的振动，加工过程稳定。必要时可适当降低走丝速度，增加正反换向及走丝的平稳性。

3．线切割机床加工零件质量分析

线切割机床加工零件质量分析如图 2-39 所示。

知识点 3

电极丝的垂直度及找正

电极丝的垂直度对加工精度有很大影响，在进行精密零件加工或切割锥度等情况下需要重新校正电极丝与工作台平面的垂直度。

电极丝垂直度找正的常见方法有两种，一种是利用找正块，一种是利用校正器。

1．利用找正块进行火花法找正

找正块是一个六方体或类似六方体，如图 2-40(a)所示。在校正电极丝垂直度时，首先目测电极丝的垂直度，若明显不垂直，则调节 U、V 轴，使电极丝大致垂直工作台，然后将找正块放在工作台上，在弱加工条件下，将电极丝沿 X 方向缓缓移向找正块。当电极丝快碰到找正块时，电极丝与找正块之间产生火花放电，然后肉眼观察产生的火花：若火花上下均匀，如图 2-40(b)所示，则表明在该方向上电极丝垂直度良好；若下面火花多，如图 2-40(c)所示，则说明电极丝右倾，故将 U 轴的值调小，直至火花上下均匀；若上面火花多，如图 2-40(d)所示，则说明电极丝左倾，故将 U 轴的值调大，直至火花上下均匀。

同理，调节 V 轴的值，使电极丝在 V 轴垂直度良好。

在用火花法校正电极丝的垂直度时，需要注意以下几点。

（1）找正块使用一次后，其表面会留下细小的放电痕迹。下次找正时，要重

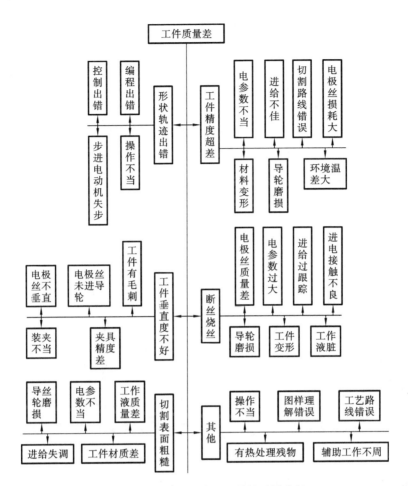

图 2-39 线切割机床加工零件质量分析

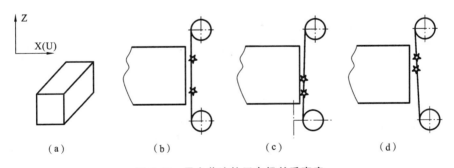

图 2-40 用火花法校正电极丝垂直度
(a) 找正块；(b) 垂直度较好；(c) 垂直度较差(右倾)；(d) 垂直度较差(左倾)

新换位置，不可用有放电痕迹的位置碰火花校正电极丝的垂直度。

(2) 在加工精密零件前，分别校正 U、V 轴的垂直度后，需要再检验电极丝垂直度校正的效果。具体方法是：重新分别从 U、V 轴方向碰火花，看火花是否均匀,若 U、V 方向上火花均匀,则说明电极丝垂直度较好;若 U、V 方向上火花不均匀,则重新校正,再检验。

(3) 在校正电极丝垂直度之前,电极丝应张紧,张力与加工中使用的张力相同。

(4) 在用火花法校正电极丝垂直度时,电极丝要运转,以免电极丝断丝。

2. 用校正器进行校正

校正器是一个触点与 2 个指示灯构成的光电校正装置,电极丝与触点接触时指示灯亮,其灵敏度较高,使用方便且直观。校正器底座用耐磨不变形的大理石或花岗岩制成,如图 2-41、图 2-42 所示。

使用校正器校正电极丝垂直度的方法与火花法大致相似,主要区别是:火花法是观察火花上下是否均匀,而用校正器则是观察指示灯,在校正过程中若指示灯同时亮,说明电极丝垂直度良好,否则需要校正。

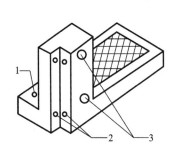

图 2-41 垂直度校正器
1—导线;2—触点;3—指示灯

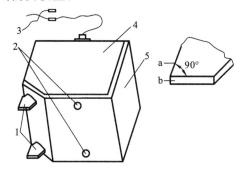

图 2-42 DF55-J50A 型垂直度校正器
1—上下测量头(a、b 为放大的测量面);2—上下指示灯;
3—导线及夹子;4—盖板;5—支座

在使用校正器校正电极丝的垂直度时,要注意以下几点。

(1) 电极丝停止走丝,不能放电。

(2) 电极丝应张紧,电极丝的表面应干净。

(3) 若加工零件精度高,则电极丝垂直度在校正后需要检查,其方法与火花法类似。

知识点 4

提高切割形状精度的方法

1. 增加超切程序和回退程序

电极丝是个柔性体,加工时受放电压力、工作介质压力等的作用,会造成加工区间的电极丝向后挠曲,滞后于上、下导丝口一段距离,如图 2-43(b)所示,这样就会形成塌角,如图 2-43(d)所示,影响加工精度。为此可增加一段超切程序,如图 2-43(c)中的 A→A′段,使电极丝最大滞后点到达程序节点 A,然后辅加点

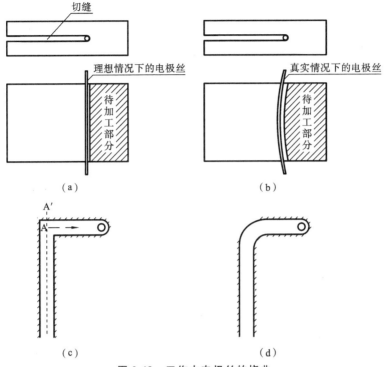

图 2-43 工作中电极丝的挠曲

A′的回退程序 A′→A,接着再执行原程序,便可割出清角。

除了采用附加一段超切程序外,在实际加工中还可以采用减弱加工条件、降低喷淋压力或在每段程序加工后适当暂停等方法来提高拐角精度。

2. 减小线切割加工中变形的方法

1) 采用预加工工艺

当线切割加工工件时,工件材料被大量去除,工件内部参与的应力场重新分布引发变形。去除的材料越多,工件变形越大。因此,如果在线切割加工之前,尽可能预先去除大部分的加工余量,使工件材料的内应力先释放出来,将大部分的残留变形量留在粗加工阶段,然后再进行线切割加工。由于切割余量较小,变形量自然就减少了,因此,为减小变形,可对凸、凹模等零件进行预加工。

如图 2-44(a)所示,对于形状简单或厚度较小的凸模,从坯料外部向凸模轮廓均匀地开放射状的预加工槽,便于应力对称均匀分散地释放,各槽底部与凸模轮廓线的距离应小而均匀,通常留 0.5～2 mm。对于形状复杂或较厚的凸模,如图 2-44(b)所示,采用线切割粗加工进行预加工,留出工件的夹持余量,并在夹持余量部位开槽以防该部位残留变形。

图 2-45 所示为凹模的预加工,先去除大部分型孔材料,然后精切成形。若用预铣或电火花成形法预加工,可留 2～3 mm 的余量。若用线切割粗加工法进行

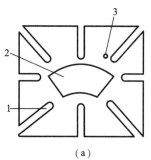
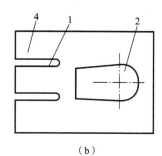

(a)   (b)

图 2-44 凸模的预加工

1—预加工槽；2—凸模；3—穿丝孔；4—夹持余量

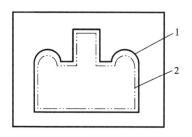

图 2-45 凹模的预加工

1—凹模轮廓；2—预加工轮廓

预加工，国产快速走丝线切割机床可留 0.5～1 mm 的余量。

2) 合理确定穿丝孔位置

许多模具制造者在切割凸模类外形工件时，常常直接从材料的侧面切入，在切入处产生缺口，残余应力从切口处向外释放，易使凸模变形。为避免变形，在淬火前先在模坯上打出穿丝孔，孔径为 3～10 mm，待淬火后从模坯内部对凸模进行封闭切割，如图 2-46 (a) 所示。

穿丝孔的位置宜选在加工图形的拐角附近，如图 2-46 (a) 所示，以简化编程运算，缩短切入时的切割行程。切割凹模时，对于如图 2-46 (b) 所示小型工件，穿丝孔宜选在工件待切割型孔的中心；对于大型工件，穿丝孔可选在靠近切割图样的边角处或已知坐标尺寸的交点上，以简化运算过程。

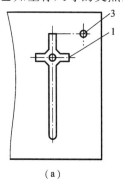
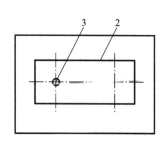

(a)   (b)

图 2-46 线切割穿丝孔的位置

1—凸模；2—凹模；3—穿丝孔

3) 多穿丝孔加工

采用线切割加工一些特殊形状的工件时，如果只采用一个穿丝孔加工，残留应力会沿切割方向向外释放，造成工件变形，如图 2-47(a) 所示。若采用多穿丝孔加工,则可解决变形问题,如图 2-47(b)所示,在凸模上对称地开四个穿丝孔,当切割到每个孔附近时暂停加工,然后转入下一个穿丝孔开始加工,最后用手工方式将连接点分开。连接点应选择在非使用端,加工冲模的连接点应设置在非刃口端。

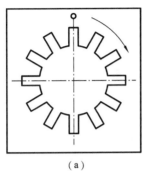 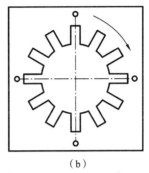

图 2-47　多个穿丝孔加工

4）恰当安排切割位置

线切割加工用的坯料在热处理时表面冷却快,内部冷却慢,形成热处理后坯料金相组织不一致,产生内应力,而且越靠近边角处,应力变化越大。所以,线切割的图形应尽量避开坯料边角处,一般让出 8～10 mm。对于凸模还应留出足够的夹持余量。

5）正确选择切割路线

切割路线应有利于保证工件在切割过程中的刚度和避开应力变形影响。

6）采用二次切割法

对经热处理再进行磨削加工的零件进行线切割时,最好采用二次切割法,如图 2-48 所示。一般线切割加工的工件变形量在 0.03 mm 左右,因此第一次切割时单边留 0.12～0.2 mm 的余量。切割完成后毛坯内部应力平衡状态受到破坏后,又达到新的平衡,然后进行第二次精加工,则能加工出精密度较高的工件。

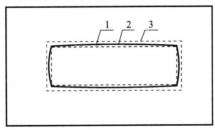

图 2-48　二次切割法

1—第一次切割轨迹；2—变形后的轨迹；3—第二次切割轨迹

实训项目　线切割加工机床的基本操作

1．实训目标

（1）熟悉线切割机床的结构,重点是电极丝走丝机构。

(2) 熟练掌握电极丝上丝、穿丝、紧丝操作过程。

(3) 熟练掌握电极丝垂直度的校正方法。

(4) 练习加工简单工件。

说明：

快走丝线切割加工时，电极丝的穿丝及校正是一项很重要的基本操作，熟练掌握这些操作是正确进行线切割的前提。

不同的线切割机床，其走丝机构并不相同，但这种不同仅限于结构上的不同，穿丝操作、电极丝的校正等在技术要求上都是一致的，因此我们不必过多在意机床的型号。

本项目选择浙江连华DK7732型快走丝机床，如图2-49所示，该型机床价格便宜，使用广泛，且该机床的走丝机构也较为简单。

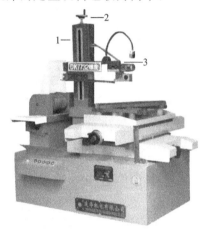

图 2-49 连华 DK7732 快走丝机床

1—立柱；2—上丝臂升降调节手柄；3—可升降上丝臂

2．实训过程

1) 认识走丝机构

连华DK7732快走丝机床的走丝机构如图2-50至图2-53所示。

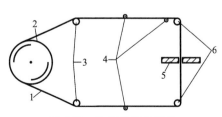

图 2-50 电极丝走丝路线

1—电极丝；2—储丝筒；3—后导轮；
4—导电块；5—被切割工件；6—前导轮

图 2-51 储丝及走丝机构

1—行程控制器；2—走丝拖板；
3—丝筒支架；4—电动机；5—储丝筒

图 2-52 走丝变速机构

1—变速箱；2—变速机构

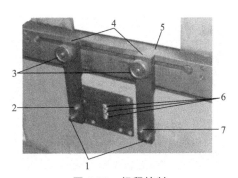

图 2-53 行程控制

1—超程挡块；2—换向行程挡块；3—锁紧螺栓；
4—行程限位挡块；5—走丝拖板；
6—行程开关；7—换向行程撞钉

2）丝架的组成部分

（1）丝架。丝架由上、下丝臂和立柱等组成，如图 2-54 所示。通常下丝臂固定，上丝臂可在立柱上作上、下移动，从而调节上、下丝臂之间的距离。

图 2-54 丝架的组成

1—下副导轮；2—电极丝；3—储丝筒；4—上副导轮；5—立柱；6—上丝臂；7—电极丝拖板（U、V 轴）；
8—上导轮组件；9—电极丝；10—下导轮组件；11—下丝臂；12—导电块；13—电极线；14—工作液管

（2）导轮。导轮的作用是使电极丝灵活、稳定地运行。上、下丝臂的前后端都装有导轮，分别是：前上导轮、前下导轮、后上导轮、后下导轮，如图 2-55 至图 2-58 所示。

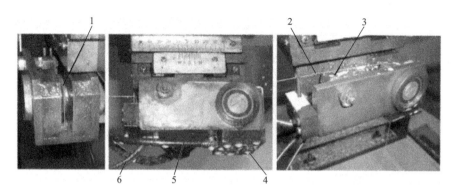

图 2-55 前上导轮

1—前上导轮；2—电极丝；3—导电块；4—上丝水嘴；5—工作液管；6—脉冲电源线

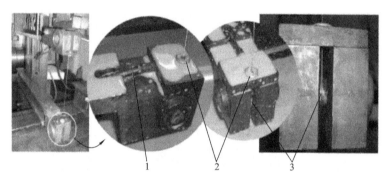

图 2-56 前下导轮

1—工作液管；2—下丝水嘴；3—下前导轮

图 2-57 后上导轮

1—上丝臂；2—后上导轮；
3—电极丝张力器；4—张力轮；5—电极丝

图 2-58 后下导轮

1—下丝臂；2—后下导轮；3—电极丝

（3）导电块。导电块是向电极丝送电的装置，如图 2-59 所示。

3）走丝运动

走丝有两个运动，一是储丝筒的正反向旋转，使电极丝在各个导轮和导电块

(a)   (b)

图 2-59 丝臂上的导电块

1—电线；2—中部导电块；3—电极丝；4—导轮；5—前端导电块

之间作往复穿梭运动,二是储丝筒拖板的往复直线运动,使电极丝均匀地缠绕在储丝筒上。

3. 上丝、穿丝操作

1) 上丝操作

上丝操作步骤如下。

(1) 操作前,按下急停按钮,防止意外,如图 2-60 所示。

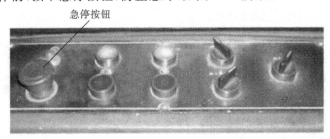

图 2-60 按下急停按钮

(2) 将丝盘套在上丝螺杆上,并用螺母锁紧,如图 2-61 所示。

图 2-61 装丝盘

(3) 用摇把将储丝筒摇向一端至接近极限位置,如图 2-62 所示。

(4) 将丝盘上电极丝一端拉出绕过上丝导轮,并将丝头固定在储丝筒端部紧固螺栓上,剪掉多余丝头,如图 2-63 所示。

(5) 用摇把匀速转动储丝筒,将电极丝整齐地绕在储丝筒上,直到绕满,取下摇把,如图 2-64 所示。

(6) 电极丝绕满后,剪断丝盘与储丝筒之间的电极丝,把丝头固定在储丝筒另一端螺栓上,如图 2-65 所示。至此,电极丝已经上好。

(7) 粗调储丝筒左右行程挡块,如图 2-53 所示,使两个挡块的间距小于储丝筒上的丝距。

图 2-62　将储丝筒摇向一端

图 2-63　上丝头

图 2-64　手动绕丝

图 2-65　将丝头固定在储丝筒上

2) 穿丝操作

在储丝筒上绕好电极丝后,就可进行穿丝了。操作步骤如下。

(1) 用摇把转动储丝筒至某一位置,该位置上电极丝的一端与后导轮大致对齐(后续还要进行行程调整)。

(2) 取下储丝筒相应端的丝头,进行穿丝。穿丝顺序如下。

① 如果取下的是靠近摇把一端的丝头,则从下丝臂穿到上丝臂,如图 2-66 所示。

② 如果取下的是靠近储丝电动机一端的丝头,则从上丝臂穿到下丝臂,即穿丝方向与①相反。

(3) 将电极丝从丝架各导轮及导电块穿过后,仍然把丝头固定在储丝筒紧固螺栓处,剪掉多余丝头,用摇把将储丝筒反摇几圈。

至此,电极丝已经穿好,如图 2-67 所示。

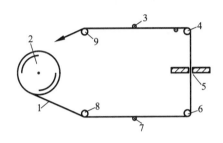

图 2-66　穿丝路径

1—电极丝;2—储丝筒;3—导电块;4—上前导轮;
5—被切工件穿丝孔;6—下前导轮;
7—导电块;8—下后导轮;9—上后导轮

图 2-67　穿好丝的储丝筒

(4) 注意事项如下。

① 要将电极丝装入导轮的槽内,并与导电块接触良好。并防止电极丝滑入导轮或导电块旁边的缝隙里。

② 操作过程中要沿绕丝方向拉紧电极丝,避免电极丝松脱造成乱丝。

③ 绕丝宽度不少于储丝筒长度的一半,以免电动机换向频繁而使机件加速损坏,也防止钼丝频繁参与切割而断丝。

④ 摇把使用后必须立即取下,以免误操作使摇把甩出,造成人身伤害或设备损坏。

4. 走丝行程调节及紧丝

1) 调整储丝筒行程

(1) 用摇把将储丝筒摇向一端,至电极丝在该端缠绕宽度剩下 8 mm 左右的位置停止。

(2) 松开相应的限位块上的紧固螺栓,移动限位块,当限位块上的换向行程挡块移至接近行程开关的中心位置后固定限位块。

(3) 用同样方法调整另一端。两行程挡块之间的距离,就是储丝筒的行程,储丝筒拖板将在这个范围来回移动。

(4) 经过以上调整后,可以开启自动走丝,观察走丝行程,再作进一步细调。为防止机械性断丝,储丝筒在换向时,两端应留有一定的储丝余量。

2) 紧丝

电极丝过松会导致加工精度低且易夹丝断丝。刚上好的电极丝,以及使用了一段时间的电极丝往往需要紧丝。

一般采用手动紧丝,方法如下。

(1) 手持紧丝轮顶靠在电极丝上,加适当的力将丝拉紧,如图2-68所示,丝不要偏斜,与导轮和丝架在同一平面。

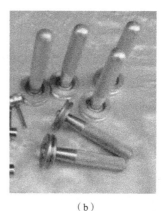

(a)   (b)

图2-68 手动紧丝及紧丝工具

(a) 手动紧丝;(b) 紧丝手轮

(2) 开启走丝开关,储丝筒自动往返,此过程中保持手轮的张紧力不变,过松的丝会被逐渐拉出,手轮会逐渐抬高。

(3) 储丝筒往返几次至手轮不能再进一步抬高时,说明丝已完全张紧。这时待储丝筒走至某一端刚好转向时,立即按下停止走丝按钮。

(4) 一手拉住电极丝,一手松开紧固螺栓,重新将丝头固定,剪去多余电极丝部分。

5. 电极丝的校正

本实训项目利用找正器,通过观察电火花状态来校正电极丝垂直度,方法如下。

(1) 保证工作台面和找正器各面干净并无损坏。

(2) 将找正器底面靠实工作台面。

(3) 调小脉冲电源的电压和电流(使后面步骤中电极丝与工件接近时只产生微弱的放电),启动走丝,打开高频。

(4) 在手动方式下,移动X轴和Y轴拖板,使电极丝接近找正器。

(5) 手动调节上丝臂小拖板上的调节钮,移动小拖板,当找正器上下放电火花均匀一致时,电极丝即被找正。上丝臂手动调节钮如图2-69所示。

(6) 校正应分别在X轴、Y轴两个方向进行,如图2-70所示。重复2~3次,以减少垂直误差。

说明:

① 火花校正是在无切削液小电流状态下进行的,一般只开一路功放管,否则会过大程度烧蚀校正工具。

图 2-69　U 轴和 V 轴
1—手动调节钮；2—电动机；3—小拖板；4—上丝臂

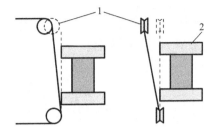

图 2-70　电极丝垂直校正
1—导轮；2—找正器

② 校正电极丝的垂直度前要先校正找正器的水平度。

③ 一些电火花机床可通过调整导轮位置来调整丝的垂直度。这种机床的导轮安装在一个带有偏心的基座上，让基座旋转一个角度，或者调整基座的轴向位置，即可调整电极丝在两个方向上的垂直度。

知识点 5

线切割机床的控制系统

控制系统是电火花线切割机床的重要组成环节，是机床工作的指挥中心。控制系统的技术水平、稳定性、可靠性、控制精度及自动化程度等直接影响工件的加工工艺指标和操作人员的劳动强度。

控制系统的作用是：在电火花线切割加工过程中，根据工件的形状和尺寸要求，自动控制电极丝相对于工件的运动轨迹；同时自动控制伺服进给速度，实现对工件的形状和尺寸加工。亦即当控制系统使电极丝相对于工件按一定轨迹运动的同时，还应该实现伺服进给速度的自动控制，以维持正常的放电间隙和稳定切割加工。

综上所述，控制系统的主要功能包括两个方面：加工控制和轨迹控制。前者依靠数控编程和数控系统，后者是根据放电间隙大小与放电状态由伺服进给系统自动控制的，使进给速度与工件材料的蚀除速度相平衡。下面先介绍加工控制。

1. 加工控制

数控线切割加工能够切割复杂的工件轮廓，靠的是工件在工作台的带动下相对于位置固定的电极丝走出较复杂的图形，而工作台复杂移动的实现完全要借助于数控系统的伺服进给信号的产生和机床纵横伺服电动机对这些进给运动信号的严格执行。

如图 2-71 所示为 X-Y 工作台（滑板）的伺服驱动结构及原理图。数控系统及其伺服驱动系统根据加工程序的指令要求，分别向纵、横两个伺服电动机不断地输送驱动脉冲信号，两个伺服电动机则分别根据各自接收到的驱动脉冲的个数产生各自所需要的角位移,最后由滚珠丝杠螺母副将转动变换为纵向和横向的直线位移,而复杂的图形曲线轮廓就是由这一个个的纵向和横向的微小的伺服进给运动所形成的。

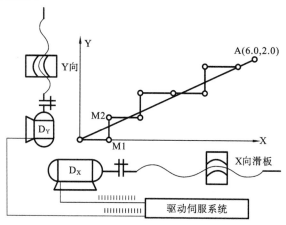

图 2-71　X-Y 工作台的伺服驱动结构及原理图

目前高速走丝电火花线切割机床的控制系统大多采用比较简单的步进电动机开环控制系统,低速走丝线切割机床的控制系统则大多采用直流或交流伺服电动机加码盘的半闭环控制系统,也有一些超精密线切割机床上采用了光栅位置反馈的全闭环数控系统。

2. 轨迹控制——插补原理

任何复杂的不规则曲线均可用直线段或圆弧段来模拟,段长越小,模拟越精准。直线插补和圆弧插补是电火花机床必备的两种最基本的插补功能。

插补方法有逐点比较法、数字积分法、矢量判别法、最小偏差法等,每种插补方法各有其特点。

快走丝线切割机床普遍采用逐点比较法,特点是机床在 X、Y 两个方向不同时进给,只能按直线的斜度和圆弧的曲率来交替地一步一个微米地分步"插补"进给。

采用逐点比较法时,X 或 Y 每进给一步,每次插补过程都要进行四个节拍。下面来分析说明逐点比较法切割直线时的四个节拍。

第一拍:偏差判别。

偏差判别是判别目前的加工坐标点对规定几何轨迹的偏离位置,用于决定将驱动脉冲应该输送给 X 轴电动机还是给 Y 轴电动机。

一般用 F 代表偏差值,$F=0$,表示加工点恰好在线(轨迹)上;$F>0$,表示加工点在线的上方或左方;$F<0$,表示加工点在线的下方或右方。如图 2-72 所示,切割斜线 OA,坐标原点在起点 O 上。加工开始时,先从 O 点沿+X 方向前进一步到位置"1",由于位置"1"在斜线 OA 的下方,偏离了预定的加工斜线 OA,产生了

偏差。此时,偏差值 F<0。

第二拍:进给。

根据 F 偏差值确定坐标工作台应该向+X、-X、+Y、-Y 四个方向中的哪个方向进给一步。

在图中位置"1"时,F<0,为了靠近斜线 OA,缩小偏差,第二步应沿着+Y 方向前进到位置"2"。

进给之后,数控系统对当前的新坐标位置进行一次累积计算,求得新坐标值。

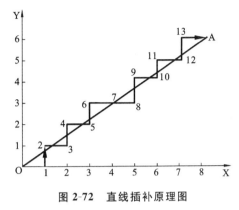

图 2-72 直线插补原理图

第三拍:偏差计算。

按照偏差计算公式,计算和比较进给一步后新的坐标点对规定轨迹新的偏差值 F,作为下一步判别走向的依据。

图中前进到位置 2 后处在斜线 OA 的上方,同样偏离了预定加工的斜线 OA,产生了新的偏差 F>0。

第四拍:终点判断。

根据计数长度判断是否到达程序规定的加工终点。若到达终点,则停止插补和进给,否则再回到第一拍。如此连续不断地重复上述循环过程,直到终点 A,所要求的轨迹和轮廓形状加工完成。

只要每步的距离足够小,所走的折线就近似于一条光滑的斜线。

一步所移动的距离就是一个脉冲当量,即每接受一个驱动脉冲所产生的最小移动量。当前快走丝机床的脉冲当量普遍是 1 μm(0.001 mm),精密机床甚至更小,这就意味着,工作台如果要沿 X 方向移动 10 mm,X 方向的步进电动机就要从数控系统接受 10 000 个驱动脉冲并加以执行。

所有不规则曲线均可以用直线或圆弧来拟合,编程时操作者需先确定对不规则曲线是采用直线拟合还是采用圆弧拟合。

拓展阅读 步进电动机与如何选购线切割机床

1. 步进电动机与伺服电动机的性能比较

一般快走丝线切割与中走丝线切割都使用步进电动机驱动,慢走丝线切割机床多采用伺服电动机驱动。

步进电动机是一种离散运动的装置,和现代数字控制技术有着本质的联系。目前,在国内的数字控制系统中,步进电动机的应用十分广泛。随着全数字式交流伺服系统的出现,交流伺服电动机也越来越多地应用于数字控制系统中。为了适应数字控制的发展趋势,运动控制系统中大多采用步进电动机或全数字式交流伺服电动机作为执行电动机。虽然两者在控制方式(脉冲串和方向信号)上相似,但在使用性能和应用场合上存在着较大的差异。现就二者的使用性能作一比较。

1) 控制精度不同

两相混合式步进电动机步距角一般为 3.6°、1.8°,五相混合式步进电动机步距角一般为 0.72°、0.36°。也有一些高性能的步进电动机步距角更小,如四通公司生产的一种用于慢走丝机床的步进电动机,其步距角为 0.09°;德国百格拉公司(BERGER LAHR)生产的三相混合式步进电动机,其步距角可通过拨码开关设置为 1.8°、0.9°、0.72°、0.36°、0.18°、0.09°、0.072°、0.036°,兼容了两相和五相混合式步进电动机的步距角。

交流伺服电动机的控制精度由电动机轴后端的旋转编码器保证。以松下全数字式交流伺服电动机为例,对于带标准 2500 线编码器的电动机而言,由于驱动器内部采用了四倍频技术,其脉冲当量为 $360°/10000=0.036°$。对于带 17 位编码器的电动机而言,驱动器每接收 $2^{17}=131072$ 个脉冲电动机转一圈,即其脉冲当量为 $360°/131072=9.89″$,是步距角为 1.8° 的步进电动机的脉冲当量的 1/655。

2) 低频特性不同

步进电动机在低速时易出现低频振动现象。振动频率与负载情况和驱动器性能有关,一般认为振动频率为电动机空载起跳频率的一半。这种由步进电动机的工作原理所决定的低频振动现象对于机器的正常运转非常不利。当步进电动机工作在低速时,一般应采用阻尼技术来克服低频振动现象,比如在电动机上加阻尼器,或驱动器上采用细分技术等。

交流伺服电动机运转非常平稳,即使在低速时也不会出现振动现象。交流伺服系统具有共振抑制功能,可弥补机械的刚度不足,并且系统内部具有频率解析机能(FFT),可检测出机械的共振点,便于系统调整。

3) 矩频特性不同

步进电动机的输出力矩随转速升高而下降,且在较高转速时会急剧下降,所以其最高工作转速一般在 300~600 r/m。交流伺服电动机为恒力矩输出,即在其额定转速(一般为 2000 r/m 或 3000 r/m)以内,都能输出额定转矩,在额定转速以上为恒功率输出。

4) 过载能力不同

步进电动机一般不具有过载能力,交流伺服电动机具有较强的过载能力。以松下交流伺服系统为例,它具有速度过载和转矩过载能力,其最大转矩为额定转矩的三倍,可用于克服惯性负载在启动瞬间的惯性力矩。步进电动机因为没有这种过载能力,在选型时为了克服这种惯性力矩,往往需要选取较大转矩的电动机,而机器在正常工作期间又不需要那么大的转矩,便出现了力矩浪费的现象。

5）运行性能不同

步进电动机的控制为开环控制，启动频率过高或负载过大易出现丢步或堵转的现象，停止时转速过高易出现过冲的现象，所以为保证其控制精度，应处理好升、降速问题。交流伺服驱动系统为闭环控制，驱动器可直接对电动机编码器反馈信号进行采样，内置位置环和速度环，一般不会出现步进电动机的丢步或过冲的现象，控制性能更为可靠。

6）速度响应性能不同

步进电动机从静止加速到工作转速（一般为每分钟几百转）需要 200～400 ms。交流伺服系统的加速性能较好，以松下 MSMA 400W 交流伺服电动机为例，从静止加速到其额定转速 3000 r/m 仅需几毫秒，可用于要求快速启停的控制场合。

综上所述，交流伺服系统在许多性能方面都优于步进电动机，但在一些要求不高的场合也经常用步进电动机来做执行电动机。所以，在控制系统的设计过程中要综合考虑控制要求、成本等多方面的因素，选用适当的控制电动机。

2. 如何选购线切割机床

选购时应注意以下五个方面。

1）确定机床的功能和规格

首先应根据自己的产品和生产需要确定机床的功能和规格大小，在选型时用户容易忽略对今后发展的要求，因为机床不是消耗品，虽然一次性投入大但使用寿命却很长，如果只顾眼前不考虑企业自身的发展因素，那么在不久的将来必然出现重复性投资，因此选型时要有一个超前意识，要有发展眼光，也就是说选型时要使自己所选的机床无论在功能上还是在技术水平上都要有所储备。

2）确定生产厂家

如何确定生产厂家？重点是质量、信誉和产品价格的比较，在质量信誉上宜从以下几个方面比较。

（1）生产规模。规模太小的企业在激烈的市场竞争中容易被淘汰，在产品的研发、创新上也没有实力。由于市场需求大，一些制造厂为提高产量无视质量，一些不具备机床生产条件的私营小企业也在生产线切割机床，以次充好，所以在确定制造商及品牌时应多进行比较。

（2）生产方式。整机制造厂对各个生产工序的质量均能实行有效控制，而组装式的生产对机床的内在质量及生产全过程是无控制的，因为这种生产方式的机床的主机构及数控系统都是由其他厂家制造的，目前发达国家对于复杂产品较多采用这种社会化方式的生产，此种生产方式的前提是完善的市场体系及健全的商业法律，在这方面，我国目前和发达国家还有差距，所以用户对制造厂的生产方式应有足够的了解。

（3）价格。价格是用户和制造厂家都最为敏感的因素，但有一点是一致的，就是产品性能是价格的基础,产品价格又是性能、品质的体现,脱离性能谈价格是毫无意义的,价格高固然用户不能接受,但价格过低也不是好事,因为价格低意味着厂家必须降低成本,但质量与成本存在一个临界点,低于此点就是纯粹的劣质产品,用户在考虑价格的同时不能忘记线切割机床是长期使用的精密加工设备。

3)在选购线切割机床时要正确认识质量与服务的关系

产品质量与售后服务的最终目的都是对用户正常使用该产品的保证,零故障率也是企业永恒追求的目标,优良的品质是售后服务的基础,而售后服务是产品质量的延续。出于对自身信誉的保证,有实力的正规企业对售后服务也是非常重视的,另外产品质量好、故障率低,售后服务的成本也会降低,虽然二者缺一不可,但是用户首先应关注的是产品自身的品质,售后服务做得再好,对质量而言只能是一种弥补。

4)如何判断机床的精度保持性

在模具加工中线切割加工一般为最后工序,所以对加工精度要求很高,如果机床的机械精度不好,将直接影响产品及模具的加工质量,最终导致失去用户、失去市场,因此在线切割机床选型时,如何判断机械精度是非常重要的。

一般来讲新机床的精度容易判断,因为有国标 GB 7926—1987 及相关的机床精度通用标准,在新机床调试验收时就能知道合格与否。然而最重要的则是对机床精度保持性的判断,因为机床精度保持性的好坏只有在该机床经过一定时期的使用后才会反映出来,而国家标准也无法对其进行严格的定量控制,所以用户在选型时对机床及结构需进行深入细致的了解。

精度保持性可从机床工作台的传动结构、导轨结构、驱动方式等几个方面进行考量。

(1)丝杠及其安装结构。丝杠的精度固然重要,但是如果丝杠的安装结构不合理,再好的丝杠也无济于事。

首先,要观察丝杠的形式,确定是滚珠丝杠,还是三角螺纹丝杠或梯形螺纹丝杠。在线切割机床上,滚珠丝杠优于三角螺纹丝杠和梯形螺纹丝杠,并且要求丝杠的直径尽可能大些,以增加刚度。

其次,要观察丝杠的安装结构,滚珠丝杠属精密传动部件,要想充分发挥其精密性,那么对丝杠的装配结构要求也较高,必须采用两端固定、轴支撑,对于大行程机床,还要对丝杠进行预拉伸,以减少丝杠的挠度,从而提高机床工作台的运动精度。

(2)齿轮传动结构。首先,要详细了解齿轮箱内齿轮数量,参与传动的齿轮越多,传动阻力越大,齿面易磨损并产生齿轮间隙,导致机床工作台的系统误差大。齿轮如果装配不好还易产生偶然误差,所以一般传动齿轮越少越好,采用一对齿轮传动误差最小,所以选型时深入了解工作台运动的齿轮传动结构也是非常重要的。

其次，要仔细观察工作台传动齿轮箱的工作环境，润滑性能。有些厂家的早期机床由于设计上的不合理，使切削液很容易进到齿轮箱里，使齿轮长期在切削液的浸泡中工作，轻者增加齿轮的磨损，重者使步进电动机进水烧坏，所以用户在选型时一定要观察工作台齿轮箱的位置，确保切削液一定不能浸入，这点对保持机床精度至关重要。

（3）导轨的刚性及整体结构。导轨是保证工作台运动精度的关键，用户在选型时应高度重视。

首先观察导轨的横截面的大小，在同等条件下，越粗刚性越好，加工中越不易产生变形；其次是向厂商了解导轨的材料和热处理工艺，一般来讲，为保证其强度且变形小，以高碳合金钢、整体淬火或超音频淬火工艺为较好。

目前常见的导轨结构有以下几种：镶钢滚珠式滚动导轨、镶钢滚柱式滚动导轨、直线滚动导轨、弹性轴承铸铁导轨。

第一种与第二种的区别在导轨的滚体上，一个是滚珠一个是滚柱。滚珠与导轨面是点接触，滚柱与导轨面是线接触，所以其耐磨性和承载能力都大大优于滚珠式，而弹性轴承导轨是一种简易导轨，被淘汰。沙迪克公司、三菱公司、夏米尔公司、阿奇公司的机床都是采用第二种和第三种结构。

（4）驱动方式。数控线切割机床一般都是步进电动机驱动，在步进电动机又有反应式和混合式等的区分，用以实现不同的步距角，市场上最常见的是反应式步进电动机，反应式步进电动机又有三相三拍、三相六拍、五相十拍、五相双十拍等的不同驱动方式。此种电动机步距角大，且只有三相绕组，随着市场需求的不断提高，以及国家机械工业部有关部门对机床工业整体水平要求的提高，五相十拍将逐渐取代三相六拍，这是因为五相十拍不仅将三相六拍的步距角进一步细分，并且电动机绕阻也增加为五相，所以传动平稳且力大。

综上所述，用户在选型时为确保机床精度长期可靠，应该选用如下结构。

第一，选用直径尽可能大些的精密滚珠丝杠，并且要两端均有固定的轴承支撑结构。

第二，工作台的传动齿轮要少，以一对齿轮为佳，并且齿轮箱绝对不能浸入切削液。

第三，尽量选用截面积大或宽厚比大的滚柱式镶钢滚动导轨或直线导轨。

第四，选择五相十拍步进电动机驱动方式，如有条件可选用混合式细分驱动或交流伺服驱动则理想。

5）在选购大规格线切割机床时应注意的问题

大规格的线切割机床，由于加工范围大承载能力强，能创造的效益是很可观的，但是如果机床出现问题，特别是机床本身的质量有问题，它所造成的损失同样也是惨重的，所以对于大规格的线切割机床的选型一定要特别慎重。

由于大行程、大承载的特点，所以选型时就应重点考虑机床的结构与刚度，使之能够保证在大型工件加工时对精度有可靠保证,在结构上与中小型线切割机床有以下明显的区别。

(1) 工作台必须采用全支撑结构,提高机床刚度以保证重载而不变形。

(2) 采用直线导轨,保证重载之下仍有良好的灵敏度和运动精度。

(3) 同小型机床相比,滚珠丝杠直径必须加大。

(4) 在经济实力允许的条件下,机床的工作台最好选用交流伺服电动机驱动,其特点是精度准确、运动速度快、可靠性高、操作方便。

习题与思考

1. 怎样校正工件和电极?
2. 线切割穿丝、紧丝时要注意哪些问题?
3. 线切割加工时如何脉冲电源的电参数?
4. 二次切割(多次切割)有什么好处?
5. 怎样调整电极丝的垂直度?火花法调整时要注意哪些问题?
6. 快走丝机床是如何循环走丝的?
7. 总结快走丝机床的加工精度低于慢走丝机床的原因。

任务6 掌握线切割程序编制及加工工艺

知识点1

3B代码程序编制

1. 数控线切割编程简介

数控线切割编程有手工编程和自动编程。

手工编程是指按照一定的格式由人工编写加工代码,好处是能使操作者比较清楚地了解编程所需要进行的各种计算和编程过程,但计算工作比较繁杂。

自动编程则是借助专门的线切割编程软件,画出二维图形(加工轨迹)并设置好一些参数后由软件自动生成加工代码。

编程格式有3B、4B、5B、ISO和EIA等。3B格式由我国自行开发,4B、5B格式是对其的扩展,国产快走丝线切割机床大部分同时配备了3B格式(包括4B、5B)及ISO格式,慢走丝机床大都采用ISO国际标准格式。

国产电火花机床的自动编程既能生成ISO代码,也能生成3B格式的代码。

2. 坐标系

在讲述3B代码编程之前,我们先回顾一下坐标系的概念。

面对机床工作台,工作台平面为坐标系平面,左右方向为 X 轴,且右方向为正;前后方向为 Y 轴,且前方向为正,如图 2-73、图 2-74 所示。

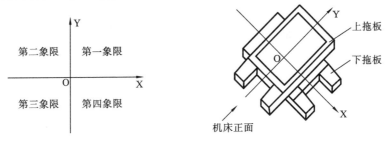

图 2-73　平面直角坐标系　　　　图 2-74　线切割机床坐标系

3B 代码编程采用相对坐标(增量坐标)系,坐标系的原点随程序段的移动而改变。

3. 3B 代码格式

3B 代码因有 3 个字母 B 而得名,格式一般如下:

BX BY BJ G Z;

例如,B1000B2000B1000GYL2;其各数据及代码含义如表 2-1 所示。

表 2-1　3B 代码格式

指令格式	B	X	B	Y	B	J	G	Z
指令	B	1000	B	2000	B	1000	GY	L2
含义	分隔符	X 坐标值	分隔符	Y 坐标值	分隔符	计数长度	计数方向	曲线类型

B:分隔符,用于把 X、Y 和 J 这三个数值分隔开,以免混淆,也表示一条指令的开始。

X、Y:增量(相对)坐标值。

J:计数长度,是加工曲线时工作台沿某个方向进给的总步数(从起点到终点某个滑板进给的总步数),以 μm 为单位划分,$1\mu m$ 为一步。

G:计数方向,该参数值有两个,GX、GY,分别表示 X 方向和 Y 方向,即按 X 方向或 Y 方向计数。工作台在该方向每走一步($1\mu m$),J 值减 1,当减到 J=0 时,这段曲线加工完毕。

Z:曲线类型,该参数值有 12 个:L1、L2、L3、L4、SR1、SR2、SR3、SR4、NR1、NR2、NR3、NR4。前已述及,插补分直线插补、圆弧插补,直线按终点所在象限分为 L1、L2、L3、L4,共 4 种;圆弧按起点所在象限及走向分为顺圆 SR1、SR2、SR3、SR4 及逆圆 NR1、NR2、NR3、NR4,共 8 种。

4. 编程方法

1) 坐标系与 X、Y 值的确定

(1) 坐标系:采用相对坐标,坐标原点随程序段的移动而改变。

(2) 加工直线：以直线的起点为坐标原点，X、Y 值取直线终点坐标的绝对值。

(3) 加工圆弧：以圆弧的圆心为坐标原点，X、Y 值取圆弧起点坐标的绝对值。

(4) 坐标值单位：μm，均写绝对值。

注：① 若直线与 X 轴或 Y 轴重合，为区别一般直线，X、Y 值可写作 0，或不写。

② 同一条指令中，X、Y 值可用公约数缩小相同倍数。

2) 计数方向 G 的确定

计数方向分 GX 和 GY，按曲线终点的位置确定，如图 2-75 所示。

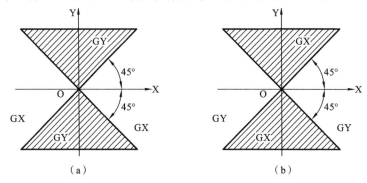

图 2-75 加工直线、圆弧时的计数方向

(a) 加工直线；(b) 加工圆弧

(1) 加工直线：终点靠近哪个轴，计数方向就取该轴。

(2) 加工圆弧：终点靠近哪个轴，计数方向就取另一轴。

注：终点与坐标轴成 45°角时，计数方向取 GX 或 GY 均可。

3) 计数长度 J 的确定

(1) 计数长度等于被加工曲线在计数方向坐标轴上投影（绝对值）的总和；

(2) 若圆弧跨越 2 个以上的象限，分别取各象限圆弧在计数方向坐标轴上投影的绝对值累加，作为该方向总的计数长度。

例 2-1 如图 2-76 所示的直线和圆弧，确定其计数长度 J 的值。

解 ① 直线 OA，终点靠近 X 轴，计数方向取 GX，计数长度等于 OB 的长度；

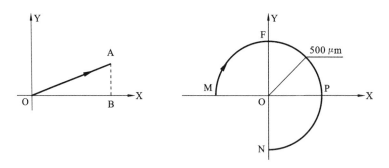

图 2-76 计数长度 J 的确定

② 圆弧 MN,半径 500 μm,终点 N 在 Y 轴上(靠近 Y 轴),计数方向取 GX,计数长度等于 MF、FP、PN 弧在 X 轴上投影的总和,即 500×3=1500。

注:加工整圆时,可将其分成两段以上圆弧,分别编程,也可按整圆编程。以图 2-77 为例,从 O 点开始走丝按整圆编程。

B0B0B500GXL1;
B500B0B2000GYSR4;
B500B0B500GXL1;
DD;   //DD(或 D)为停机码

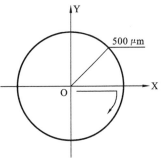

图 2-77 加工整圆

4) 曲线类型 Z 的确定

(1) 加工直线:依据直线的终点决定象限,如图 2-78 所示。

当直线终点在第一象限(含 X 轴,不含 Y 轴),Z 取 L1;
当直线终点在第二象限(含 Y 轴,不含 X 轴),Z 取 L2;
L3、L4 依次类推。

(2) 加工圆弧:依据圆弧的起点决定象限,如图 2-79 所示。

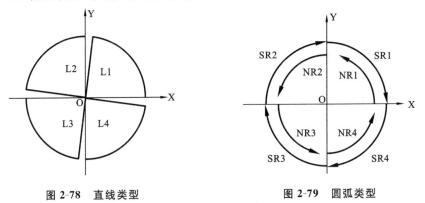

图 2-78 直线类型   图 2-79 圆弧类型

① 加工顺圆:当圆弧起点在第一象限(含 Y 轴,不含 X 轴),Z 值取 SR1;SR2、SR3、SR4 依次类推。

② 加工逆圆:当圆弧起点在第一象限(含 X 轴,不含 Y 轴),Z 值取 NR1;NR2、NR3、NR4 依次类推。

注:① 对于跨象限圆弧,仍以圆弧起点所在象限来确定曲线类型 Z。

② 不论是直线还是圆弧,编程时 X、Y、J 值均为整数;如有小数应四舍五入,保留三位小数。

③ X、Y 值可用公约数缩小相同倍数,计数长度 J 不能缩小。

还应注意的是,实际编程时还应该考虑电极丝的半径和工件间的放电间隙,按电极丝实际的加工路径编程,有时还要考虑精加工余量。

对于具有公差的尺寸数据,根据大量的统计,加工后的实际尺寸大部分是在公差带的中值附近,因此应采用中差尺寸编程,中差尺寸的计算公式为

$$中差尺寸 = 基本尺寸 + \left(\frac{上偏差+下偏差}{2}\right)$$

对有间隙补偿功能的线切割机床,可直接按工件图形编程,其间隙补偿量可在加工时置入。

例 2-2 编制凸模零件的 3B 切割程序。

解 图 2-80(a)所示的凸模由三段直线与一段圆弧组成,加上钼丝从工件外部切入到轮廓线的引入段,以及从轮廓结束顺原路径返回的退出段,共需加工六段。

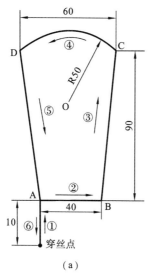
(a)

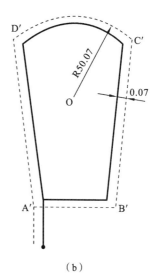
(b)

图 2-80 凸模零件

沿逆时针方向加工,编写 3B 程序。

(1) 若不考虑半径补偿,直接按图形轮廓编程,程序清单见表 2-2。

表 2-2 不考虑补偿时的程序清单

序号	B	X	B	Y	B	J	G	Z	注 释
1	B		B		B	10 000	GY	L2	引入直线段
2	B		B		B	40 000	GX	L1	直线 A→B
3	B	1	B	9	B	90 000	GY	L1	直线 B→C
4	B	30 000	B	40 000	B	60 000	GX	NR1	圆弧 C→D
5	B	1	B	9	B	90 000	GY	L4	直线 D→A
6	B		B		B	10 000	GY	L4	引出直线段
7				D					停机结束

(2) 若考虑半径补偿,设所用钼丝直径为 φ0.12 mm,单边放电间隙为 0.01 mm,则应将整个零件图形轮廓沿周边均匀增大,线径补偿值＝钼丝半径＋单边放电间隙＝0.12/2＋0.01＝0.07,得到图 2-80(b)中虚线所示的轮廓,即加工轨迹,按此轨迹编程,程序清单见表 2-3。

表 2-3 考虑补偿时的程序清单

序号	B	X	B	Y	B	J	G	Z	注 释
1	B	63	B	9930	B	9930	GY	L2	引入直线段
2	B		B		B	40 125	GX	L1	直线 A′→B′
3	B	10 011	B	90 102	B	90 102	GY	L1	直线 B′→C′
4	B	30 074	B	40 032	B	60 148	GX	NR1	圆弧 C′→D′
5	B	10 011	B	90 102	B	90 102	GY	L4	直线 D′→A′
6	B	63	B	9930	B	9930	GY	L4	引出直线段
7				D					停机结束

5. 4B 代码编程简介

考虑半径补偿时的编程计算极为不便,为了减少工作量,目前已广泛采用带有间隙自动补偿功能的数控系统。这种数控系统的运算和控制功能要比旧系统强大得多,其通过 4B 格式的加工程序,能在工件轮廓编程的基础上,使电极丝相对于编程图样自动地向工件轮廓的外或内偏移一个提前设定的补偿值,利用这一功能,省去了大量的偏移坐标计算,也妥善解决了不同直径的电极丝的半径和不同放电间隙对加工精度的影响。

对于同一套模具上的凹模、凸模和固定板、卸料板等零件,只要编制一个进给路径移动程序,便可通过修改间隙修正量的大小和偏移方向加工同一型腔的外轮廓和内轮廓,不仅减少了编程的工作量,而且能保证几个模板的曲线精度。

4B 程序段格式如表 2-4 所示。

表 2-4 4B 程序段的格式

分割	X 坐标	分割	Y 坐标	分割	计数长度	分割	圆弧半径	计数方向	凹凸曲线	加工指令
B	X	B	Y	B	J	B	R	G	D 或 DD	Z

由表 2-4 可知,4B 格式程序段比 3B 格式多了两个参数:一个是圆弧半径的参数字,用来表达所要加工的圆弧半径;另一个是用来反映模具轮廓的凹凸方向的 D 或 DD 参数。

D 表示加工曲线为凸面曲线,则 DD 表示加工曲线为凹面曲线。

4B 程序加工时,由电极丝半径和放电间隙等所决定的偏移补偿值 ΔR 不是出现在程序中,而是单独地送进数控装置的,这样可使加工中的补偿值的选择具有更大的灵活性,并随时根据电极丝的情况和放电间隙的大小而进行灵活地调整。

加工凸模和凹模的选择是由机床控制台面板上的凸、凹选择开关的位置来确定的,在程序中也不需编入。一般将半径增大称为正补偿,半径减小称为负补偿。因此,在加工凸模时,凸曲线作正补偿,凹曲线作负补偿;加工凹模则相反。数控装置接收补偿信息后,根据凸、凹模开关的位置和 ΔR 值,就能自动地判断出应作正补偿还是作负补偿偏移。这就给加工时的参数调整提供了很大的灵活性,充分发挥了复杂曲线的利用率,节省了大量的计算和编程的时间。

知识点 2

ISO(G 代码)程序编制

线切割加工所采用的 G 代码程序和数控铣基本相同,且较之更为简单。不同的线切割机床对代码的使用有所不同,使用前一定要看说明书。本节内容以北京阿奇夏米尔 FW-1 型机床用 G 代码为例。FW 机床规定程序中不能使用汉字字符,能够使用的字符如下。

(1) 数字字符:0 1 2 3 4 5 6 7 8 9
(2) 字母字符:A B C D E F G H I J K L M N O P Q R S T U V W X Y Z
(3) 特殊字符:＋ － ；／ 空格．( )

系统中小写英文字母与大写英文字母所表示的意义相同,即字母不区分大小写。

1. G 代码程序的结构

一个完整的 ISO-NC 程序由程序名、程序主体和程序结束命令三部分组成。例如:

(1) 程序名:程序名是程序的编号,加在每段程序前。

程序名用字母(N 或 O)和数字表示,后接四位十进制数。

一个程序中有多段子程序时,每段子程序都要有自己的顺序号,以便调用。程序名不能重复。

(2) 程序的主体:由若干程序段组成。

一个程序段就是一行程序,如上面程序中的 G92 X43000 Y65000。注释用于说明该行程序,它不会被执行。系统可以自动生成一些注释,也可以手动添加注释。

(3) 程序结束指令 M02。

① 该指令安排在程序的最后,单独占用一行。

② 当数控系统执行到 M02 程序段时,就会自动停止进给并使数控系统复位。

2. 程序段的格式

一个程序段由若干个程序字(简称字)组成,格式如下。

G _____ X _____ Y _____ ;

程序中的 G _____ 或者 X _____ 就是程序字,程序字是组成程序段的基本单元,由一个英文字母加若干十进制数字组成,如 X8000。英文字母称为地址字符,字母决定其后数据的意义。简单地说,程序字=地址字符+数据。

最后的分号";"是该程序段的结束符号,表明段的结束(有的系统使用 * 或 ♯ 符号)。

常用的地址字符如表 2-5 所示。

表 2-5 常用的地址字符

地址字符	说　明
N****/O****	顺序号,最多可有一万个顺序号,如 N0000～N9999
P****	调用某个子程序,如 P2011 表示调用 N2011 这个子程序
L***	子程序重复调用执行次数,后接 1～3 位十进制数,最多调用 999 次
G**	准备功能,其后接 2 位十进制数,可指令插补、坐标系等
X*,Y*,Z*	指定 X、Y、Z 坐标移动值; 数据范围为 ±99999.999 mm 或 ±9999.9999 in
U*,V*,W*	指定 U、V、W 坐标移动值; 数据范围为 ±99999.999 mm 或 ±9999.9999 in
I*,J*,K*	表示圆弧中心坐标; 数据范围为 ±99999.999 mm 或 ±9999.9999 in
A*	指定加工锥度,其后接一个十进制数
C***	加工条件号,如 C007,C105
D/H***	补偿代码,并给每个代码赋值; 数据范围为 ±99999.999 mm 或 ±9999.9999 in
R	转角 R 功能,后接的数据为所插补圆弧的半径; 最大值为 99999.999 mm
T**	机床控制功能,如 T84,T85
M**	辅助功能,如 M00,M02,M05
SF	变换加工条件中的 SF 值,其后接一个十进制数

说明：

(1) 表 2-5 中列出了参数 Z，实际上线切割没有 Z 轴指令。

(2) 一般数控机床编程有 mm 和 in 两种单位可选择。

(3) 顺序号。顺序号在查询、调用、修改某个程序时很方便。顺序号可用作调用子程序时的标记编号，也可用作程序执行过程中的编号。

在一定情况下顺序号也可以省略，如无子程序时。

注意：N9140、N9141、N9142…N9165 是固循子程序号，用户在编程中不得使用这些顺序号，但可以调用这些固循子程序。

(4) X、Y、U、V（I，J）坐标轴。面对工作台，各坐标轴和它的方向一般定义如下。

X 轴：左右方向为 X 轴，主轴头向工作台右方作相对运动时为"＋"方向，反为"－"方向。

Y 轴：前后方向为 Y 轴，主轴头向工作台立柱侧作相对运动时为"＋"方向，反为"－"方向。

U 轴：与 X 轴平行的轴为 U 轴，方向与 X 轴一致。

V 轴：与 Y 轴平行的轴为 V 轴，方向与 Y 轴一致。

I，J 并不是轴，它只是在圆弧插补时，表示圆心相对于圆弧起点坐标的代码。

(5) 坐标值。坐标值用来指示加工时电极丝所要到达的坐标位置。

坐标值应根据需要加上正负号；正号可省。

(6) 辅助功能 M。M00～M99，辅助功能也称 M 功能，主要是完成机床的某些开关动作；辅助功能通常不需调动数控系统进行运算。

3. 编程代码及其使用

线切割常用的编程代码如表 2-6 所示。

1) 快速点定位指令 G00（或 G0）

功能：在机床不加工（不放电）状况下，G00 指令使指定的轴以允许的最快速度移动到指定位置。

程序段格式：G00X＿＿＿＿Y＿＿＿＿；

如图 2-81 所示线段终点的程序段格式为：

G00X80000Y60000；　　//使 X、Y 轴快速定位到直线的终点

注意：

① G00 只用于加工前坐标轴的快速定位，不用于切削加工。

② 如果程序段中有了 G01～G03 指令，则 G00 指令无效。

③ G00 指令有效时，一般还没有穿丝。

④ 不同机床的数控系统对 G00 的具体执行路线往往不相同。

⑤ 如果程序段包含 X、Y、U、V，则机床将按 X、Y、U、V 的顺序移动各坐标轴。

⑥ 坐标值的单位，见 G20、G21 的解释。

表 2-6 线切割常用的编程代码

代码	功能	代码	功能	代码	功能
G00	快速移动,定位	G30	取消过切	G75	四轴联动关闭
G01	直线插补,加工	G31	加入过切	G80	接触感知
G02	顺时针圆弧插补	G34	开始减速加工	G81	移动到机床的极限
G03	逆时针圆弧插补	G35	取消减速加工	G82	半程返回
G04	暂停指令	G40	取消电极补偿	G90	绝对坐标指令
G05	X 镜像	G41	电极左偏补偿	G91	增量坐标指令
G06	Y 镜像	G42	电极右偏补偿	G92	指定坐标原点
G07	Z 镜像	G50	取消锥度	M00	暂停
G08	X-Y 轴交换	G51	左锥度	M02	程序结束
G09	取消镜像和轴交换	G52	右锥度	M05	忽略接触感知
G11	打升跳转	G54	选择工作坐标系 1	M98	子程序调用
G12	关闭跳转	G55	选择工作坐标系 2	M99	子程序结束
G20	英制	G56	选择工作坐标系 3	T84	启动液泵
G21	公制	G57	选择工作坐标系 4	T85	关闭液泵
G25	回指定的坐标系原点	G58	选择工作坐标系 5	T86	启动运丝机构
G26	图形旋转打开	G59	选择工作坐标系 6	T87	关闭运丝机构
G27	图形旋转关闭	G60	上下异形关闭	C	加工条件
G28	尖角圆弧过渡	G61	上下异形打开	D***	补偿码
G29	尖角直线过渡	G74	四轴联动打开	H***	补偿码

注:① 不同厂家的机床对代码的使用往往不相同,尤其是 M、T 代码。

② 本表只列出了常用的 G 代码和 M 代码,其他代码可查阅有关资料。

③ G 代码大部分为模态,本表中未注明,关于模态将在后面做说明。

2)直线插补指令 G01

功能:用于直线插补。

程序段格式:G01 X____ Y____;

其中:X____、Y____是直线插补的终点坐标。

如图 2-82 所示直线插补的程序段格式为:

G92 X20000 Y20000;   //指定插补起始点

G01 X60000 Y80000;   //直线插补终点

可加工锥度的线切割机床除了 X、Y 坐标轴外还有 U、V 附加轴,程序段格式为:

G01 X____ Y____ U____ V;

其中:X,Y,U,V 均表示直线终点坐标。

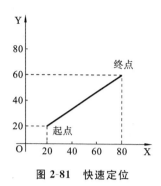

图 2-81　快速定位

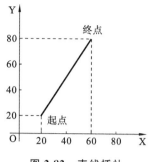

图 2-82　直线插补

3）圆弧插补指令 G02，G03

功能：G02 为顺圆插补，G03 为逆圆插补。

程序段格式：

G02　X ____　Y ____　I ____　J ____ ；

G03　X ____　Y ____　I ____　J ____ ；

其中：

① X、Y 表示圆弧终点坐标。

② I、J 分别表示圆弧圆心相对圆弧起点在 X、Y 方向的增量值（相对值），与 G90、G91 无关。圆心坐标减起点坐标即为 I、J 值，有正、负之分。

圆弧插补指令格式与数控铣完全相同，但应注意：线切割没有坐标平面选择功能，一般默认为 XOY 平面，只有 G02（或 G03）X ____ Y ____ I ____ J ____ 一种格式，其中 I、J 是圆心在 X、Y 轴上相对于圆弧起点的坐标。

I、J 中有一个为零时可以省略。

如图 2-83 所示圆弧插补程序如下。

```
G92    X10000     Y10000                        //起点为 A
G02    X30000     Y30000     I20000    J0 ;     //弧 AB
G03    X45000     Y15000     I15000    J0 ;     //弧 BC
```

4）停止指令 G04

功能：执行完一段程序之后，暂停一段时间再执行下一段程序。

程序段格式：

G04　X ____ ；

X 后面的数据即为暂停时间，最小时间单位为 0.001 s，最大时间单位为 99999.999 s。

例如，暂停 2 s 的程序：

公制：G04X2.；或 G04X2000；

英制：G04X2.；或 G04X20000；

5）镜像类指令 G05，G06，G07，G08，G09

许多零件图形都是对称性的，如果采用镜像指令，将会使程序变得清晰和简单,如图 2-84 所示。

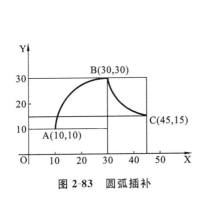

图 2-83 圆弧插补

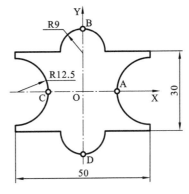

图 2-84 模具零件的对称性

(1) G05:X 镜像,其关系式为:X = -X,如图 2-84 所示的 AB 段曲线与 BC 段曲线的关系。

(2) G06:Y 镜像,其关系式为:Y = -Y,如图 2-84 所示的 AB 段曲线与 DA 段曲线的关系。

(3) G07:Z 镜像。

(4) G08:图形沿 X、Y 轴交换,即将程序中的 X、Y 值互换,如图 2-85 所示。执行 G08 指令时圆弧插补的方向将改变,即 G02 变为 G03、G03 变为 G02。

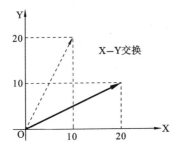

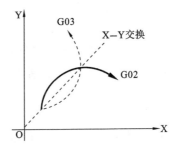

图 2-85 X、Y 轴交换

(5) G09:取消图形镜像,取消 X、Y 轴交换。

利用上述对称和交换指令,可以很方便地加工具有对称性的图形结构,只要在原有的图形程序基础上加入对称指令即可。

说明:

① 这里所说的镜像是将原程序中镜像轴的值变号后所得到的图形。例如在 XY 平面,X 轴镜像是将 X 值变号后所得到的图形,实际上是原图形关于 Y 轴的对称图形。如图 2-86 所示分别为 X 轴镜像、Y 轴镜像作用效果。

② 执行一个轴的镜像指令后,圆弧插补的方向将改变,即 G02 变为 G03、G03 变为 G02,如果同时有两轴的镜像,则方向不变,如图 2-87 所示。

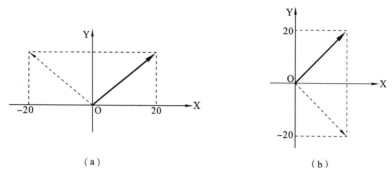

图 2-86 直线插补的镜像图形
(a) G05 X 轴镜像；(b) G06 Y 轴镜像

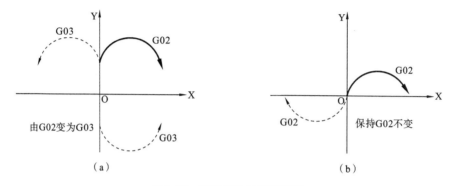

图 2-87 圆弧插补的镜像图形
(a) G05 X 轴镜像, G06 Y 轴镜像；(b) G05 G06, X 轴镜像、Y 轴镜像

③ 执行轴交换指令, 圆弧插补的方向将改变。

④ 两轴同时镜像, 与代码的先后次序无关, 即"G05 G06;"与"G06 G05;"的结果相同, 如图 2-87 所示。

⑤ 使用这组代码时, 程序中的轴坐标值不能省略, 即使是程序中的 Y0、X0 也不能省略。

6) 跳段指令 G11, G12

G11: 跳段打开, 跳过段首有"/"符号的程序段。标识参数画面的 SKIP 状态显示"ON"。

G12: 跳段关闭, 忽略段首的"/"符号, 即照常执行该程序段。标识参数画面的 SKIP 状态显示"OFF"。

7) 单位选择指令 G20, G21

功能: 确定尺寸单位。这组代码应放在程序的开头。

G20: 英制, 有小数点为英寸, 否则为万分之一英寸。如 0.5 英寸可写成"0.5"或"5000"。

G21: 米制, 有小数点为毫米, 否则为微米。如 1.2 mm 可写成"1.2"或"1200"。

1 in＝25.4 mm。

8）坐标选择指令 G90、G91、G92

(1) G90:绝对尺寸,即 G01、G02、G03 指令中的终点坐标值以工件坐标系的原点(程序的零点)为基准来计算。

(2) G91:增量尺寸,即 G01、G02、G03 指令中的终点坐标值以前一个程序段终点所在的位置为基准来计算。

(3) 若不写 G90 或 G91,系统默认为 G90。

(4) G92:确定线切割加工的起始点。

如图 2-83 所示,若以 A 为起始点,程序段为 G92X10000Y10000；

建议尽量采用绝对方式编程。绝对方式编程以某一固定点(工件坐标原点)为基准,每一段程序和整个加工过程都以此为基准。而增量方式编程,是以前一点为基准,连续执行多段程序必然产生累积误差。

例 2-3 加工如图 2-88 所示零件,以 O 为起始点,分别用 G90 和 G91,按图样尺寸编程。

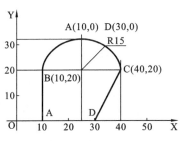

图 2-88 零件图

解 (1) 用 G90 编程。

N01	G92	X0	Y0;	//指定加工程序起点 O
N02	G90;			// 按绝对尺寸
N03	G01	X10000Y0;		//O→A
N04	G01	X10000Y20000;		//A→B
N05	G02	X40000Y20000	I15000 J0;	//B→C
N06	G01	X30000Y0;		//C→D
N07	G01	X0	Y0;	//D→O
N08	M02;			(程序结束)

(2) 用 G91 编程。

N01	G92	X0	Y0;	
N02	G91;			//按增量尺寸
N03	G01	X10000	Y0;	
N04	G01	X0	Y20000;	

N05	G02	X30000	Y0	I15000	J0;
N06	G01	X-10000	Y-20000;		
N07	G01	X-30000	Y0;		
N08	M02;				

① G92 后面直接写 X 和 Y 坐标值。该坐标值一般作为加工程序在所选坐标系中的起始点。

② 与数控铣不同,在用 G54~G59 设定的工件坐标系中,线切割依然需要用 G92 设置加工程序在所选坐标系中的起始点坐标。

例 2-4 工件坐标系已用 G54 设置,加工程序的起始点坐标设置为(10,10),用直线插补移动到(30,30)的位置。程序如下:

G54;
G90;   //绝对坐标编程,可省,默认为 G90
G92   X10000   Y10000;   //设定电极丝当前位置在所选坐标系中的
                         坐标值为(10,10),相当于确定工件原点
G01   X30000   Y30000;   //直线插补移动到(30,30)

9) 偏移补偿指令 G40、G41、G42

由于电极丝有一定半径,加工时需设定补偿,如图 2-89 所示。

图 2-89 电极丝半径补偿

G41:左偏补偿;G42:右偏补偿;G40:取消半径补偿。

(1) 补偿指令与数控铣相同,但指令格式不同。

程序段格式:

G41/G42 H____;   //H 后跟补偿值,单位为 μm
⋮
G40;   //取消半径补偿

(2) 补偿值 H。从 H000~H099 共有 100 个补偿码,存于"offset.sys"文件中,开机即自动调入内存。可通过赋值语句"H***=补偿值"赋值,范围为 0~99999999。

(3) 左偏、右偏的判断方法。顺着加工方向看,电极丝在加工图形左边为左偏,在右边为右偏,如图 2-90 所示。

例 2-5 补偿指令的应用。

G92   X0   Y0;
G41   H100;   //补偿值 100 μm;此程序段须放在进刀线之前

```
G01    X5000    Y0;      //进刀线
  ⋮
G40;                     //G40须放在退刀线之前
G01    X0       Y0;      //退刀线,退出半径补偿
```

通常,补偿值＝电极丝半径＋单边放电间隙,有时还要考虑加工余量等。

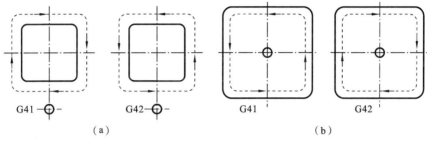

图 2-90 补偿方向的选择

（a）凸模加工；（b）凹模加工

（4）加工中补偿建立的过程。

如图 2-91 所示为直线到圆弧左偏补偿建立的过程。图中,第Ⅰ段无补偿,电极中心轨迹与编程轨迹重合；第Ⅱ段中补偿从无到有,称为补偿的初始建立段,规定这一段只能用直线插补指令,不能用圆弧插补指令；第Ⅲ段中补偿已经建立,称为补偿进行段。

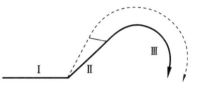

图 2-91 左偏补偿建立的过程
（直线—圆弧）

其他补偿初始建立的情形如图 2-92 所示（以左补偿为例,右补偿同理）。

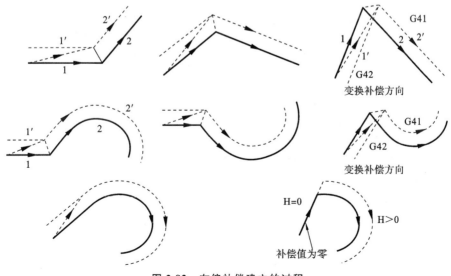

图 2-92 左偏补偿建立的过程

(5) 补偿进行。

① 直线—直线补偿如图 2-93 所示。

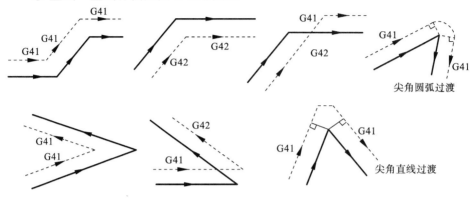

图 2-93 直线—直线补偿

② 直线—圆弧补偿如图 2-94 所示。

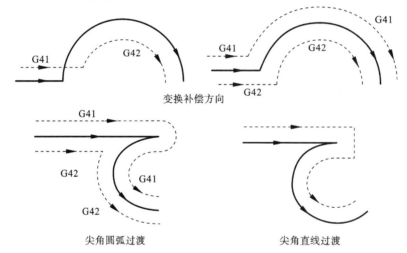

图 2-94 直线—圆弧补偿

③ 圆弧—直线补偿如图 2-95 所示。
④ 圆弧—圆弧补偿如图 2-96 所示。
(6) 补偿取消的过程如图 2-97 所示。
(7) 补偿模式下的 G92 代码。在补偿模式下,若程序中遇到了 G92 代码,会暂时取消补偿,在下一段重新建立补偿。

10) 锥度加工指令 G50、G51、G52

G51:锥度左偏,即沿电极丝行进方向,向左倾斜。

G52:锥度右偏,即沿电极丝行进方向,向右倾斜。

G50:取消锥度。

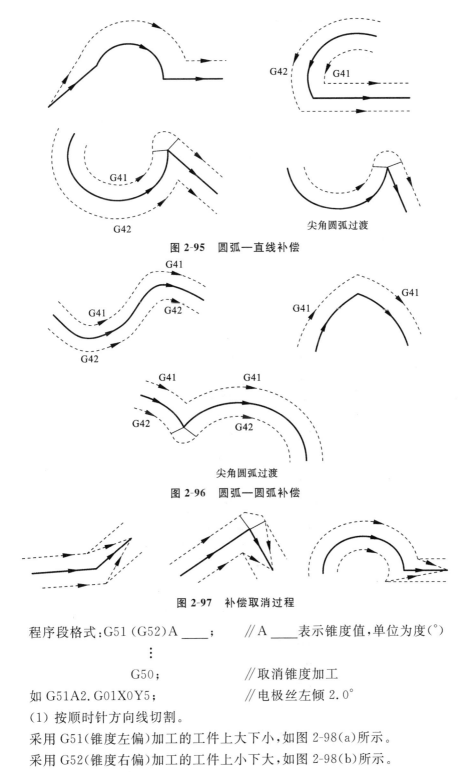

图 2-95 圆弧—直线补偿

图 2-96 圆弧—圆弧补偿

图 2-97 补偿取消过程

程序段格式：G51（G52）A____；　　//A____表示锥度值，单位为度（°）
　　　　　　　　⋮
　　　　　　G50；　　　　　　　　//取消锥度加工
如 G51A2.G01X0Y5；　　　　　　　//电极丝左倾 2.0°

（1）按顺时针方向线切割。

采用 G51（锥度左偏）加工的工件上大下小，如图 2-98(a)所示。

采用 G52（锥度右偏）加工的工件上小下大，如图 2-98(b)所示。

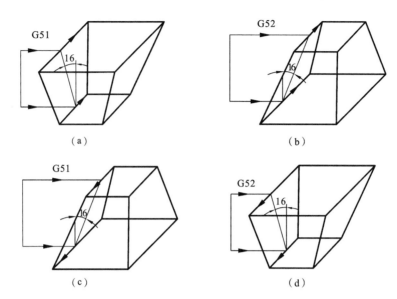

图 2-98 锥度加工指令的意义

(2) 按逆时针方向线切割。

采用 G51(锥度左偏)加工的工件上小下大,如图 2-98(c)所示。

采用 G52(锥度右偏)加工的工件上大下小,如图 2-98(d)所示。

在图 2-99 中,凹模锥度加工指令的程序段格式为 G51A0.5。

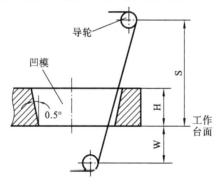

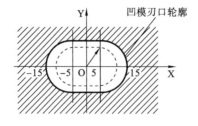

图 2-99 凹模锥度加工

(3) 三个数据。锥度加工时需确定并输入至少三个数据,如图 2-99 所示,其中,W是下导轮到工作台面高度,H是工件厚度,S是工作台面到上导轮高度。否则,即使程序中设定了锥度加工也无法正确执行。

注意:不同的机床,锥度加工所用到的数据数量及含义不一定相同。

加工上下异形件时,因为上下表面切割的形状不同,需要单独控制,应一个面用U、V轴控制,另一个面用X、Y轴控制。

(4)对加工面的定义。与编程尺寸一致的面称为主程序面,另一个有尺寸要求的面称为副程序面,如图2-100所示。主、副程序面就是工件的上、下面,至于孰上孰下,与编程方法有关。

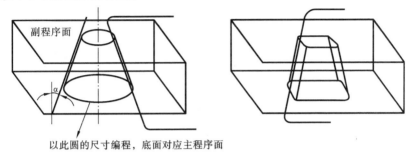

图2-100 主、副程序面的定义

锥度加工实际上就是在电极丝保持一定斜度的情况下,同时对主、副两个程序面进行加工。

(5)锥度加工的开始与结束。锥度加工开始和结束时的动作,如图2-101所示。与补偿的加入和取消一样,锥度加工也必须用直线指令开始和终止,而不能用圆弧指令开始和终止。

图2-101 锥度加工的开始与结束

(6)恒锥度和变锥度加工的开始及取消时必须用直线指令。如:
G52A0G01X10.Y10.;
A1.0G01X20.Y20.;
A2.0G01X10.Y20.;
A3.0G01X10.Y10.;
G50A0G01X0.Y0;

(7)锥度加工的连接。在锥度加工中,当副程序面的两曲线没有交点时,程序将自动在副程序面加入过渡圆弧处理,如图2-102至图2-104所示。

① 直线—圆弧锥度加工的过渡圆弧处理如图2-102所示。
② 圆弧—直线锥度加工的过渡圆弧处理如图2-103所示。

图 2-102　直线—圆弧锥度加工的过渡圆弧处理

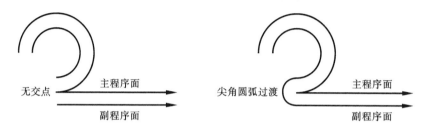

图 2-103　圆弧—直线锥度加工的过渡圆弧处理

③ 圆弧—圆弧锥度加工的过渡圆弧处理如图 2-104 所示。

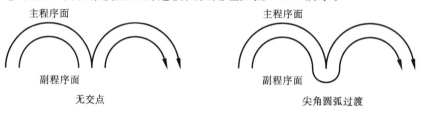

图 2-104　圆弧—圆弧锥度加工的过渡圆弧处理

（8）锥度和转角 R。在锥度加工中,可以在主程序面和副程序面分别加入圆弧过渡。方法是在该程序段加入转角 R 指令,用 R1 设定主程序面的过渡圆弧半径,用 R2 设定副程序面的过渡圆弧半径,格式如下。

G01 X＿＿＿ Y＿＿＿ R1＿＿＿ R2＿＿＿ ;
G02 X＿＿ Y＿＿ I＿＿ J＿＿ R1＿＿ R2＿＿ ;
G03 X＿＿ Y＿＿ I＿＿ J＿＿ R1＿＿ R2＿＿ ;

注意:转角 R 指令只在补偿状态(G41,G42)和锥度状态(G51,G52)下有效,如补偿和锥度都处于取消状态(G40,G50),则 R 指令无效。

① 锥度加工加入圆弧过渡,如图 2-105 所示。
② 如果 R1＝R2,则工件的上、下面插入同一圆弧,因而成斜圆柱状,如图 2-106所示。

11）工件坐标系 G54～G59

G54～G59 用于建立 6 个工件坐标系。

在采用 G92 设定起始点坐标之前,可以用 G54～G59 选择坐标系。

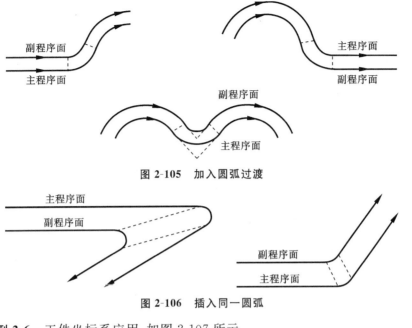

图 2-105 加入圆弧过渡

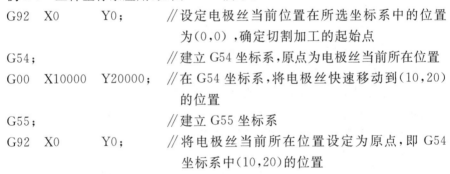

图 2-106 插入同一圆弧

例 2-6 工件坐标系应用,如图 2-107 所示。

G92　X0　　　Y0;　　　　//设定电极丝当前位置在所选坐标系中的位置
　　　　　　　　　　　　　为(0,0),确定切割加工的起始点

G54;　　　　　　　　　　//建立 G54 坐标系,原点为电极丝当前所在位置

G00　X10000　Y20000;　　//在 G54 坐标系,将电极丝快速移动到(10,20)
　　　　　　　　　　　　　的位置

G55;　　　　　　　　　　//建立 G55 坐标系

G92　X0　　　Y0;　　　　//将电极丝当前所在位置设定为原点,即 G54
　　　　　　　　　　　　　坐标系中(10,20)的位置

12) 上、下异形加工 G60,G61

根据要求可加工上面形状和下面形状不同的工件。G60 为上下异形关闭,G61 为上下异形打开。在上下异形打开时,不能用 G74、G75、G50、G51、G52 等指令代码。

上、下形状代码的区分符为":",":"左侧为下面形状,":"右侧为上面形状。

13) 四轴联动 G74,G75

G74 为四轴联动打开指令代码,G75 为四轴联动关闭指令代码。

根据所指定 X、Y、U、V 四个轴的数据,可加工上、下不同形状的工件。G74 仅支持 G01 指令

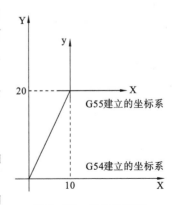

图 2-107 工件坐标系

代码,不支持的指令代码有 G02、G03、G50、G51、G52、G60、G61。

14) 接触感知 G80

利用 G80,可使电极丝从当前位置沿某个坐标轴运动,接触工件,然后停止。该指令只在"手动"加工方式时有效。

15) 半程移动 G82

利用 G82,可使电极丝沿指定坐标轴移动指令路径一半的距离。该指令只在"手动"加工方式时有效。

16) 校正电极丝 G84

G84 的功能是通过微弱放电校正电极丝,使之与工作台垂直。在加工之前,一般要先校正电极丝。此功能有效后,开丝筒、高频钼丝接近导电体会产生微弱放电。该指令只在"手动"加工方式时有效。

17) 程序暂停 M00

执行 M00 代码后,程序运行暂停,作用和单段暂停作用相同。按"Enter"键后,程序接着运行。

18) 程序结束 M02

M02 用于主程序结束,加工完毕返回菜单。M02 指令代码是整个程序结束命令,其后的指令代码将不被执行。执行 M02 代码后,所有模态代码的状态都将被复位,然后接受新的命令以执行相应的动作。也就是说上一个程序的模态代码不会对下一个执行程序构成影响。

19) 接触感知解除 M05

M05 指令代码只在本程序段有效,而且只解除一次。当电极与工件接触时,要用此指令代码才能把电极移开。如电极与工件再次接触,须再次使用 M05。

20) 子程序调用 M98、子程序调用结束 M99

格式:M98　P＊＊＊＊　L＊＊＊;

M98 指令使程序进入子程序,子程序号由 P＊＊＊＊ 给出,子程序的循环次数则由 L＊＊＊ 确定。

M99 用于结束调用子程序,是子程序的最后一个程序段。

格式:N＊＊＊＊;　　　　//子程序名称
　　　⋮　　　　　　　//子程序内容
　　M99;　　　　　　//结束调用子程序

调用子程序时,子程序号由 P 后四个数字(子程序顺序号)给出,子程序的循环次数则由 L 后三个数字确定。如果 L＊＊＊ 省略,那么此子程序只调用一次,如果为"L0",则不调用此子程序。子程序最多可调用 999 次。执行 M99 后返回主程序,继续执行主程序后面的程序。

4. 子程序

在加工中,往往有相同的工作内容,如加工相同的型面,将这些相同操作编成固定的程序,在需要的地方调用,那么整个程序将会简化和缩短,这段程序称为子程序。

以程序开始的顺序号来定义子程序。当主程序调用子程序时只需指明它的顺序号,并将此子程序当做一个单段程序来对待。

在主程序调用的子程序时,子程序还可以再调用其他子程序,其调用方式和主程序调用子程序相同。这种方式称为嵌套。

线切割机床一般会限定子程序嵌套的最大层数。

例 2-7 主程序调用子程序(以慢走丝机床自动断丝、自动穿丝为例)。

在一块 270 mm×165 mm 的方板上切割出如图 2-108 所示的长方形、三角形和圆形。其中 P1、P2 和 P3 为穿丝点,电极丝的初始坐标为(80,40)。

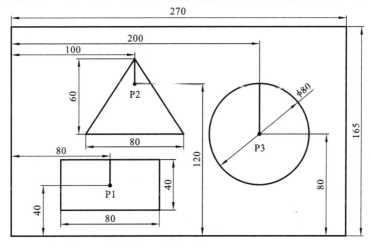

图 2-108 慢走丝连续切割多图

解 本例采用主程序调用三个子程序来完成整个零件的加工,每个子程序对应一个图形的加工,程序如下,为便于阅读,将主程序分段显示。注意程序中 M98、M99 的使用方法及其位置。

```
N0100 ;                    //主程序
G92 X80.0 Y40.0;           //设定坐标系

M98 P0101;                 //调用子程序 0101,对应穿丝点 P1
G93 X0.0 Y0.0;             //坐标平移
M50;                       //自动切断丝
G90 G00 X100.0 Y120.0;     //快速移动
M60;                       //自动穿丝

M98 P0102;                 //调用子程序 0102,对应穿丝点 P2
```

```
G93 X0.0 Y0.0;              //坐标平移
M50;                        //自动切断丝
G90 G00 X200.0 Y80.0;       //快速移动
M60;                        //自动穿丝

M98 P0103;                  //调用子程序 0103,对应穿丝点 P3
M02;                        //主程序结束
```

下面是三个子程序：

```
N0101;                      //子程序 0101
G93 X120.0 Y60.0;           //坐标原点平移到矩形的右上角处
G90 G01 Y0.0;               //绝对坐标从矩形中心到矩形上边中心处
X0.0;                       //到矩形右上角处
Y-40.0;                     //到矩形右下角处
X-80.0;                     //到矩形左下角处
Y0.0;                       //到矩形左上角处
X-40.0;                     //到矩形上边中心处
Y-20.0;                     //回到矩形的穿丝点（矩形切割的起点）
M99;                        //子程序结束返回主程序


N0102;                      //子程序 0102
G93 X100.0 Y80.0;           //坐标平移三角形底边中间处
G90 G01 Y60.0;              //到三角形顶点处
X40.0 Y0.0;                 //到三角形右下角处
Y-40.0;                     //到三角形左下角处
X0 Y60.0;                   //到三角形顶点处
Y40.0;                      //回到三角形的穿丝点（三角形切割的起点）
M99;                        //子程序结束返回主程序


N0103;                      //子程序 0103
G93 X200.0 Y80.0;           //坐标平移到圆心处
G90 G01 Y40.0;              //到圆上一点
G02 J-40.0;                 //顺时针切割圆
G01 Y0.0;                   //回到圆心处
M99;                        //子程序结束返回主程序
```

例 2-7 针对慢走丝机床,使用了自动穿丝指令 M60、自动断丝指令 M50,从中可以体会到慢走丝机床调用子程序进行自动连续加工的优点。

5. 其他指令

1) 打开液泵、关闭液泵指令 T84、T85

T84:打开液泵,使工作液从上下导丝嘴喷出。此代码在 NC 程序中应放在加工代码之前,以免在加工中由于没有及时冲液降温而断丝。

T85:关闭工作液液泵。

2) 走丝电动机启动、走丝电动机停止指令 T86、T87

T86:启动走丝电动机,使丝在走私机构上能够高速旋转。此代码在 NC 程序中应放在加工代码之前,以免在加工中丝在同一地方持续放电而烧断丝。

T87:停止走丝,使走丝电动机停止转动。

3) C 代码

格式:C＊＊＊

C 代码用在程序中选择加工条件,C 和数字间不能间隔,数字也不能省略,不够三位用"0"补齐,范围为 C000～C999。加工条件的各个参数显示在加工条件显示区域中,加工进行中可随时更改。

北京阿奇 FW 机床所用放电参数的选用一般规定如下。

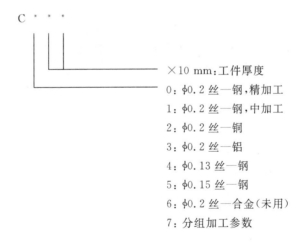

6. 代码的初始设置

有些功能的代码遇到如下情况要回到初始设置状态。

(1) 刚打开电源开关时。

(2) 执行程序中遇到 M02 指令时。

(3) 在执行程序期间按了急停键"OFF"时。

(4) 在执行程序期间,出现错误,按下了"ACK"确认键后。

要回到初始设置状态的代码和它们的初始值见表 2-7。

表 2-7　初始值及回到初始设置状态的代码

初始状态	G00		G09			G12	G22	G27
可设置的状态	G01	G02	G03	G05	G06	G07	G08	G11	G23	G26
初始状态	G40		G90		T85		T87		M09
可设置的状态	G41		G42		G91		T84		T86		M08

7. 线切割代码与数控铣代码的区别

线切割的 ISO 代码和数控铣基本相同,区别表现在以下几个方面。

(1) 加工平面设定只可能是 XY 平面,内部已设定为 G17 状态,G17 可不写。

(2) 线切割加工时没有旋转主轴,因此没有 Z 轴移动指令,也没有主轴旋转的 S 指令及 M03、M04、M05 等工艺指令。

(3) 在圆弧插补指令中,有关圆心坐标的信息只可用 I、J 格式,R 代码已被用于锥度加工中表示转角半径的信息,不再是表达圆弧插补的圆弧半径信息。

(4) F 代码用于指令每分钟的加工进给量(进给速度)。其指令单位为:米制为 0.01 mm/min,英制为 0.0001 in/min。

(5) T 代码在此不再表示刀具号。

(6) 程序中坐标地址后跟的数值,若不带小数点,则其单位为 μm,即 0.001 mm;若带有小数点,则其单位为 mm。

(7) A 为锥角,单位为度(°),采用带小数点的格式,最小单位为 0.001°。

(8) W、S、H 为切割锥度时必须给出的机床参数。

(9) E 为加工延时,单位为 ms,不带小数点,例如 E100 表示延时 100 ms。

8. 编写程序的注意事项

(1) 多轴动作时,程序段不同的写法会有不同的结果。

例如:

① G91　G00　X5000　Y15000

该程序段运行结果是 X 轴、Y 轴同时移动,分别移 5 mm,15 mm。

② G90　G00　X5000;
　　　　　　　Y15000;

该程序段运行结果是 X 轴、Y 轴按先后顺序移动 5 mm,15 mm。

两段程序对应的运动轨迹如图 2-109 所示。

(2) 在同一个程序段内不能有多个动作型的代码。

例如:

G00　X1000　G01　Y-100;

该程序段有两个动作型代码 G00、G01,故有错误。

应为:G00　X1000;
　　　G01　Y-100;

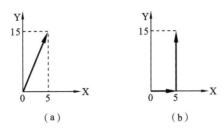

图 2-109 多轴动作顺序

(a) X、Y轴同时移动；(b) X、Y轴先后移动

(3) 在同一个程序段中不能有多个相同的轴标志。

如 G01　X1000　Y200　X400；该程序段有两个 X 轴，故有错误。

9．G 代码的类型

G 代码大体上可分为两种类型：模态、非模态。

(1) 在同一组中其他 G 代码出现前，这个 G 代码一直有效，称为模态。

(2) 只对指令所在程序段起作用，称为非模态，如 G80、G04 等。

例如：

G00　X1000；

　　Y5000；　　　　　　//G00 为模态，故此处可省掉 G00。

G01　X2000；　　　　 //G01 开始生效

模态是程序字的自保持，或者称为续效功能，即程序中的某个字一旦被指令，就始终有效，直到该字的作用被同组的其他字抵消掉为止。具有模态特性的某个字如果在前一个程序段中出现过，在后面的程序段中可以省略不写。

程序字的自保持作用使程序可以简化，既节省程序的编写和储存空间，又方便对程序的阅读和修改，可读性强。

10．线切割编程举例

例 2-8　图 2-110 所示为一落料凹模的二维图，若电极丝直径为 0.16 mm，单边放电间隙为 0.01 mm，试分别用 ISO 代码和 3B 代码编写其加工程序。

(1) 建立坐标系并按图样尺寸计算轮廓交、切点坐标、圆心坐标，确定偏移距离。

点 D（AD 弧与直线 CD 的切点）坐标计算为：(8.456,23.526)；

偏移距离：$f_凹 = r + d = 0.16/2 + 0.01 = 0.09$ mm；

(2) 选点 O 为加工起点（穿丝孔），加工顺序为：O→A→B→C→D→A→O。

(3) ISO 编程：

G92　X0　　　Y0；　　　　　　　　　　//定起点 O

G41　H90；　　　　　　　　　　　　　 //确定偏移，应放于切入线之前

G01　X0　　　Y -25000；　　　　　　　//O→A

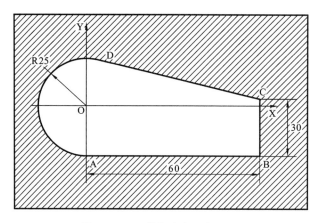

图 2-110 凹模切割加工轨迹图

```
G01   X60000   Y-25000;                        //A→B
G01   X60000   Y5000 ;                         //B→C
G01   X8456    Y23526;                         //C→D
G03   X0       Y-25000   I-8456   J-23526;     //D→A
G40 ;                                          //放于退出线之前
G01   X0       Y0;                             //回到起切点
M02 ;                                          //程序结束
```

(4) 3B 编程代码如表 2-8 所示。

表 2-8 3B 代码

程序	Bx	By	BJ	G	Z	备注
1	B	B	B 25000	GY	L3	直线 OA
2	B	B	B 60000	GX	L1	直线 AB
3	B	B	B 30000	GY	L2	直线 BC
4	B 8456	B 23526	B 51544	GX	L2	直线 CD
5	B 8456	B 23526	B 58456	GX	NR1	圆弧 DA
6	B	B	B 25000	GY	L2	直线 AO
7	D					

实训项目 角度样板的线切割加工

1. 实训目标

(1) 熟悉线切割机床的结构、组成。

(2) 重点掌握线切割机床基本操作,包括开机、关机、电极丝的选择、穿丝操作、工件的装夹和手控盒的使用。

(3) 熟悉操作面板,能正确输入 ISO 代码进行手工编程。

(4) 能够正确操作线切割机床完成角度样板零件的加工。

(5) 初步进行线切割机床的维护保养。

2. 实训任务

应用快走丝线切割机床完成如图 2-111 所示角度样板的线切割加工。

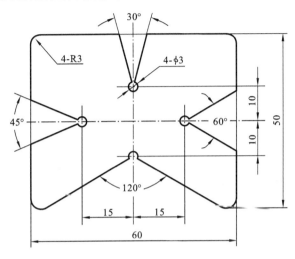

图 2-111 角度样板

角度样板是车工磨刀时所需的一个检测工具，常用于磨螺纹刀时对刀用，在同一样板上有几种角度，如图 2-112 所示。

图 2-112 几种角度样板实物图

3. 实训过程

使用北京阿奇 FW 线切割机床，或者汉川 DK7732A 线切割机床，工件毛坯尺寸 70 mm×60 mm×2 mm，材料为 45 钢薄板。

1）准备工作

（1）电极丝的选择。观察图 2-113 可知工件拐角较小，宜选用直径 ϕ0.18 mm 的钼丝，单边放电间隙 0.01 mm。

（2）夹具及工件装夹方式的选择。工件材料为 2 mm 厚的 45 钢薄板，采用压板装夹。

(3) 切割路线及进、退刀线的设计。工件的切割路线及进、退刀线的设计如图 2-113 所示,切割起点为点 A,采用顺时针切割。

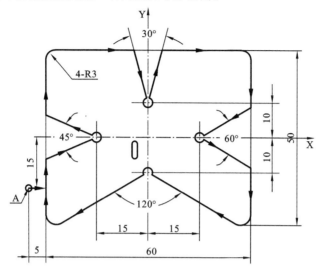

图 2-113　切割起点及切割路线设置

(4) 电极丝补偿的确定。由于采用直径为 0.18 mm 的钼丝,加工单边间隙取 0.01 mm,丝半径补偿量定为 0.1 mm。

(5) 电参数选择。高频脉冲宽度(ON)设置为 30 μs,高频脉冲停歇(OFF)设置为 150 μs。高频功率管数(IP)设置为 3,伺服速度(SV)设置为 0,停歇时间扩展(MA)设置为 10。

本加工是一次加工成形,不需要中途更换电参数。

2) 参考程序

参考程序见表 2-9。

表 2-9　参考程序

	程序内容	程序说明
N10	G92 X-35000 Y-15000	确定切割起点,设定加工坐标系
N20	G41 D100	执行电极丝半径补偿,左偏,补偿量为 0.1 mm
N30	G01 X-30000 Y-15000	切割进刀线
N30	G01 X-30000 Y-6213	切割零件
N40	G01 X-16386 Y-574	切割零件
N50	G03 X-16386 Y574 I1386 J576	切割零件
N60	G01 X-30000 Y6213	切割零件

续表

程序内容		程序说明
N70	G01 X-30000 Y22000	切割零件
N80	G02 X-27000 Y25000 I3000 J0	切割零件
N90	G01 X-4019 Y25000	切割零件
N100	G01 X-388 Y11449	切割零件
N110	G01 X4019 Y25000	切割零件
N120	G01 X27000 Y25000	切割零件
N130	G02 X30000 Y22000 I0 J-3000	切割零件
N140	G01 X30000 Y8660	切割零件
N150	G01 X16299 Y750	切割零件
N160	G03 X16299 Y-750 I-1299 J-750	切割零件
N170	G01 X30000 Y-8660	切割零件
N180	G01 X30000 Y-22000	切割零件
N190	G02 X27000 Y-25000 I-3000 J0	切割零件
N200	G01 X25981 Y-25000	切割零件
N210	G01 X1299 Y-10750	切割零件
N220	G03 X-1299 Y-10750 I-1299 J750	切割零件
N230	G01 X-25981 Y-25000	切割零件
N240	G01 X-27000 Y-25000	切割零件
N250	G02 X-30000 Y-22000 I0 J3000	切割零件
N260	G01 X-30000 Y-15000	切割零件
N270	G40	取消电极丝半径补偿
N280	G01 X-35000 Y-15000	切割退刀线
N290	M02	程序结束

3）操作步骤

按照以下9个步骤完成本任务。

（1）开机：启动机床电源进入系统。

（2）检查系统各部分是否正常，包括高频、水泵、丝筒等的运行情况。

（3）装夹并校正工件。

（4）编制、输入、检查、校验程序。

（5）移动X、Y轴坐标确定切割起始位置。

(6) 启动机床加工,根据加工要求调整加工参数。加工参数选择如下。

高频脉冲宽度(ON)设置为 30 μs,高频脉冲停歇(OFF)设置为 150 μs。高频功率管数(IP)设置为 3,伺服速度(SV)设置为 0,停歇时间扩展(MA)设置为 10。

(7) 监控机床运行状态,如发现工作液循环系统堵塞应及时疏通,及时清理电蚀产物,但是在整个切割过程中,均不宜变动进给控制按钮。

(8) 加工完毕,卸下工件并进行检测。

(9) 清理机床并打扫车间卫生。

4) 检查评估

(1) 工件正式加工前,必须再次仔细检查程序及补偿值是否正确,确保工件正确加工。

(2) 加工过程中,注意检查工作液的流量是否合适,一般要求上方喷嘴工作液能包住钼丝,下方喷嘴工作液能喷到工件底面。

(3) 加工过程中,注意工作液是否堵塞,注意及时补充工作液。

(4) 对工件尺寸精度进行评估,找出尺寸误差是机床因素还是测量因素,为工件后续加工时尺寸精度控制提出解决办法或合理化建议。

(5) 对工件的加工表面质量进行评估,找出表面质量缺陷的原因,提出解决方法。

(6) 回顾整个加工过程,是否有需要改进的操作。

4. 相关知识、经验、技巧

1) 电极丝材料与直径的选择

快走丝机床一般采用钼丝,其直径在 0.08～0.20 mm 范围内,一卷钼丝总长度为 1800～2000 m。电极丝直径应根据工件加工的切缝宽窄、工件厚度及拐角圆弧尺寸大小等方面选择。当工件较厚且外形较简单时,宜选用直径较粗(ϕ0.16 mm 以上)的电极丝;而当工件厚度较小且形状较复杂时,宜选用较细(一般取ϕ0.10～0.12 mm)的电极丝。注意所选用的电极丝应在有效期(通常为出厂后一年)内,过期的电极丝因表面氧化等原因,加工性能下降,不宜用于正式工件的加工。

2) 穿丝时要注意的问题

(1) 电极丝要保持一定的张力。穿丝过程中要用手扶住钼丝轮保持一定的张力,没有张力容易造成丝筒乱丝和丝滑出导轮。

(2) 电极丝一定要装入导轮。装好的钼丝应该嵌入导轮,避免钼丝与机架发生摩擦磨损,否则对机架造成损伤,同时会降低钼丝的使用寿命。

(3) 要有足够的丝长。线切割加工中丝筒作往复运动,丝筒穿丝宽度至少应大于丝筒宽度的二分之一。

(4) 保持丝与工作台垂直。电极丝缠绕并张紧后,应校正电极丝对工作台的垂直度。在生产实践中,大多采用简易工具进行调整,如直角尺、圆柱尺或规则的六面体,以工作面(或放置其上的夹具工作台)为检验基准,目测电极丝与工具表面的间隙上下是否一致,调整至间隙上下一致为止。

(5) 丝装好后要重新张紧。线切割机床都有钼丝张紧装置,加工之前要用手轮对丝拉紧。

3) 编程时程序起点、进刀线和退刀线的选择

(1) 程序起点的选择。程序起点一般也是切割的起点。由于加工过程中存在各种工艺因素的影响,钼丝返回到起点时必然存在重复位置误差,造成加工痕迹,使精度和外观质量下降,为了避免或减小加工痕迹,程序起点应按下述原则选定。

① 被切割工件各表面的粗糙度要求不同时,应在粗糙度要求较低的面上选择起点。

② 工件各表面的粗糙度要求相同时。则尽量在截面图形的相交点上选择起点。当图形上有若干个相交点时,尽量选择相交角较小的交点作为起点。当各交角相同时,起点的优先选择顺序是:直线与直线的交点→直线与圆弧的交点→圆弧与圆弧的交点。

③ 对于工件各切割面既无技术要求的差异又没有型面的交点的工件,程序起点应尽量选择在便于钳工修复的位置上,如外轮廓的平面、半径大的弧面。要避免选择在凹入部分的平面或圆弧上。

(2) 选择进刀线和退刀线应注意以下几点。

① 进刀线和退刀线不与第一条边重合。

② 进刀线和退刀线不能与第一条边夹角过小或距离过小。

③ 进刀线和退刀线最好在通过工件的中心线上。

④ 带补偿时,应从角平分线进刀。

5. 安全注意事项

(1) 工作台架范围内,不允许放置杂物。

(2) 注意电极丝要与导电块接触要良好。

(3) 注意不要损坏有机玻璃罩。

(4) 合理配制工作液,以提高加工效率及表面质量,注意及时补充工作液。

(5) 切割时,注意控制喷嘴流量不要过大,以防飞溅。

(6) 摇柄使用后应立即取下,避免事故的发生。

(7) 工作液箱中过滤网应每月清洗一次。

(8) Z轴调整:大行程时,需先抽去丝。

(9) 对于加工质量要求高的工件,在进行正式切割前,最好进行试切。试切的材料应该为拟切工件的材料,经过试切可以确定加工时的各种参数。

(10) 装夹工件不许使用加力杆,加工时工件不受宏观切削力,不需要太大的夹紧力,因此把工件夹紧就行。

(11) 装夹工件应充分考虑装夹部位和穿丝进刀位置,保证切割路径通畅。

（12）切割时要随时观察运行情况，排除事故隐患。

（13）工作过程中，如发生故障，应立即切断电源，请专门维修人员处理。

（14）严禁超重或超行程加工。

（15）下班前关闭所有电源开关，并清扫机床及实训车间，关闭照明灯及风扇方可离开。

拓展阅读　高频电源参数的设置

在电火花放电过程中，脉冲电压是产生放电的必要条件，而高频电源就是产生脉冲电压的一个大功率高频脉冲信号源，是数控线切割机床中的一个重要组成部件。

不同的线切割机床，控制面板上参数的名称有差异，但基本含义相同，脉冲宽度、脉冲间隔等电参数的调节原则一致。一般来说，工件越厚，加工所用的电压就应越高，加工电流应越大，脉冲宽度、脉冲间隔也越大。脉冲宽度与脉冲间隔的比例（占空比）一般为4∶1为好。功放管不要开得太多，否则容易烧钼丝，虽然加工速度慢一些，但钼丝的使用寿命会较长。

影响加工效率的直接因素是单个脉冲能量、脉冲的个数和脉冲利用率。影响粗糙度的直接因素是单个脉冲放电造成蚀坑的大小，加工稳定性造成的烧伤或短路痕迹和钼丝换向条纹。参数设置对加工效率起决定作用，也影响加工稳定性，但对换向条纹则基本不起作用。

电参数的设置有以下几条原则。

（1）进给速度选择。在确定电压、幅度、脉宽、间隔后，先用人为短路的办法测出短路电流值，再开始切割，然后不断调节控制器的变频挡位和跟踪旋钮，使加工电流达到短路电流的70%~75%为最佳。

测短路电流值的方法：用较粗导线短路高频输出端（连接导电块与工作台），开高频电源，开丝筒电动机，开控制器高频控制开关，观察高频电源电流表的指示值。

（2）脉冲宽度的选择。脉宽宽时，放电时间长，单个脉冲的能量大，加工稳定，切割效率高，但表面粗糙度较差。反之，脉宽窄时，单个脉冲的能量小，加工稳定性较差，切割效率低，但表面粗糙度较好。

（3）脉冲间隔的选择。工件较厚时，适当加大脉冲间隔，以利排屑，减少切割处的电蚀污物，可使加工稳定，并减少断丝概率。调节脉冲间隔同时观察电流表指针，电流变小表示脉冲间隔增大，电流变大表示间隔变小。

（4）各个状态的切换尽量在丝筒换向或关断高频时进行，且不要单次大幅度调整状态，以免断丝。

（5）新换钼丝刚开始切割时，加工电流选择正常切割电流的1/3~2/3，经10多分钟切割后，调至正常值，以延长钼丝使用寿命。

（6）改变功率管的使用数量、脉冲宽度、脉冲间隔都会改变加工电流的大小。功率管数选得越多，加工电流就越大，加工速度也就快一些，但在同一脉冲宽度下，加工电流越大，表面粗糙度也就越差。

实际加工中，钼丝直径一定时，在遵循以上原则的基础上，还要根据工件的厚度调整电压、电流、脉冲宽度、脉冲间隔等参数，可在机床说明书所给数据的基础上摸索积累经验值。

厚度在 40 mm 以下的钢，一般情况下参数随便设置都能切，脉宽大，电流大就能快一些，反之就慢一些而光洁度好一点，是典型的反向互动特性。

厚度在 40～100 mm 之间的钢，就一定要有大于 20 μs 的脉宽和大于 6 倍脉宽的间隔，峰值电流也一定达到 12 A 以上，这是为保证有足够的单个脉冲能量和足够排出蚀物的间隔时间。厚度在 100～200 mm 之间的钢，就一定有大于 40 μs 的脉宽和大于 10 倍脉宽的间隔，峰值电流应维持在 20 A 以上，此时保证足够的火花爆炸力和蚀除物排出的能力已是至关重要了。厚度为 200 mm 以上的钢，已达到大厚度切割的范围，此时，除丝速、工作液的介电系数必备条件外，最重要的条件是让单个脉冲能量达到 0.15 J，比如可选参数为 100 V，25 A，60 μs，或者 100 V，30 A，50 μs，或者 125 V，30 A，40 μs，或者 125 V，40 A，30 μs。为不使丝的载流量过大，12 倍以上的脉冲间隔是必须条件。

对一些特殊的材料，脉冲参数还应做相应的调整，如本身电导率低的氧化铝、氧化硅等导电陶瓷材料，单晶硅、聚晶金刚石等晶体材料和磁性材料等，只有把脉冲幅值提高到 120～150 V 甚至 200 V，对保持加工稳定和消除短路才是有效的。当然同时要提高取样电压和短路识别的标准。

任务 7　掌握线切割自动编程与加工

知识点 1

线切割自动编程

1. 自动编程概述

人工编程通常是根据图样把图形分解成直线段和圆弧段，并需把每段的起点、终点、中心线的交点、切点的坐标一一定出，按这些点的坐标值进行编程。当零件的形状比较复杂或具有非圆曲线时，人工编程的工作量大，容易出错，甚至无法实现。

自动编程常采用图形输入方式，根据工件图样输入图形及尺寸，通过线切割自动编程软件处理后得到所需要的加工代码。一般分为三个步骤：绘制零件图、设置工艺参数和生成电极丝轨迹、生成数控加工程序。

工作图形可在屏幕上显示,大部分系统都能输出 3B、4B 或 ISO 代码,同时把程序直接传输到线切割控制器中。

自动编程软件一般具有以下功能。

(1) 可通过计算机等绘制工件的图形。复杂零件的图形可先用 CAD 绘制,然后将图形转入编程系统。

(2) 切割路径生成后可进行轨迹模拟加工。

(3) 生成数控程序时,选用不同的后处理器可分别生成 ISO 代码或 3B 程序。

(4) 对于多孔的工件,为保证孔距,可用跳步功能。

生产实践中多采用自动编程加工。

2. 常用的自动编程软件

线切割软件种类很多,快走丝机床上最常用的是 CAXA 及 TurboCAD,还有 Ycut、YH 等;中走丝主要用 HF;慢走丝则多用 Twincad、Presscad、MasterCAM Wire V9.0。其他还有 Heart NC、Cimatron 线切割软件 Fikus,以及 Esprit、UTY 等。

1) CAXA 线切割 V2 版

CAXA 线切割可以完成绘图设计、加工代码生成、连机通信等功能,集图样设计和代码编程于一体。CAXA 线切割针对不同的机床,可以设置不同的机床参数和特定的数控代码程序格式,同时还可以对生成的机床代码的正确性进行校核。丰富的后置处理能力,可以满足国内外任意机床对代码的要求。兼容国内其他的软件的数据,可直接读取任意软件生成的 EXB、DWG、DXF、IGES 等图形数据,不管用户的数据来自何方,均可轻易实现数据转换,完成加工编程,生成加工代码。可以将计算机与机床直接连机,将加工代码发送到机床的控制器。软件提供了多种通信方式,以适应不同类型机床的要求。

缺点:锥度切割较差;只可以编程,不能控制线切割机床。

2) HL 线切割编控软件

HL 线切割编控软件全中文提示;可一边加工,一边进行程序编辑或模拟加工;可同时控制多达四部机床做不同的工作;采用大规模 CMOS 存储器来实现停电保护;系统接入客户的网络系统,可在网络系统中进行数据交换和监视各加工进程;图形显示加工进程,并显示相对坐标 X、Y、J 和绝对坐标 X、Y、U、V 等变化数值;锥度加工应用了四轴/五轴联动的技术,有上下异形和简单输入角度两种锥度加工方式,可对基准面和丝架距作精确的校正计算,导轮切点补偿,使大锥度切割的精度大大优于同类软件;兼容 Autop、Towedm。

3) YH 线切割编控软件

YH 是建立在 PC-DOS 平台上,集先进的计算机图形、编程及 ASIC 技术为一体的五轴快走丝高级编程软件。该软件采用先进的计算机图形和数控技术,集控制、编程为一体。

YH 系统采用双 CPU 结构,采用 ISO G 指令,兼容 3B 代码,五轴控制,可以实现 X、Y、U、V 之间的四轴联动及 X、Y、Z 之间的三轴联动方式。

YHC 8.0 版加入了多次切割控制功能(中走丝控制功能),只要读入工件标准尺寸的加工代码,一次设定,切割的高频及补偿参数后,系统可自动生成加工代码。

4) HF 线切割编控软件

HF 具有如下优点:在 DOS 和 Windows 系统下都能可靠运行,具有控制的实时性和数据的安全性;两种控制卡(ISA/PCI),适应各种档次计算机;HF 系统具有四轴联动控制,上下异形面加工;全绘图式自动编程,加工时可编程;AutoCAD、Autop 数据接口;加工轨迹,加工数据实时跟踪显示;停电记忆,上电恢复加工;先进、简便、实用的无绳遥控盒功能;两种不同的加工方式让用户极易个性选择和扩大加工对象;编程控制一体化。

多次切割是未来线切割加工的顶尖发展方向。HF 支持多次切割,每一遍割完时可自动延时(任意定义延时时间,让丝速达到匀速)。凹模第一遍切割完成自动暂停功能(以方便落料)。留刀长度自定义设置。实现系统参数化控制脉宽、脉间、功率、变频、丝速。

5) KS 线切割编程系统

KS 线切割编程系统基于 Windows 平台,完全兼容于经典的线切割编程软件 Autop 和 Towedm,是真正的 WinAutop 软件。

KS 支持图层,可以标尺寸,支持 1∶1 打印,支持后台联机,联机作图两不误。支持代数式输入,数据输入时可方便使用加减乘除、乘方及常用三角函数。具备完备的数据接口功能,可直接打开 CAD(Dxf)和流行线切割软件 Autop、Towedm、YH、PM-A95 等的数据文件。

缺点:只可以编程,不可以控制线切割机床。

3. CAXA 线切割 V2 版使用方法

众多国产线切割机床使用了 CAXA 线切割软件。

1) 界面及画图工具介绍

V2 版主界面如图 2-114 所示。其图形绘制快捷图标包括点、直线、圆弧、组合曲线、二次曲线、等距线。可对曲线进行裁剪、过渡、平移、缩放、阵列等几何变换;高精度列表曲线采用了国际上 CAD/CAM 软件中最通用、表达能力最强的 NURBS 曲线,可以随意生成各种复杂曲线,并对加工精度提供了灵活的控制方式。增添了齿轮和花键两个实用的零件设计模块,可解决任意参数的齿轮加工问题,输入任意的模数、齿数等齿轮相关参数,由软件自动生成内齿轮、外齿轮、花键的加工代码。

2) CAXA 线切割软件菜单栏

(1) "文件"菜单主要是进行文件的建立、打开、保存等操作,其中数据接口包括各种格式图形读入和输出,方便在不同绘图软件间进行数据共享,如图 2-115

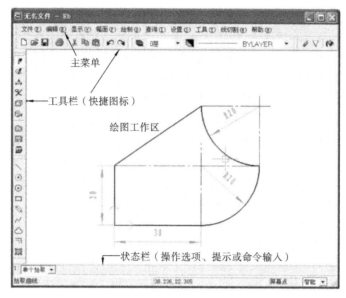

图 2-114　CAXA 线切割 V2 版主界面

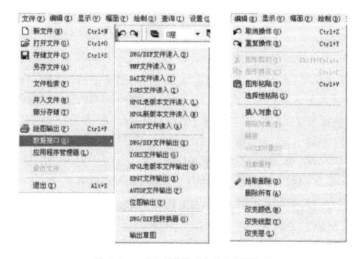

图 2-115　"文件"菜单与"编辑"菜单

所示。

（2）"编辑"菜单主要进行常规的复制、粘贴、删除、修改等操作，如图 2-116 所示。

（3）"显示"菜单用于对窗口进行缩放、移动等操作，以使图形便于观察或操作，如图 2-116 所示。

（4）"幅面"菜单主要用于设置图样的大小、方向、图框、标题栏等。该菜单中多数都还有子菜单，如图 2-116 所示。

（5）"绘制"是绘图最重要的菜单，各种形状绘制和编辑都在里面。如图

图 2-116 "显示"菜单与"幅面"菜单

2-117 所示是其下拉菜单和子菜单。

图 2-117 "绘制"菜单

(6)"查询"菜单用于检查某图素的几何数据,如图 2-118 所示。

图 2-118 "查询""设置""工具""线切割"菜单

(7)"设置"菜单用于配置操作环境、绘图参数等,如图 2-118 所示。

(8)"工具"菜单是辅助操作,如图 2-118 所示。

(9)"线切割"菜单是该软件的又一重要菜单,包含了线切割所需功能,如图 2-118 所示。

3) CAXA 线切割绘图实例

例 2-9 绘制如图 2-119 所示工件。

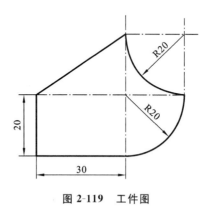

图 2-119 工件图

解 第一步,先进行必要的设置,如图 2-120 所示。然后画长度为 30 的直线 OA,如图 2-121 所示。

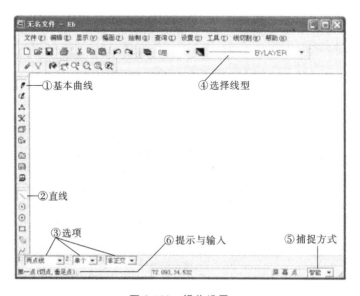

图 2-120 操作设置

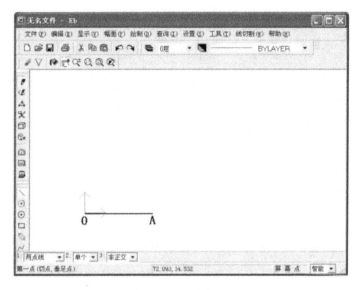

图 2-121　画线段 OA

第二步，画长度为 20 的直线 OD，如图 2-122 所示。

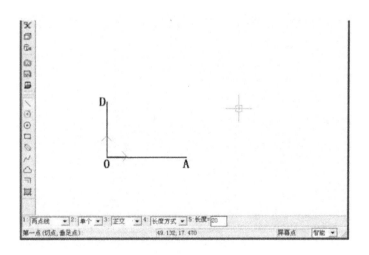

图 2-122　画线段 OD

第三步，画圆弧，选择"绘制"→"基本曲线"→"圆弧"，画出圆弧 AB，如图 2-123 所示。

第四步，以类似的方法画出第二条圆弧 BC，如图 2-124 所示。

第五步，画最后一条线 CD，如图 2-125 所示。

至此，绘图完成。

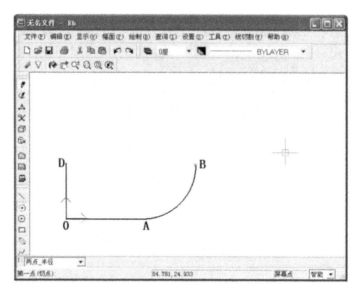

图 2-123　画圆弧 AB

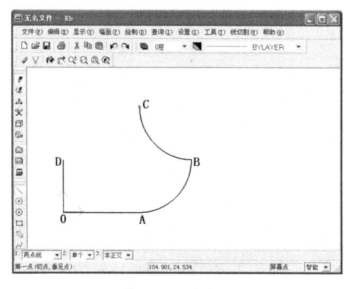

图 2-124　画圆弧 BC

4）生成加工轨迹实例

生成加工轨迹的步骤如下。

第一步：绘制或导入零件图。

第二步：选择"线切割"→"生成轨迹"，弹出如图 2-126 所示的对话框。此对话框是一个需要用户填写的参数表，参数表的内容包括"切割参数""偏移量/补

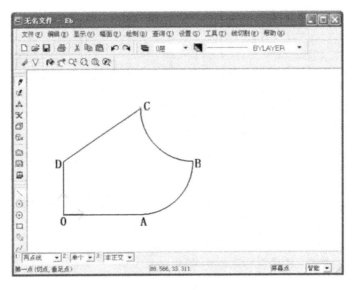

图 2-125　连接线段 CD

偿值"两项。切割参数的设置包括:切入方式、圆弧进退刀、加工参数、补偿实现方式、拐角过渡方式、样条拟合方式。偏移量/补偿值设置如图2-127所示。

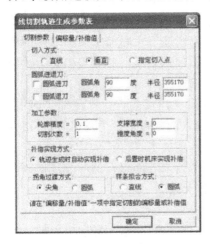

图 2-126　"切割参数"选项卡

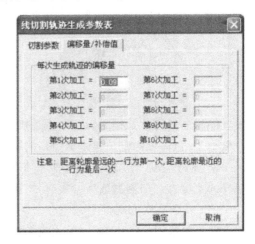

图 2-127　"偏移量/补偿值"选项卡

各种参数的含义如下。

(1) 切入方式,如图 2-128 所示。

直线方式:电极丝直接从穿丝点切入到加工起始段的起始点,起始段两个端点哪一个是起始点,与是采用顺时针切割还是逆时针切割有关。

垂直方式:电极丝从穿丝点垂直切入到加工起始段,以起始段上的垂点为加工起始点。当在起始段上找不到垂点时,电极丝直接从穿丝点切入到加工起始段的起始点,此时等同于直线方式切入。

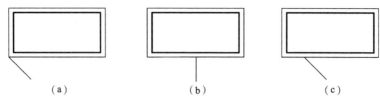

图 2-128 切入方式

(a) 直线切入;(b) 垂直切入;(c) 指定切入点

指定切入点方式:电极丝从穿丝点切入到加工起始段,以指定的切入点为加工起始点。

(2) 圆弧进退刀。此参数来自数控铣削加工,线切割时不用,使用默认值即可。

(3) 加工参数。

① 切割次数。加工工件次数,最多为 10 次。

② 轮廓精度。轮廓有样条时的离散误差,对由样条曲线组成的轮廓系统将按给定的误差把样条离散成直线段或圆弧段,用户可按需要来设置加工的精度。

加工误差与步长:加工轨迹和实际加工模型的偏差就是加工误差。用户可以通过设置加工误差来控制轮廓加工的精度。用户给出的加工误差是加工轨迹同加工模型之间的最大允许偏差,系统保证加工轨迹与实际加工模型之间的偏差不大于加工误差。如图 2-129 所示为误差与步长。

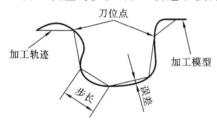

图 2-129 误差与步长

③ 锥度角度。进行锥度加工时,电极丝倾斜的斜度就是锥角角度。系统规定,当输入的锥角角度为正值时,采用左锥角加工;当输入的锥角角度为负值时,采用右锥度加工。

④ 支撑宽度。进行多次切割时,每行轨迹的始末点间保留的一段没切割的部分的宽度。当切割次数为一次时,支撑宽度值无效。

(4) 补偿实现方式。

轨迹生成时自动实现补偿:生成的轨迹直接带有偏移量,实际加工中即沿该轨迹加工。

后置时机床实现补偿:生成的轨迹在所要加工的轮廓上,通过在后置处理生成的代码中加入给定的补偿值来控制实际加工中所走的路线。

(5) 拐角过渡方式。

尖角:在轨迹生成过程中,轮廓的相邻两边需要连接时,各边在端点处沿切线延长后相交形成尖角,以尖角的方式过渡,如图 2-130(a) 所示。

圆弧:在轨迹生成过程中,轮廓的相邻两边需要连接时,以插入一段相切圆弧的方式过渡连接,如图 2-130(b) 所示。

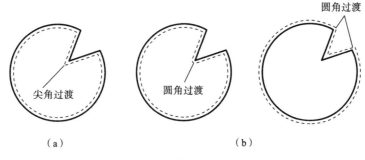

图 2-130 拐角过渡方式
(a) 尖角过渡；(b) 圆弧过渡
注：实线表示零件轮廓；虚线表示加工轨迹

(6) 拟合方式。加工不规则曲线时，需将该曲线拆分成多段短线进行拟合，拟合方式有两种。

① 直线拟合。用直线段对不规则曲线进行拟合。

② 圆弧拟合。用圆弧段对不规则曲线进行拟合。

两种方式比较，圆弧拟合方式具有精度高、代码数量少的优点。

(7) 偏移量/补偿值。每次切割所用的偏移量或补偿值在"偏移量/补偿值"选项卡中指定。当采用轨迹生成实现补偿的方式时，指定的是每次切割所生成的轨迹距轮廓的距离；当采用机床实现补偿时，指定的是每次加工所采用的补偿值，该值可能是机床中的一个寄存器变量，也可能就是实际的偏移量，要看实际情况而定。

对话框内共显示了 10 次可设置的偏移量或补偿值，但并非每次都需设置，如：切割次数为 2 时，就只需设置两次的偏移量或补偿值，其余各项均无效。

注意：对以下几种加工条件的组合，系统不予支持。

(1) 多次切割(切割次数大于1)，锥度角大于零，且采用轨迹生成时实现补偿。

(2) 多次切割，锥度角大于0，支撑宽度大于零。

(3) 多次切割，支撑宽度大于零，且采用机床补偿方式。

第三步：拾取轮廓，如图 2-131 所示。

在确定加工的偏移量后，系统提示拾取轮廓。此时可以利用轮廓拾取工具菜单，线切割的加工方向与拾取的轮廓方向相同。

第四步：选择加工侧边，即选择补偿方向，如图 2-132 所示，选择电极丝偏移的方向。生成的轨迹将按这一方向自动实现补偿，补偿量即为指定的偏移量加上加工参数表里设置的加工余量。

第五步：选择穿丝点(起丝点)与结束点，生成加工轨迹，如图 2-133 所示。

指定穿丝点位置及最终切到的位置。

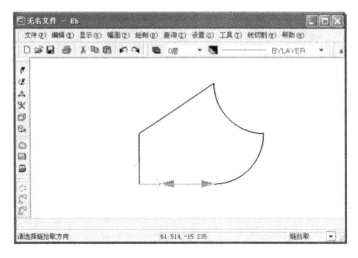

图 2-131　拾取轮廓选择加工方向

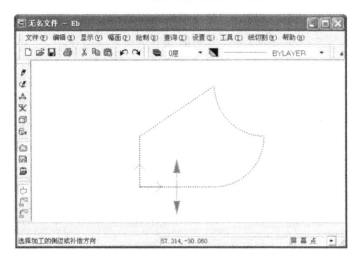

图 2-132　选择补偿方向

至此,轨迹生成。

5）轨迹仿真

仿真是对已有的加工轨迹进行加工过程模拟,以检查加工轨迹的正确性。对系统生成的加工轨迹,仿真时用生成轨迹时的加工参数,即轨迹中记录的参数;对从外部反读进来的刀位轨迹,仿真时用系统当前的加工参数。

点"线切割"→"轨迹仿真"后,拾取已定义的切割轨迹,系统将会产生用一根电极丝沿切割轨迹路线移动而进行加工仿真的效果。

轨迹仿真分为连续仿真和静态仿真。仿真时可指定仿真的步长,用来控制仿真的速度。当步长设为 0 时,步长值在仿真中无效;当步长大于 0 时,仿真中每一个切削位置之间的间隔距离即为所设的步长。

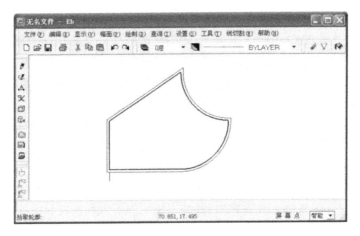

图 2-133 加工轨迹

连续仿真:仿真时模拟动态的切割加工过程。

静态仿真:显示轨迹各段的序号,且用不同的颜色将直线段与圆弧段区分开来。

6)代码生成及校核

(1)代码生成。结合特定机床把系统生成的加工轨迹转化成机床代码指令。生成的指令可以直接输入数控机床用于加工。

当轨迹生成后,点"线切割"→"生成 3B 代码"(或 G 代码/HPGL→生成 G 代码),输入程序文件名称(默认后缀名,.3B、.4B、.ISO 分别对应于 3B 格式、4B 格式和 G 代码格式),再点选欲生成代码的轨迹,回车,即可弹出一个打开的记事本文件,其内容就是相应的代码,如图 2-134 所示,文件名为 123。

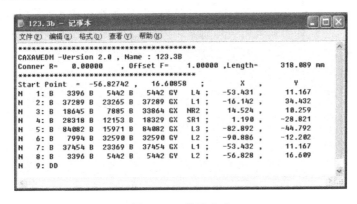

图 2-134 代码生成

程序最后一行的 DD 为停机码,由系统自动添加,可修改。

(2)校核代码。

校核代码分校核 G 代码和 B 代码。

① 校核 G 代码。校核 G 代码就是把生成的 G 代码文件反读进来,生成加工轨迹,以检查生成的 G 代码的正确性,如果反读的代码文件中包含圆弧插补,需用户指定相应的圆弧插补格式,否则可能得到错误的结果。若后置文件中坐标输出格式为整数,且机床分辨率不为 1 时,反读的结果是不对的,也就是说系统不能读取坐标格式为整数且分辨率为非 1 的情况。

校核时,选取"校核 G 代码"选项,弹出对话框,选取需要校核的程序文件,系统立即生成加工轨迹。

② 校核 B 代码。把生成的 3B、4B/R3B 代码文件反读进来,生成线切割加工轨迹,以检查生成的 3B、4B/R3B 代码的正确性。

③ 查看/打印代码。查看代码:查看已生成加工代码文件的内容或其他文件的内容,可在选择文件对话框中选择要查看的文件类型,确定后系统将在记事本中显示出该文件的内容。

打印代码:选择记事本"文件"菜单中的"打印"菜单项将已生成的加工代码文件通过 Windows 下安装的打印机打印出来。

7)生成跳步轨迹

若工件上有多个待加工部位,可使用"轨迹跳步"功能实现连续加工。方法是顺序拾取多个待加工轨迹,如图 2-135 所示,CAXA 会按拾取顺序在各个轨迹间自动生成跳步线,被拾取的多个轨迹将被连接成一个完整的轨迹,如图 2-136 所示,图中的轨迹跳步就是跳步线。跳步线连接各个穿丝点,加工完前一个轨迹后电极丝将沿跳步线自动移至下一个穿丝点(注:实际上是工件在做相对运动)。

使用"跳步轨迹"的好处是有利于保证同一工件不同加工部位之间的相对位置精度。

如图 2-136 所示的工件实际上不能连续切割,否则会将工件切断,需在每段轨迹的程序后面设置暂停指令 D,割完一个部位后自动暂停,操作者把丝拆下来,跳步移到下一个部位,再穿丝切割。因此,生成代码时应根据实际情况对程序进行修改。

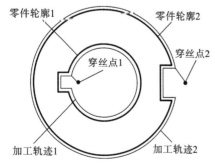

图 2-135 两个待加工轨迹

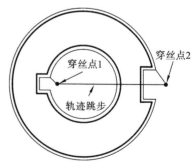

图 2-136 生成跳步加工轨迹

还要注意,使用"轨迹生成-轨迹跳步"功能,用跳步线将多个轨迹连成一个轨迹时，系统中只保留第一条轨迹的加工参数，比如，若各轨迹的加工锥度不同，生成的加工代码中只有第一条轨迹的锥度角度，此时需要在代码中进行手动修改。

不使用"轨迹生成-轨迹跳步"功能也可实现各个轨迹的连续加工，方法是，先独立生成各个加工轨迹，然后点击"生成加工代码"，此时再顺序拾取各个加工轨迹，系统会按拾取的先后顺序自动添加跳步信息并生成连续加工代码。与"轨迹生成-轨迹跳步"功能相比，用这种方式实现跳步，各轨迹仍然能保持相对独立，即各轨迹当中仍可保存不同的加工参数。建议使用这种方法。

8）**取消跳步**

选择"取消跳步"功能后，拾取跳步加工轨迹，系统将取消轨迹中的跳步线，将一个轨迹分解成多个独立的加工轨迹。

9）**查询切割面积**

系统根据加工轨迹和切割工件的厚度自动计算实际的切割面积。切割面积计算公式为

$$切割面积 = 轨迹长度 \times 工件厚度$$

操作说明：单击"查询切割面积"按钮，依照系统提示拾取需要计算的加工轨迹并给出工件厚度，确认后系统会自动计算实际的切割面积，如图 2-137 所示。

图 2-137　查询切割面积

拓展阅读　CAXA 线切割的后置处理

当前大多数线切割机床自带有自动编程软件，由这些软件自动生成的加工代码能完全符合机床的要求，不需做任何后置处理（生产厂家已经替我们完成了这方面的工作），可直接用于加工。但在生产实践中，有时不是在线切割机床上现场绘图编程，而是读入其他 CAD 软件生成的图形数据或图像扫描数据，或者在计算机上编好程序然后传输至机床，这时就需要对程序做一些后置处理。

后置处理就是根据机床的具体要求，对已经生成的程序作一些适当的修改，包括机床设置及其他后置设置。

1. 机床设置

机床设置就是指针对不同机床，不同数控系统，设置特定的数控代码、数控程序格式及参数，并生成配置文件。生成数控程序时，系统根据该配置文件定义

生成用户所需要的特定代码格式加工指令。

如图 2-138 所示的"机床类型设置"对话框中,用户在"机床名"一栏输入新的机床名,或选择一个已存在的机床进行修改,然后点"增加机床"按钮,给定机床名称,然后点"确定";也可以先点击"增加机床",输入名称然后点击"确定",再输入各个参数。这样在以后只要直接选好对应的机床,程序输出时就可按已定义的格式生成 G 代码。

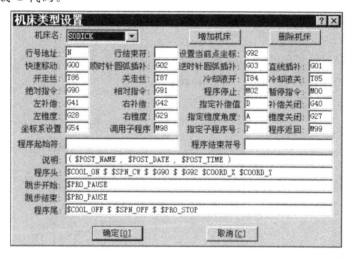

图 2-138 机床类型设置

1) 设置参数的含义

下面选择介绍其中的几个参数。

(1) 行号地址。行号地址即程序段号、顺序号,多数系统以 N 加上数字表示,也有的以 O 加上数字表示,在此处应写明。

(2) 行结束符。系统不同,程序段结束符一般不同。多数系统以";"作为结束符,有些系统以"*"或"#"等作结束符,在此处应写明。

(3) 开、关走丝指令。开、关走丝指令使用 T 指令或 M 指令,但不同机床使用的指令是不同的,在此处应写明。

(4) 冷却液开、关指令。冷却液开、关指令使用 T 指令或 M 指令,但不同机床使用的指令是不同的,在此处应写明。

(5) 说明。说明部分是为了管理的需要而设置,包括与此程序对应的零件名称、编写日期和时间等信息。

(6) 程序头、尾。对特定的机床来说,其数控程序的开头部分都是固定的,包括一些机床信息,如机床回零、工件零点设置、走丝开、冷却液开等。

(7) 跳步。跳步开始及跳步结束指令由用户根据机床设定。

2) 设置方式

设置方式有字符串或宏指令@字符串或宏指令等。

说明：

(1) 宏指令为：$＋宏指令串。

系统定义的宏指令串有：

当前 X 坐标值 COORD_X

当前 Y 坐标值 COORD_Y

当前后置文件名 POST_NAME

当前日期 POST_DATE

当前时间 POST_TIME

当前程序号 POST_CODE

（以下宏指令内容与 2 中的设置内容一致）

行号指令 LINE_NO_ADD

行结束符 BLOCK_END

速度指令 FEED

快速移动 G0

直线插补 G1

顺圆插补 G2

逆圆插补 G3

绝对指令 G90

相对指令 G91

设置当前点坐标 G92

补偿取消 DCMP_OFF

左补偿 DCMP_LFT

右补偿 DCMP_RGH

坐标设置 WCOORD

开走丝 SPN_CW

关走丝 SPN_OFF

冷却液开 COOL_ON

冷却液关 COOL_OFF

程序停止 PRO_STOP

程序暂停 PRO_PAUSE

左锥度 ZD_LEFT

右锥度 ZD_RIGHT

关闭锥度 ZD_CLOSE

例如：

直线插补指令内容为 G01,那么＄G1 的输出结果为 G01。

同样,＄COOL_ON 的输出结果为 T84,＄PRO_STOP 为 M02,并依此

类推。

(2) @字符为换行标志。

(3) 若是字符串则输出它本身。

(4) ＄字符为输出空格。

例如：

＄COOL_ON@＄SPN_CW@＄G90＄＄G92＄COORD_X＄COORD_Y@G41H01

在后置文件中的输出内容为

T84

T86

G90 G92X10.000Y20.0000

G41H01

G 代码程序示例：

％ 程序起始符号

(1.ISO,1998.7.1,14:45:40.95)　　　　　//程序说明

N10 T84;

N12 T86;

N14 G90 G92X3.205Y-63.032;　　　　　//程序头

N16 G01Y-47.858;

N18 Y-32.685;

N20 X52.349;

N22 G03X52.449Y-32.585I0.000J0.100;

N24 G01Y28.311;

N26 G03X52.349Y28.411I-0.100J0.000;

N28 G01X-45.405;

N30 G03X-45.505Y28.311I0.000J-0.100;

N32 G01Y-32.585;

N34 G03X-45.405Y-32.685I0.100J0.000;

N36 G01X3.205;

N38 Y-63.032;　　　　　//程序

N40 T85 T87 M02;　　　　　//程序尾

％ 程序结束符号

总之，对不同的机床均应根据其说明书进行具体设定。

2. 后置处理设置

后置处理设置就是针对特定机床，结合已经设置好的机床配置，对后置输出的数控程序格式，如程序段号、程序大小、数据格式、编程方式、圆弧控制方式等

进行设置。

本功能可以设置缺省机床及 G 代码输出选项,机床名称选择已存在的机床名作为缺省机床,也可以点"机床名"后面的三角符号进行选择,如图 2-139 所示。

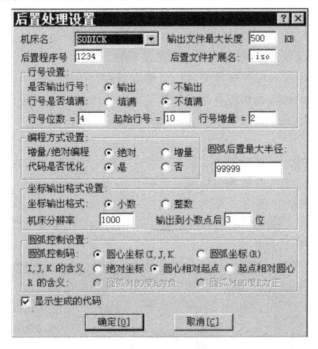

图 2-139　后置设置

下面选择介绍其中的几个参数。

(1) 输出文件最大长度。可以对程序大小进行控制,以 K 为单位。当输出代码文件大于规定的长度时,系统会将其自动分割。例如,当输出 G 代码文件 a.cut 超过规定的长度时,系统将其分割为 a0001.cut、a0002.cut、a0003.cut 等。

(2) 后置程序号、后置文件扩展名。后置程序号记录后置设置的程序名称,用一个程序来记录这些设置,以便用户日后使用。文件的扩展名是所生成的数控程序的扩展名,有的机床不要求有扩展名。

(3) 机床分辨率。是指机床的加工精度,如果机床精度为 0.001 mm,则分辨率设置为 1000,以此类推。

(4) 圆弧控制设置。主要设置控制圆弧的编程方式,即采用圆心坐标还是采用圆弧坐标编程方式。

若采用圆心编程方式,则需确定"I,J,K 的含义"(此时选项"R 的含义"为灰色),含义有三种可选。

① 绝对坐标。采用绝对编程方式,圆心坐标(I,J,K)的坐标值为相当于工件绝对坐标系的绝对值。

② 圆心相对起点。圆心坐标以圆弧起点为参考点取值。

③ 起点相对圆心。圆弧起点坐标以圆心坐标为参考点取值。

若采用半径编程方式（此时选项"I、J、K 的含义"为灰色），则使用半径正负区别的办法来控制圆弧是优弧还是劣弧。"圆弧大于 180 度 R 为负"对应优弧，"圆弧小于 180 度 R 为正"对应劣弧。

此外，还可设置是否优化代码坐标及是否窗口显示生成的代码。如果优化代码的坐标值，当代码中程序段的某一坐标值与前一程序段的坐标值相等时，不再输出相同的坐标值，否则所有坐标值都输出。如果选择窗口显示代码，代码生成后马上在窗口中显示代码内容。

3．R3B 设置

R3B 设置是针对不同的机床其 R3B 代码存在一些差异而添加的功能。通过对它进行设置，可让计算机输出满足机床的 R3B 代码。

① 功能说明。对输出的 R3B 代码格式进行设置。

② 操作说明。选取"R3B 设置"功能项，则弹出一个需用户填写的参数对话框，如图 2-140 所示。

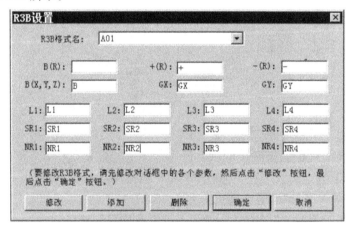

图 2-140　R3B 代码格式设置

对话框中列出了名为 A01 的 3B 代码格式。用户可根据机床要求的实际格式，修改代码中的符号表达方式，单击"添加"将设置好的 R3B 代码格式添加到序列中。

下面以苏州三光的 DK7625 线切割机床为例，说明如何进行机床设置及后置设置。

（1）在图 2-138 对话框中，选中"增加机床"，在弹出的对话框中用键盘输入机床名"BKDC"（机床名由操作者自己决定），按"确定"返回，出现图 2-141 所示的对话框。

（2）在对话框中，按 DK7625 线切割机床的"后置处理和传输"参数，手工输入相应的参数和指令，如图 2-141 所示。

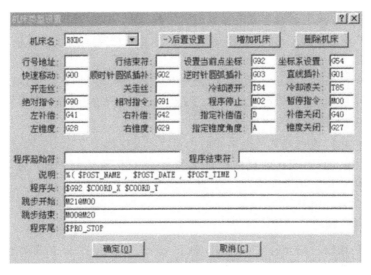

图 2-141 机床类型设置

(3) 单击"后置设置",相应地也会弹出一个对话框,该对话框中的参数也按 DK7625 线切割机床的"后置处理设置"参数来设置,如图 2-142 所示。

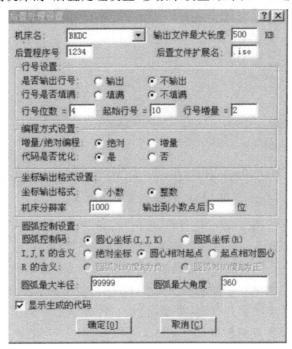

图 2-142 后置处理设置

(4) 生成 G 代码。完成上述设置后,点击"代码生成"指令,选择"G 代码生成"后,再选中线切割加工零件的加工轨迹,该轨迹图线将由绿色变为红色,最后点击鼠标右键,弹出记事本对话框显示相应的 G 代码加工程序。

（5）修改 G 代码。记事本对话框显示的 G 代码加工程序一般仍需修改,如修改其时间表示方式等。

（6）检验程序。返回主菜单,再次选择菜单上的"编辑",进入编辑的次菜单,选择菜单中的"校验",即可校验刚才的文件是否符合机床所要求的格式。

4. CAXA 线切割的代码传输

代码传输是将在计算机上生成的代码经数据线传输至线切割机床。

需要说明的是,现在的线切割机床多为一体机,集编程和加工于一体,现场操作不需进行代码传输操作,只是在机外编程时才会用到这一功能,早期的电火花机床就属这一类。

1) 应答传输

应答传输的功能是将生成的 3B 加工代码以模拟电报头读纸带的方式传输给线切割机床。操作如下。

（1）选择"线切割"→"代码传输"→"应答传输",弹出"选择传输文件"对话框,如图 2-143 所示。

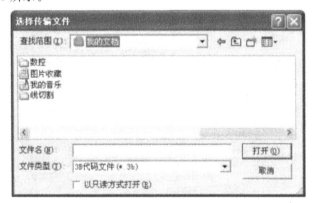

图 2-143 "选择传输文件"对话框

（2）选取需要传输的程序文件后,单击"打开"按钮。

（3）提示"按键盘任意键开始传输(Esc 键退出)"对话框,按任意键。

（4）提示"正在检测机床信号状态"对话框,此时系统正在确定机床发出的信号的波形,并发送测试码。如果机床发出的信号状态正常,系统的测试码被正确发送,即正式开始传输文件代码,并提示"正在传输";如果机床的接收信号已经发出,而系统总处于检测机床信号的状态,不进行传输,则说明计算机无法识别机床信号,此时可按"Esc"键退出。系统传输的过程可随时按"Esc"键终止传输。如果传输过程中出错,系统将停止传输,提示"传输失败",并给出失败时正在传输的代码的行号和传输的字符。出错的情况一般是电缆或电源受干扰造成的。

（5）停止传输后,系统提示"按任意键退出",此时按任意键结束。

执行传输程序前,连接计算机与机床的电缆要正确连接;电缆插拔时,一定要关闭计算机与机床的电源,并确保机床的输出电压为 5 V,否则有烧坏计算机的危险!

2) 同步传输

同步传输是用计算机模拟编程机的方式,将生成的 3B/4B 加工代码快速同步传输给线切割机床。操作如下。

(1) 选择"线切割"→"代码传输"→"同步传输",弹出"选择传输文件"对话框。选取需要传输的程序文件后,单击"打开"按钮。

(2) 系统提示"按键盘任意键开始传输",按任意键,开始传输。

(3) 停止传输后,系统提示"按键盘任意键退出",按任意键,结束命令。

3) 串口传输

计算机的串口是指串行通信接口(通常指 COM 接口),串口传输是采用串行通信方式进行数据传输。操作如下。

(1) 选择"线切割"→"代码传输"→"串口传输",弹出"串口传输"对话框,要求输入串口传输的参数,如图 2-144 所示。这些参数要根据线切割机床接收器的要求进行设置,具体设置可参考机床厂家操作手册。

(2) 输入参数后,单击"确认"按钮,即弹出"选择传输文件"对话框。

(3) 选取需要传输的程序文件后,单击"打开"按钮。系统提示"按键盘任意键开始传输",机床做好接收准备,按任意键,开始传输。

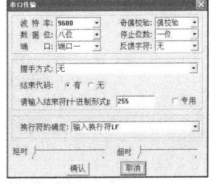

图 2-144 "串口传输"对话框

(4) 停止传输后,系统提示"按键盘任意键退出",此时按任意键,结束命令。

知识点 2

CAXA 线切割软件的零件设计

CAXA 线切割软件提供了两个实用的零件设计模块,即标准齿轮设计和标准花键设计模块,用户可以根据给定的齿数、模数、压力角等参数自动生成齿轮、花键的轮廓形状,并进行线切割加工。

1. 标准齿轮设计

本模块用于生成和编辑渐开线圆柱齿轮的齿形,操作在对话窗口中进行,并且提供预显窗口,用户可随时从预显窗口里看到生成的齿形,如果不符合要求,用户可随时进行修改,直至满意时为止,如图 2-145 所示。

本模块有两大功能,即齿形生成和齿形编辑,二者界面相同。

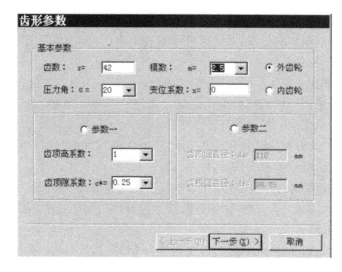

图 2-145 "齿形参数"对话框

(1) 参数输入。输入齿轮的齿数,输入或选择齿轮的模数、压力角、齿顶高系数和齿顶隙系数。输入参数后程序会自动计算出中心距。

(2) 变位。可输入有关齿轮变位的各项参数,输入某一项参数后相关参数会自动修改。

(3) 齿形预显。将确定参数的齿轮齿形显示在预显窗口内。可选择预显单齿还是多齿,大齿轮还是小齿轮,并可修改精度。如对结果不满意,可返回上一步进行修改,如图 2-146 所示。

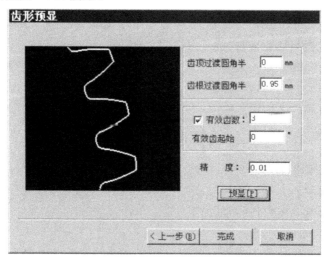

图 2-146 "齿形预显"对话框

(4) 预显。将修改后的齿轮齿形显示在预显窗口内。最后的输出结果与预显窗口的内容相同。

(5) 参数修改。所有的参数值都有一定范围,若输入的参数不在范围内,系统会要求修改。

例 2-10 批量线切割小齿轮。

线切割加工一般是单件加工,利用"轨迹跳步"功能能够实现产品小批量切割加工。

如图 2-147 所示,小批量切割齿轮,为防止变形,一般采用封闭式切割,即穿丝孔及切割过程都在毛坯内进行,A 为穿丝孔,可先用镗床加工出该孔。点 1、2、3、4 是四个齿轮切割轨迹的起点和终点(起点和终点重合),四点距齿轮齿顶 0.5～1 mm。使用"轨迹跳步"可一次加工出四个小齿轮。

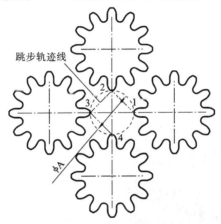

图 2-147 小批量切割齿轮

2. 标准花键设计

本模块用于生成和编辑渐开线花键的齿形,操作在对话窗口中进行,并且提供预显窗口,用户可随时从预显窗口里看到生成的齿形,如果不符合要求,用户可随时进行修改,直至满意时为止,如图 2-148 所示。

本模块通过两个步骤来生成齿形:参数输入和齿形预显。

(1) 参数输入。首先选择花键类型、齿根类型、压力角大小,然后输入花键齿数、模数等基本齿形参数。按"下一步"进入齿形预显对话框。

(2) 齿形预显。将确定参数的花键齿形显示在预显窗口内。可根据预显结果做一些非结构性的调整,修改齿顶圆角半径、齿根圆角半径、大径、小径,如图 2-149 所示。

这四个参数和渐开线起始圆或终止圆直径的缺省值是根据轨迹自动算出的。用户可优先考虑使用这些值,也可手工修改,画出非标准齿形。提供有效齿数开关,将其关闭则生成完整的齿形。精度参数用来修改构成渐开线齿形的折线的逼近精度。修改参数后可按"预显"将修改后的齿形显示在预显窗口内。最后的输出结果与预显窗口的内容相同。如对结果不满意,可直接在本对话框中

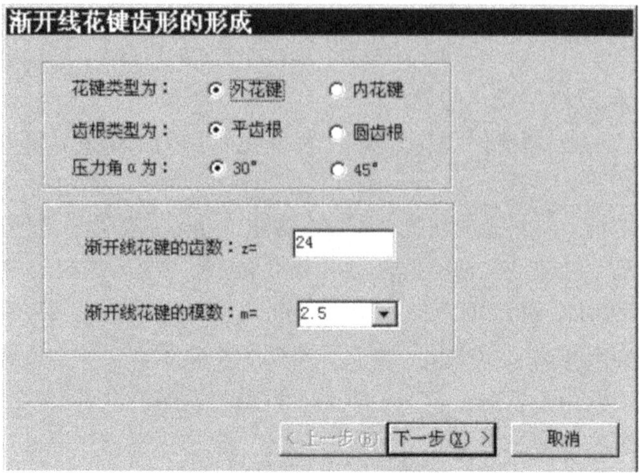

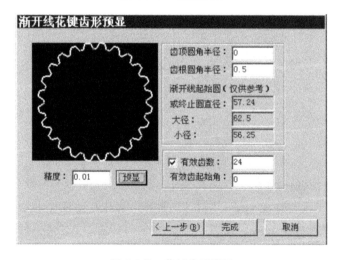

图 2-148 花键参数

图 2-149 花键齿形预显

进行修改。

(3) 参数修改 所有的参数值都有一定范围。若输入的参数不在范围内,系统会要求修改。

下面以节距 P=40(模数 m=25.4/40=0.635)、齿数 z=29、压力角 α=30°的花键为例,来说明其加工过程。

启动 CAXA 线切割软件,点击"绘制"菜单,选择"高级曲线",选"绘制花键",就可以看到绘制花键的对话框。在对话框填上零件参数。单击"下一步"按钮,出现齿形预显对话框,填上零件的其他参数后点击"完成"按钮,即得到所要求的内花键图形。

内花键轨迹生成后,通过"轨迹生成""跳步设置"等一系列操作,CAXA 线切割软件可生成 3B 代码程序。将 3B 代码程序输入线切割机,即可进行零件加工。

3. 非标准花键及复杂曲面外形

CAXA 线切割 V2 软件除了具有绘制直线、圆、齿轮等曲线外,还能根据需要绘制公式曲线。此功能特别实用,据此可绘制出能给定公式的所有曲线,绘制出的曲线与其他直线或圆弧经一系列编辑后,可得到用户所需要的轨迹。在生产实践中,常常碰到一些非标准的花键及其他具有曲面外形的机械零件,就可用此功能绘制出线切割轨迹来。

"公式曲线"对话框如图 2-150 所示。

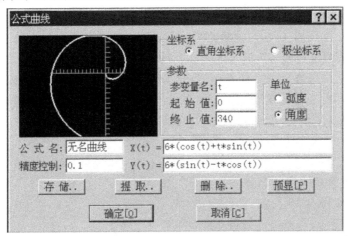

图 2-150 "公式曲线"对话框

绘制公式曲线的操作方法如下。

(1) 单击"绘图"主菜单中的"公式曲线"按钮。或者单击"常用"选项卡中"高级绘图"面板上的公式曲线按钮,或单击"绘图"工具栏上的按钮,执行 fomual 公式曲线命令。

(2) 执行公式曲线命令后将弹出一个对话框。用户可以在对话框中首先选择是在直角坐标系下还是在极坐标下输入公式。

(3) 接下来是填写需要给定的参数:变量名、起终值(变量的起终值,即给定变量范围),并选择变量的单位。

(4) 在编辑框中输入公式名、公式及精度。单击"预显"按钮,在左上角的预览框中可以看到设定的曲线。

(5) 对话框中还有"储存""提取""删除"三个按钮,储存是针对当前曲线而言,保存当前曲线;提取和删除都是对已存在的曲线进行操作,用左键单击这两项中的任何一个都会列出所有已存在公式曲线库的曲线,以供用户选取。

(6) 设定完曲线后,单击"确定"按钮,按照系统提示输入定位点以后,公式曲线就绘制出来了。

(7) 本命令可以重复操作,右击可结束操作。

在此过程中需要注意事项如下。

① 在公式曲线对话框中输入公式时,要在已显示的"x(t)="和"y(t)="之后的文本框里输入需要的公式,不可将"x(t)="和"y(t)="或"="重复输入。

② 函数代号后的变量一定要用括弧括起来,不得连着写,如三角函数只能写为 sin(t)、sin(t/300)、sin(20*t),不得写成 sint、sint/300、sin20t;同样,对数 log、开平方 sqrt 等函数之后的自变量也必须用括号括起来,如 log(t)、sqrt(t)。

③ 乘号以符号"*"表示,不能省略。

如 3t、3sint、tsint 等必须写成 3*t、3*sin(t)、t*sin(t)。

④ 自变量使用大、小写字母均可,但是区分大小写。

⑤ 幂的表达符号为^,如 x 的 4 次方,可写为 x^4。

⑥ 绘制用直角坐标方程表达的曲线 y=f(x)时,应该先转换成参数方程或极坐标方程,然后使用这些方程绘制曲线。

如绘制直线 y=ax+b 时,可先改变成参数方程表达式

$$\begin{cases} x(t)=t \\ y(t)=a*t+b \end{cases}$$

下面是公式曲线的部分公式:

sin 曲线:X(t)=t,Y(t)=sin(t)

cos 曲线:X(t)=t,Y(t)=cos(t)

抛物线:X(t)=t,Y(t)=0.2*t*t=0.2*t^2

任意椭圆:X(t)=x*cos(t*360)(x 取大于零的整数),Y(t)=sin(t*360)

圆:X(t)=cos(t*2*180),Y(t)=sin(t*2*180)

半圆:t=0~1,X(t)=cos(t*180),Y(t)=sin(t*180)

知识点 3

图的线切割

图的线切割一直是受用户欢迎的一个实用功能。用工程绘图软件,如 CAXA、Pro/e 等,绘制出的图都是矢量图,可以直接由其生成加工轨迹再进行加工。但常见的很多图片,如照片等,不是矢量图,需先将其矢量化,提取轮廓,再生成轨迹。

由 CAXA 线切割软件对非矢量图进行矢量化处理,获取图的边界轮廓线,该轮廓线即为矢量图。由该矢量图生成加工轨迹,进而生成线切割加工代码,即可切割出相应图案。

如图 2-151 所示为切割出来的奔马工艺品。生产工艺品时,可先用专门的图像处理软件,如 Photoshop 等,绘制出想要的图片,再由 CAXA 线切割软件进行

处理。

批量生产时,可先进行矢量切割得到电极,以电极加工模具,再用模具进行批量生产。

CAXA 线切割软件可用于 BMP、GIF、JPG、PNG 等格式图形的矢量化。且在矢量化后可以调出原图进行对比,在原图的基础上对矢量化后的轮廓进行修正。

图 2-151　奔马工艺品

用此方法可解决无尺寸图形,或有实物、无图纸的零件的加工编程。

CAXA 矢量线切割操作要点如下。

(1) 主要是对位图进行矢量化得到其轮廓线,位图矢量化的过程分为两步:选择需要矢量化的位图文件和控制矢量化的参数。

(2) 位图文件的选择是在"选择图像文件"对话框中完成的,依次在盘符、路径列表和文件列表中选择即可。

(3) 矢量化的参数有背景选择、拟合方式、像素宽度比例、拟合精度和临界灰度值五项。下面分别对各参数加以说明。

① 背景选择。当图像颜色较深而背景颜色较浅,且背景颜色较均匀时,选择"背景为亮色"。当图像颜色较浅而背景颜色较深,且图像颜色较均匀时,选择"背景为暗色"。还可以选择提取深色区域或浅色区域的边界(两种情况下生成的轮廓会有一些差别)。当图像颜色较深而背景颜色较浅时选择"描暗色域边界"选项,当图像颜色较浅而背景颜色较深时选择"描亮色域边界"选项。

② 拟合方式。矢量化处理后生成的边界图形可以用直线或圆弧来表示。采用直线拟合方式时所生成轮廓只包含直线段。采用圆弧拟合方式时所生成轮廓则由圆弧和直线段组成。并可根据具体情况指定拟合精度级别(分为精细、正常、较粗略、粗略四种)。

③ 拟合精度。两种拟合方式均能保证拟合精度。圆弧拟合的优点在于生成的图形比较光滑,线段少,由此生成的加工代码也较少。拟合精度值越小,拟合精度越高,轮廓形状越精细,但有可能出现较多的锯齿。适当降低拟合精度,可以消除锯齿。精度过低会使轮廓形状出现较大偏差。拟合精度取值范围 1～2 为宜。

④ 像素宽度比例。像素宽度比例表示每个像素点的尺寸大小,单位为 mm。其作用是调整位图矢量化后图形的大小。若希望矢量化后的图形的大小与原图相同,则需要根据扫描图像时设置的分辨率来计算像素点的尺寸大小。在用扫描仪对图像或实物进行扫描时,需设置扫描精度,单位为 dpi,即每英寸长度内点的数量。例如:200 dpi 表示每英寸范围内 200 个点。每英寸范围内的点数越多,扫描精度越高,每个点的尺寸越小,图像越精密。若扫描分辨率为 300 dpi,则每

个点的大小为 1/300 英寸,换算成以 mm 为单位,则每个点的大小为 25.4/300＝0.085 mm。此时,在"像素宽度比例"中填入参数 0.085,则矢量化处理后的图形与原图像大小相同。

⑤ 临界灰度值。在有灰度的图像中,像素值的范围是 0～255。当像素值为 0,则图像的颜色为纯黑色,当像素值为 255,则图像的颜色为纯白色,其他的像素介于黑白之间。在矢量化过程中,区分黑白像素的分界值即为"临界灰度值"。缺省情况下系统通过计算位图灰度值(一个 0 到 255 间的数值,用于表示图像的明暗程度或亮度)的最大、最小值,取其平均值作为临界灰度值。CAXA 软件在读入图像文件时,自动以背景的灰度值为"临界灰度值"。当软件算出的图像灰度范围较大时,软件会提示输入临界灰度值,点击"临界灰度"菜单,其下括号中出现的范围就是软件算出的图像。

灰度范围:若背景灰度较为均匀,且与图形灰度对比较为明显,将临界灰度值设为背景的灰度值效果较好。假设背景为白色,那么软件给出的范围中最大值为背景灰度值,可将这一数值设为临界灰度值。反之,若图形灰度较为均匀,且与背景灰度对比较为明显,将临界灰度值设为图形的灰度值效果较好。

为获得较理想的轮廓,可对比原图像和生成结果,调整参数,多试几次。

注意,图像不能仅仅是封闭的单线图形,曲线内部应有填充部分。若需要将图形放大或缩小,可在"几何变换"菜单中选取"放缩"功能,在屏幕的右下角的立即菜单中输入所需的比例值,即可实现图形的放缩。

实训项目 1　图的线切割加工

1. 实训目标
(1) 熟练使用 CAXA 线切割软件。
(2) 了解矢量图的概念。

图 2-152　2008 北京奥运会会徽(部分)

(3) 掌握 CAXA 线切割软件的位图矢量化方法。
(4) 熟练操作线切割机床。

2. 实训任务
应用快走丝线切割机床切割出图 2-152 所示的 2008 北京奥运会会徽,该图为位图格式。

本实训项目主要练习位图的矢量化,加工过程其次。

3. 实训过程
操作步骤如下。

(1) 单击主菜单"绘制"→"高级曲线"→"位图矢量化"→"矢量化",系统弹出"选择图像文件"

对话框，如图 2-153 所示。

图 2-153 "选择图像文件"对话框

（2）选择"北京奥运"图像文件。

（3）单击"打开"按钮，此时屏幕上出现 2008 北京奥运会会徽，并弹出矢量化立即菜单，如图 2-154 所示。

图 2-154 矢量化立即菜单

（4）选择屏幕下面的立即菜单 1 为"描暗色域边界"。因为图形为黑色（颜色较深），而背景为白色（颜色较浅）。

（5）选择屏幕下面的立即菜单 2 为"直线拟合"。因为图形中轮廓边界不是特别复杂，用直线拟合产生的线段不会太多。

（6）计算图像实际宽度。屏幕下面的立即菜单 3"图像实际宽度"中显示的数值是789,表示图像的宽度由789个像素点组成,则图像实际宽度＝像素点总数×25.4/分辨率＝789×25.4/300 mm＝66.8 mm,在立即菜单3"图像实际宽度"中输入图像实际宽度66.8 mm。

(7)选择立即菜单4为"正常",出现如图2-155所示的界面。

图2-155　矢量化轮廓

(8)清除位图,如图2-156所示。

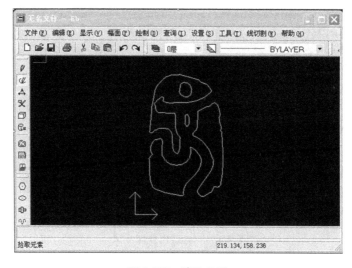

图2-156　清除位图

(9)轨迹生成。

单击主菜单"线切割"→"轨迹生成",填写"切割参数"选项卡。填写完毕,单击"确定"按钮,出现如图2-157所示界面。

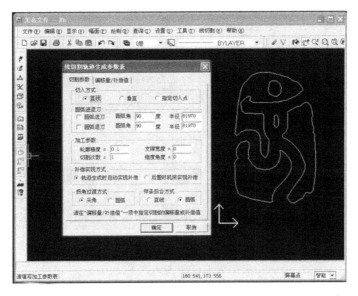

图 2-157 "线切割轨迹生成参数表"对话框

在图 2-157 中,拾取外形轮廓,并在沿轮廓线的方向出现一对反向的箭头,按要求选择切割的方向,再选择补偿方向、穿丝点,确定,生成轨迹,如图 2-158 所示。

图 2-158 生成轨迹

还可加入文字,如图 2-159 所示。

(10) 生成代码。

① 单击主菜单"线切割"→"G 代码/HPGL"→"生成 G 代码"。

② 在"生成机床 G 代码"对话框中输入 G 代码文件名。

③ 单击"保存"按钮。按系统提示将 ISO 程序储存在盘。

图 2-159　加入文字

④ 拾取切割轨迹。

⑤ 右击鼠标,结束轨迹的拾取,得到的 G 代码如下。

G90
G92 X5.000 Y5.000;　　　　　//程序开始
G01 X3.047 Y3.632;　　　　　//电极丝移到穿丝点
G01 X6.306 Y2.547
G01 X8.000 Y2.386
G01 X8.972 Y2.984
⋮
G01 X5.000 Y5.000;　　　　　//电极丝移到返回点
M02;　　　　　　　　　　　　//程序结束

拓展阅读　矢量图与位图

1. 矢量图

计算机中显示的图形一般可以分为两大类:矢量图和位图。矢量图使用直线和曲线来描述图形,这些图形的元素是一些点、线、矩形、多边形、圆和弧线等,它们都是通过数学公式计算获得的。例如一幅花的矢量图形实际上是由线段形成外框轮廓,由外框的颜色以及外框所封闭的颜色决定花显示出的颜色。由于矢量图形可通过公式计算获得,所以矢量图形文件体积一般较小。矢量图形最大的优点是放大、缩小或旋转等操作图不会失真。Adobe 公司的 Freehand、Illustrator,Corel 公司的 CorelDRAW 是众多矢量图形设计软件中的佼佼者。大名鼎鼎的 Flash MX 制作的动画也是矢量图形动画。

矢量图,也称为面向对象的图像或绘图图像,在数学上定义为一系列由线连接的点。矢量文件中的图形元素称为对象。每个对象都是一个自成一体的实体,其具有颜色、形状、轮廓、大小和屏幕位置等属性。既然每个对象都是一个自成一体的实体,就可以在维持原有清晰度和弯曲度的同时,改变其属性,而不会影响图例中的其他对象。这些特征使基于矢量的程序特别适用于图例和三维建模,因为它们通常要求能创建和操作单个对象。基于矢量的绘图同分辨率无关,所以可以按最高分辨率显示到输出设备上。

矢量图与位图最大的区别是,它不受分辨率的影响。因此在印刷时,可以任意放大或缩小图形而不会影响清晰度。

矢量图是根据几何特性来绘制图形,矢量可以是一个点或一条线,矢量图只能靠软件生成,文件占用内在空间较小,因为这种类型的图像文件包含独立的分离图像,可以自由无限制地重新组合。

矢量图的优点和缺点归纳如下。

优点:文件小,图像元素对象可编辑,图像放大或缩小图像不会失真,也不影响图像的分辨率,图像的分辨率不依赖于输出设备,适用于图形设计、文字设计和一些标志设计、版式设计等。

缺点:重画图像困难,逼真度低,要画出自然度高的图像需要很多技巧。

用 Proe、Autocad 等软件绘制的图形均为矢量图。

2. 位图

位图由像数点构成,可以进行像数的模糊、扭曲和光影等操作,这些效果不能用到矢量图上,所以屏幕图像、广告及动画影视的制作常使用位图。矢量图由数学方式计算,记录了形状和原色的算法,无论放大多少倍都不会失真,这是矢量图最大的优点,矢量图比位图文件数据量小,不会因传输的过程而有所损坏,所以经常用于网络、大型广告和印刷行业。

位图是点阵图,由一个个点(小方格子)组成的,如果放大,明显看到图像会出现锯齿状,即所谓马赛克,如果点阵数降低,则精度也会降低。

位图一般采用分辨率描述,如 72 分辨率,意思在 1 in 的长度中排列 72 个像素点,如果图片长宽均为 1 in,它就含 $72×72=5184$ 个像素,如果扩大到 2 in,像素点的增加是"二次方变化",即 $144×144=20736$ 个像素,如果调成 300 分辨率,则像素点达 360 000 个。所以位图很不适合作为那些经常变化的对象,创作了一幅位图后,其像素数量永远不变,扩大、缩小其尺寸只不过是将每个像素强行放大及缩小,从而会出现锯齿。

矢量图实际上是由多个"对象"堆叠成的,每个对象以数学公式描述,与分辨率无关,无论将图形放大到何尺寸,仅改变了描述公式长度和宽度等参数,图形总是平滑的,文件大小不受影响。这时,由计算机重新进行公式计算并在屏幕上重"画",这也是矢量图形文件小的原因。

举个例子,如果想做个户外的大型广告牌,用矢量图做,不必担心尺寸大小影响清晰度，做出来的广告牌不会模糊，位图就不行了，放大或缩小尺寸，它的清晰度都会随着变化而改变和失真。

位图的优点是可以比较真实，相机拍摄的照片就是位图。

实训项目 2　上下异形面锥度切割

1. 实训目标

（1）理解锥度切割原理。

（2）掌握上下异形锥度线切割编程及加工方法。

（3）理解锥度加工时 X-Y 轴与 U-V 轴的配合过程。

2. 实训任务

应用快走丝线切割机床完成如图 2-160 所示上下异形件的锥度切割。

本实训项目侧重于锥度切割编程，以多数机床自带的 CAXA 软件及 TCAD 软件（TurboCAD）为例。

本实训项目使用迪蒙卡特 CTW800 型线切割机床。

本实训项目为选做课题。

3. 任务分析

该工件的上截面为圆，下截面为六方形，属于上下异形工件。切割上下异形的工件，实质是要对 X-Y 轴和 U-V 轴分别控制，因此要分别编程。

编程时要求工件上、下截面图元的数量相同，故需将图 2-160 中的圆分为六段，给出每一段的起点和终点，且起点和终点一一对应，即上面的六段圆弧分别对应下面的六段直线，如图 2-161 所示。

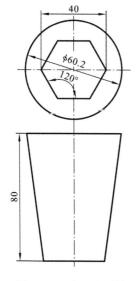

图 2-160　上下异形件

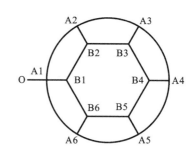

图 2-161　将圆分为六段

编程采用绝对坐标,单位为 μm,需要将上、下图形画在同一个坐标系里。

该工件侧面为直纹面,直纹面是以直线为母线扫过的曲面。

4. 编程及加工方法

采用自动编程,使用 TCAD 软件较为方便,使用 CAXA 线切割软件也可以,但仍需借助于 TCAD 软件,因为 CAXA 线切割不具备机床控制能力。

两种编程方法比较如表 2-9 所示。

在加工前需要给出以下参数。

（1）工件高度。所切工件的实际高度。

（2）Z 轴高度。上下导轮中心距（需要实际测量,记录以备下次使用）。

（3）导轮半径。迪蒙卡特机床导轮半径为 17 mm（此参数出厂已经设置好,无须改动）。

表 2-9 程序生成对照表

TCAD 软件自动编程	CAXA 线切割自动编程
打开 TCAD,画出图形	打开 CAXA,画出图形
把圆分成 6 等份	把圆分成 6 等份
确定起切点 O;生成切割轨迹	确定起切点 O;生成切割轨迹
对上截面,以 B1 点作为拐点,选取切割轨迹;指定切割方向	对两截面分别生成 3B 代码;将两程序合成一个程序;在程序中上截面代码的最后一行添加一个 DD;保存程序（生成 G 代码也可,两截面切割方向一致）
对下截面,以 A1 点作为拐点,选取切割轨迹;指定切割方向（两截面切割方向一致）	
生成 G 代码	执行 TCAD 里面的 TRAN 文件,将程序格式转换成.RES;保存程序
执行 TCAD 里面的 TRAN 文件,将程序格式由.NC 转换成.RES;保存程序	
调出程序进行加工	调出程序进行加工

（4）下导轮与工件下平面（工作台面）距离。此参数出厂前设置好,无需改动。

5. .RES 程序格式介绍

（1）X1 Y1（上平面起点坐标）

（2）X2 Y2（上平面终点坐标）

（3）L(或 C)（上平面为直线用 L,圆弧用 C）

注 1:若上一行为"C",则需要加入下列两行:

  X0 Y0（圆心坐标）

  C(或 W)（C 为逆圆,W 为顺圆）

（4）X3 Y3（下平面起点坐标）

(5) X4 Y4(下平面终点坐标)

(6) L(或 C)(下平面为直线用 L,圆弧用 C)

注 2:若上一行为"C",则需要加入下列两行:

  X0 Y0(圆心坐标)

  C(或 W)(C 为逆圆,W 为顺圆)

(7) A(或 Q)(A 为段之间的分隔符,Q 为程序结束符)

6. 程序

(1) 计算各个节点坐标值,见表 2-10。

(2) 程序清单。下述为.RES 格式程序,为便于阅读,将程序分为八段写出。

7. 加工

打开 cnc2 系统,选择锥度加工,直接输入或调入下面的程序可进行锥度加工。

表 2-10 节点坐标值

上平面节点	上平面节点坐标值	下平面节点	下平面节点坐标值
O	(0,0)	O	(0,0)
A1	(2.1,0)	B1	(12.2,0)
A2	(17.15,26.07)	B2	(22.2,17.32)
A3	(47.25,26.07)	B3	(42.2,17.32)
A4	(62.3,0)	B4	(52.2,0)
A5	(47.25,−26.07)	B5	(42.2,−17.32)
A6	(17.15,−26.07)	B6	(22.2,−17.32)

第一段(切入线):

	程　　序	注　　释
1	0　　　　0	O 点坐标,上平面由 0 点开始
2	2100　　0	切到 A1 点
3	L	O—A1 为直线
4	0　　　　0	O 点坐标,下平面由 0 点开始
5	12200　0	切到 B1 点
6	L	O—B1 为直线
7	A	第一段结束

第二段：

程　　序		注　　释
1	2100　　　0	第二段上平面由 A1 点开始
2	17150　　26070	切到 A2 点
3	C	A1—A2 为圆弧
4	32200　　　0	圆弧圆心坐标
5	W	圆弧为顺圆
6	12200　　　0	第二段下平面由 B1 点开始
7	22200　　17320	切到 B2 点
8	L	B1—B2 为直线
9	A	第二段结束

第二段：

程　　序		注　　释
1	17150　　26070	第三段上平面由 A2 点开始
2	47250　　26070	切到 A3 点
3	C	A2—A3 为圆弧
4	32200　　　0	圆弧圆心坐标
5	W	圆弧为顺圆
6	22200　　17320	第二段下平面由 B2 点开始
7	42200　　17320	切到 B3 点
8	L	B2—B3 为直线
9	A	第三段结束

第四段、第五段：

	第四段	第五段
1	47250　　26070	62300　　　0
2	62300　　　0	47250　　−26070
3	C	C
4	32200　　　0	32200　　　0
5	W	W
6	42200　　17320	52200　　　0
7	52200　　　0	42200　　−17320
8	L	L
9	A	A

第六段、第七段：

	第六段		第七段	
1	47250	－26070	17150	－26070
2	17150	－26070	2100	0
3	C		C	
4	32200	0	32200	0
5	W		W	
6	42200	－17320	22200	－17320
7	22200	－17320	12200	0
8	L		L	
9	A		A	

第八段（退出线）：

	程　　序		注　　释
1	2100	0	第八段上平面由 A1 点开始
2	0	0	切到 O 点
3	L		A1—O 为直线
4	12200	0	第八段下平面由 B1 点开始
5	0	0	切到 O 点
6	L		B1—O 为直线
7	Q		程序结束

7. 总结

锥度切割分几种情况，最简单的一种是标准圆角切割，是在整个轮廓上按固定的锥角进行切割。标准圆角切割的编程比较简单，先按工件下表面的二维图形编制程序，再通过锥度设定功能在参数窗中输入锥度、工件厚度、导轮高度等参数，即可生成四轴联动的线切割锥度加工程序。

上下异形件加工属于变斜度切割加工，需按三维图形的方式编制程序。能用于加工上下异形体的编程软件很多，编程方法大同小异，编程过程如下。

(1) 设计下端面二维图形轮廓，根据下端面轮廓定义加工轨迹，包括丝孔位置、起割点和切割方向、补偿量、特殊标志点位置。作为子程序 1 保存。

(2) 设计上端面二维图形轮廓，要注意，上下端面有对应关系的点要一致，几何元素总数目要相等，根据上端面的轮廓定义加工轨迹，包括与下端面对应的丝孔位置、起割点和切割方向、补偿量、特殊标志点位置。作为子程序 2 保存。

(3) 进入四轴合成编程功能块。设置好锥度、工件厚度等参数后,调入前述两个子程序自动完成四轴合成,生成主程序。

四轴合成编程的必要条件是上下两面的程序条数相同、丝孔坐标相同、补偿量相同、加工走向相同,在用 ISO 代码编程时一定要注意这些要求。

(4) 切割加工,将程序送入控制台后机床按程序进行加工。

习题与思考

1. 如何校正工件和电极?
2. 线切割穿丝、紧丝时要注意哪些问题?
3. 线切割加工时如何设置脉冲电源的电参数?
4. 二次切割(多次切割)有什么好处?
5. 如何调整电极丝的垂直度?火花法调整时要注意哪些问题?
6. 快走丝机床是如何循环走丝的?
7. 总结快走丝机床的加工精度低于慢走丝机床的原因。

附录 A 电火花加工的分类

表 A-1 电火花加工分类

类别	工艺方法	用途	特点	备注
1	电火花穿孔成形加工（又称为电火花成形加工或电火花加工）	(1) 型腔加工：加工各类型腔模及各种复杂的型腔零件； (2) 穿孔加工：加工各种冲模、挤压模、粉末冶金模、各种异形孔及微孔等	(1) 工具和工件间主要有一个相对的伺服进给运动； (2) 工具为成形电极，与被加工表面有相同的截面或形状	约占电火花机床总数的30%，典型机床有D7125、D7140等电火花穿孔成形机床
2	电火花线切割加工	(1) 切割各种冲模和具有直纹面的零件； (2) 下料、切割和窄缝加工； (3) 直接加工出零件	(1) 工具电极为沿着其轴线方向移动着的线状电极； (2) 工具与工件在两水平方向同时有相对伺服进给运动	约占电火花机床总数的60%，典型机床有DK7725、DK7740等数控电火花线切割机床
3	电火花内孔、外圆成形磨削	(1) 加工高精度、表面粗糙度值小的小孔，如拉丝模、挤压模、微型轴承内环、钻套等； (2) 加工外圆、小模数滚刀	(1) 工具与工件有相对的旋转运动； (2) 工具与工件间有径向和轴向的进给运动	约占电火花机床总数的3%，典型机床有D6310电火花小孔内圆磨床
4	电火花同步共轭回转加工	以同步回转、展成回转、倍角速度回转等不同方式，加工各种复杂形面的零件，如高精度的异形齿轮，精密螺纹,高精度、高对称、表面粗糙度值小的内、外回转体表面等	(1) 成形工具与工件均作旋转运动，但两者角速度相等或成整数倍，接近的放电点可有切向相对运动速度； (2) 工具相对工件可作纵、横向进给运动	约占电火花机床总数的1%以下，典型机床有JN-2、JN-8等内外螺纹加工机床
5	电火花高速小孔加工	(1) 加工速度可高达60 mm/min，深径比可达1:100以上； (2) 线切割预穿丝孔； (3) 深径比很大的小孔，如喷嘴等	(1) 采用$\phi 0.3$ mm～$\phi 3$ mm空心管状电极，管内冲入高压水基工作液； (2) 细管电极旋转	约占电火花机床总数的2%，典型机床有D7003A电火花高速小孔加工机床

续表

类别	工艺方法	用途	特点	备注
6	电火花铣削加工	(1) 适合用简单电极加工复杂形状; (2) 由于加工效率不高,一般用于加工较小零件	工具电极相对工件作平面或空间运动,类似常规铣削	各种多轴数控电火花加工机床有此功能
7	电火花表面强化、刻字	(1) 模具、刀具、量具刃口表面强化和镀覆; (2) 电火花刻字、打印记	(1) 工具在工件表面上振动; (2) 工具相对工件移动	约占电火花机床总数的2%~3%,典型机床有D9105电火花强化机等

附录 B 电切削工国家职业资格标准

电火花加工工人技术等级标准(含电火花线切割加工)

初级电火花加工工

初级电火花加工工应知以下内容。

(1) 自用电火花机床的名称、型号、结构、一般传动关系、润滑与工作液系统及其使用规则和维护保养方法。

(2) 自用机床附件(交流稳压电源、纸带穿孔机)的使用和维护保养方法。

(3) 常用工具、夹具、量具的名称、规格、用途和维护方法。

(4) 常用工件材料的种类、牌号和性能。

(5) 常用电极材料的种类、名称、规格、性能和用途。

(6) 常用工作液、润滑剂、液压油的种类、规格和作用。

(7) 机械制图基本知识。

(8) 公差配合、形状位置公差和表面粗糙度的基本知识。

(9) 常用数学计算知识。

(10) 热处理基本知识。

(11) 电工基本知识。

(12) 电火花加工的一般理论知识(电火花加工的机理和极性效应)。

(13) 安全技术规程。

初级电火花加工工应会以下内容。

(1) 正确操作自用电火花加工机床及其附件,并能进行维护保养。

(2) 正确使用常用的工具、夹具、量具,并能进行维护保养。

(3) 正确配制工作液。

(4) 按图样和工艺检查简单形状的电极,并能正确安装。

(5) 在通用和专用夹具上正确安装一般工件。

(6) 使用一般仪器观察加工状态。

(7) 根据加工对象,合理选择加工参数。

(8) 及时发现机床的常见故障。

(9) 看懂一般的零件图,绘制简单的零件草图。

(10) 编制简单的单件线切割加工程序。

(11) 简单零件的测量。

(12) 加工形状简单的零件。

(13) 钳工的基本操作。

(14) 正确执行安全技术规程。

(15) 做到岗位责任制和文明生产的各项要求。

工作实例：

(1) 电火花成形机床加工单槽孔模具，表面粗糙度 Ra 为 5 μm、公差等级 IT8。

(2) 电火花线切割机床加工简单凸模，表面粗糙度 Ra 为 2.5 μm、公差等级 IT7（包括编制程序）。

(3) 能独立拆装电火花线切割机床的导轮，并能校正电极丝的垂直度。

(4) 相应复杂程序工件的加工。

中级电火花加工工

中级电火花加工工应知以下内容。

(1) 常用电火花加工机床的性能、结构和调整方法。

(2) 常用电火花加工机床的控制原理及方框图。

(3) 工业电子学的基础知识（包括电工原理、数字电子电路等）。

(4) 电火花加工机床中常用的电器、电子元件的型号、性能、用途和作用原理。

(5) 模具加工的一般知识及其要求。

(6) 常用电火花加工机床的精度检验方法。

(7) 加工精度、加工效率、电极损耗与可选择的加工参数之间的相互关系。

(8) 产生不合格产品的原因及其预防方法。

(9) 液压传动的一般知识。

(10) 编制工艺规程的基本知识。

(11) 生产技术管理知识。

中级电火花加工工应会以下内容。

(1) 看懂常用电火花加工机床的说明书、原理图和总逻辑图。

(2) 常用电火花加工机床主要结构的调整。

(3) 合理使用常用的复杂工具、夹具、量具。

(4) 看懂较复杂的模具装配图，绘制一般零件图。

(5) 查阅电火花加工的有关技术书籍和手册。

(6) 排除常用电火花加工机床的一般故障。

(7) 设计、计算简单电极。

(8) 借助自动编程机编制电火花线切割加工程序。

(9) 能用示波器观察、分析加工状态，选择最佳工作参数使之达到稳定加工。

(10) 加工各种较负责的工件和模具。

工作实例：

(1) 电火花成形机床加工四孔级进模，表面粗糙度 Ra 为 2.5 μm、公差等级 IT7。

(2) 电火花线切割机床加工凹凸模,表面粗糙度 Ra 为 2.5 μm、配合间隙 0.02 mm。

(3) 排除电火花成形机床主轴头电控失灵故障。

(4) 排除电火花线切割机床步进电动机失步故障。

(5) 相应复杂程度工件的加工。

高级电火花加工工

高级电火花加工工应知以下内容。

(1) 多种电火花加工机床的结构、工作原理、测试方法、精度检验方法和故障排除方法。

(2) 多种精密量具的结构、原理和各部分的作用。

(3) 各种复杂、精密工件的装夹、加工和测量方法。

(4) 新产品中高难度工件确保质量的加工方法。

(5) 其他机床加工的基本知识。

(6) 国内外先进电加工机床。

(7) 本专业的基本理论知识(包括自适应控制与新颖电源的基本原理等)。

(8) 电子计算机在电火花加工领域中应用的基本知识。

高级电火花加工工应会以下内容。

(1) 看懂多种电火花加工机床的原理图和装配图。

(2) 根据机床说明书,对各种电火花机床进行调整、试车和维修。

(3) 改进工具、夹具,并绘制结构草图。

(4) 编制加工工艺规程。

(5) 加工精密、复杂的工件和模具。

(6) 应用电加工技术独立解决生产中的疑难问题。

(7) 应用新技术、新工艺、新设备、新材料,并对一般电火花加工设备进行改造。

工作实例:

(1) 电火花成形机床加工多型腔塑料模(上下合模),表面粗糙度 Ra 为 1.25 μm。

(2) 电火花线切割机床加工多孔级进模(15~20 孔),表面粗糙度 Ra 为 1.25 μm、公差等级 IT7。

(3) 电火花线切割机床加工超过坐标尺寸的较复杂工件,表面粗糙度 Ra 为 1.25 μm、公差等级 IT7。

(4) 脉冲电源波形失常的故障排除。

(5) 看懂带有微型计算机的电火花加工机床原理图。

(6) 相应复杂程序工件的加工。

附录 C 职业技能鉴定国家题库试卷(例卷)

电切削工中级操作技能考核试卷

圆弧镶配,图形及技术要求:

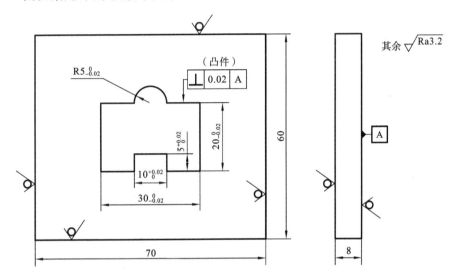

技术要求
1. 以凸件为基准件,凹件按凸件配割。配合互换,单面间隙≤0.02 mm。
2. 额定工时240分钟。

表 C-1 电切削工中级操作技能考核评分记录表

序号	考核项目	考核内容及要求	配分	检测结果	评分标准	备注
1	线切割	$30_{-0.02}^{0}$	5		超差不得分	
2		$20_{-0.02}^{0}$	10		超差不得分	
3		$10_{0}^{+0.02}$	6		超差不得分	
4		$5_{0}^{+0.02}$	6		超差不得分	
5		$R5_{-0.02}^{0}$	8		超差不得分	
6		Ra3.2(20处)	20		超差不得分	
7		⊥0.02A(10处)	10		超差不得分	

231

续表

序号	考核项目	考核内容及要求	配分	检测结果	评分标准	备注
8	配合	单面间隙≤0.02（20处）	30		每超差0.01扣1分，超差0.02以上不得分	
9		错位量≤0.04	5		每超差0.01扣3分，超差0.02以上不得分	
	安全生产	按国家有关规定或企业自定有关规定			每违反一项规定从总分中扣除2分；发生重大事故者取消考试资格	
	文明生产	按企业自定有关规定			每违反一项规定从总分中扣除2分	
	其他项目	未注公差尺寸按IT14要求			每超一处扣2分	从总分中扣除
		考件局部有缺陷			酌情扣1～5分，严重者扣30分	

附录 D 阿奇夏米尔电火花快走丝机床操作方法

1. 开机

将机床侧面的电源开关旋钮旋转至 ON 位置,再按下系统屏幕下方的绿色按钮。

注意:每次开、关机的时间间隔要大于 10 s,否则有可能出现故障。

该机床系统屏幕如图 D-1 所示。手控盒如图 D-2 所示。

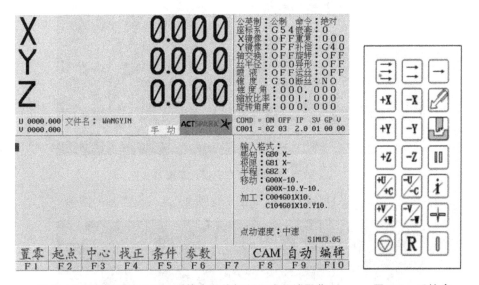

图 D-1 阿奇夏米尔 FW-1 型快走丝线切割机床系统屏幕　　图 D-2 手控盒

其 F 功能如下。

F1(置零):设置当前点为坐标零点。

F2(起点):回到起始点,这个起始点包括用置零所设零点或程序中用 G92 所设程序的起始点。系统以两者中最后操作的为准。

F3(中心):找内孔的中心点。

F4(找正):可用手控盒及找正块进行丝的半自动垂直找正。

F5(条件):在加工前可修改所提供的所有加工条件。在加工时能修改正在被使用的加工条件。

F6(参数):可修改经常要用的参数。

2. 装夹工件,并设定工件坐标系

根据工件的形状和厚度选择合适的装夹方法来装夹工件,在手控盒上先选速度档,然后选择相应的要移动的坐标轴,移至坯料的穿丝孔位置,并按要求建立工件坐标系。

3. 穿丝,并校调丝的垂直度,调节工作液的流量

4. 自动编程

(1) 在手动屏按 F8(CAM),即进入线切割自动编程系统,如图 D-3 所示。

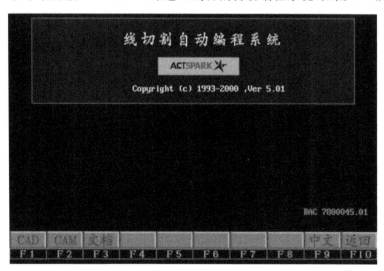

图 D-3　线切割自动编程系统

(2) 按 F1 进入 CAD 绘图屏幕,如图 D-4 所示,画出要切割的图形。

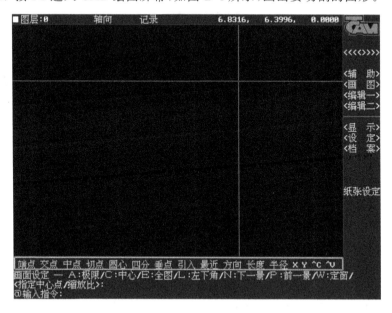

图 D-4　CAD 绘图界面

(3) 选择"线切割"菜单中的"路径",按需要定"穿丝点""切入点",并指定切割方向,进刀线不能与路径的起始图元重合在一个方向上,路径排成功后颜色变

绿,按"Ctrl"+"C"结束路径转换,并输入一个文件名"0000"回车保存,此文件并不是最终的 NC 文件,是一个过渡文件。

(4) 选择"线切割"菜单中"CAM",退回到图 D-3 线切割自动编程系统,再按 F2 进入 CAM 屏幕,如图 D-5 所示。

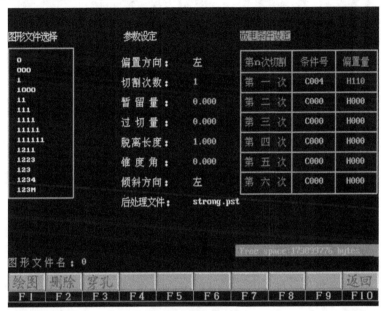

图 D-5　CAM 屏幕

(5) 画面分成三栏:"图形文件选择""参数设定"和"放电条件设定"。在图形文件选择一栏用键盘上的箭头键选取之前绘好的 CAD 图,即文件名"0000"后回车,屏幕左下显示所选文件名。

(6) 按需要设定加工参数。

① 偏置方向。沿切割路径的前进方向,电极丝向左或右偏,用空格键切换。

② 切割次数。可输入 1～6。但快走丝多次切割无意义,通常为 1。

③ 暂留量。多次切割时,为防止工件掉落,留一定量到最后一次才切,生成程序时在此加暂停指令。取值范围 0～999.000 mm。

④ 过切量。为消除切入点的凸痕,加入过切。

⑤ 脱离长度。多次切割时,为改变加工条件和补偿值,需离开加工轨迹,其距离为脱离长度。

⑥ 锥度角。进行锥度切割时的锥度值,单位为度。

⑦ 倾斜方向。锥度切割时丝的倾斜方向,设定方法和偏置方向的设定相同。

⑧ 后处理文件。不同的后处理文件,可生成适合于不同控制系统的 NC 代码程序,本系统后处理文件扩展名为.pst。Strong.pst 为公制后处理文件,Inch.pst 为英制后处理文件。

(7) 生成轨迹。

图形文件选定,按"F1"调出图形,"◎"表示穿丝点,"×"表示切入点,"□"表示切割方向,如图 D-6 所示。

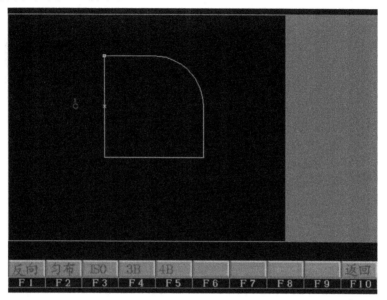

图 D-6　绘图屏幕

F1(反向):改变在"路径"中设定的切割方向,偏置方向、倾斜方向亦随之改变。

F2(均布):把一个图形按给定角度和个数分布在圆周上。旋转角以度为单位,逆时针方向为正。均布个数必须是整数。而且,旋转角度×均布个数≤360°。

F3(ISO):生成国际通用的 ISO 格式的 NC 程序。

F4(3B):生成 3B 格式的 NC 程序。

F5(4B):生成 4B 格式的 NC 程序。

(8) 检查切割方向,偏置方向、倾斜方向、切入点等条件是否有误,即可按"F3"自动生成程序,按"F9"存盘,并输入文件名,最好和之前的图的文件名一致。如果是机外编程,要输入文件要存的路径,如要存软盘要输 A:\文件名;在机床上保存不用输入路径,直接输入文件名,文件名不要超过 8 个字符,".NC"的后缀名自动加在文件名后,故不需输后缀。

(9) 按"F10"一直返回到手动界面。

(10) 按"F10"进入编辑界面,如图 D-7 所示。按"F1"从相应内存中找到之前自动编程的程序装入程序。

(11) 按"F9"进入自动模式屏幕,如图 D-8 所示。

(12) 模拟加工。

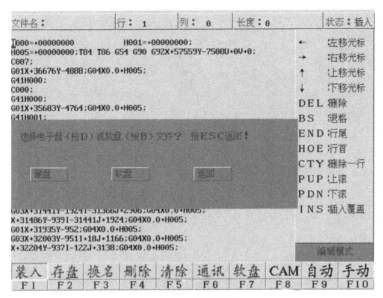

图 D-7 编辑屏幕

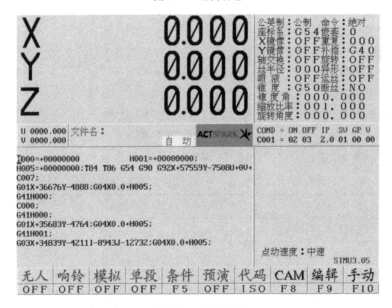

图 D-8 自动屏幕

加工前要检查一下程序图形时,按 F3 打开模拟,接着按回车,即可绘出加工图形,如图 D-9 所示。模拟完毕后按 ESC 退出模拟界面。

5. 加工

再按"F3"关闭模拟,回车后即可开始放电加工。

6. 加工完毕

加工完毕取下工件,检验工件的尺寸精度,卸下剩余坯料,清理机床工作台,关机。

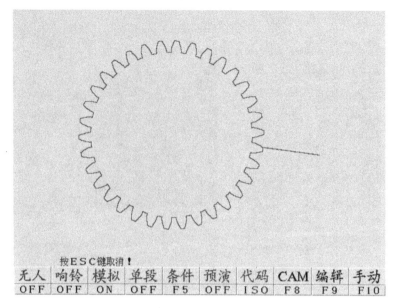

图 D-9　模拟屏幕

7. 按要求维护保养机床

对线切割机床维护保养的质量将直接影响加工指标,因此尤为重要。具体保养有以下两方面。

1) 机床润滑

润滑部位及油品牌号等润滑注意事项如表 D-1 所示。

表 D-1　润滑注意事项

序号	润滑部位	油品牌号	润滑方式	润滑周期
1	X、Y 向导轨	锂皂基 2 号润滑脂	油枪注射	半年
2	X、Y 向丝杠	锂皂基 2 号润滑脂	油枪注射	半年
3	滑枕上下移动导轨	40 号机油	油杯	每月
4	储丝筒导轨	40 号机油	油枪注入	每日
5	储丝筒丝杠	锂皂基 2 号润滑脂	油枪注入	每日
6	储丝筒齿轮	40 号机油	油枪注入	每日
7	U、V 轴导轨丝杠	锂皂基 2 号润滑脂	装配时填入	大修

2) 使用保养

(1) 加工液的质量直接影响到加工速度和粗糙度,应每周更换一次,同时将工作台、液箱等部位的蚀除物清洗干净。如机床连班工作,更要勤换加工液,以保持加工液的低导电率和清洁度。

(2) 导轮,尤其是两个主导轮,要保持清洁,转动灵活。

(3) 导电块上不应有蚀除物堆积,否则会造成接触不良,在丝与导电块间产生放电,既影响加工效果,又缩短丝和导电块的使用寿命。

8. 机床易损件使用数量

机床易损件使用数量表如表 D-2 所示。

表 D-2 机床易损件使用数量表

编号	名称	规 格	件数
0047397B	导电块	φ15×φ5.5×8(硬质合金 YG8)	1 件
0009723B	小导轮	外径 φ32 轴径 φ6 螺纹 M5	2 件
0046693B	钢导轮	外径 φ40 轴径 φ6 螺纹 M5	4 件
0041037B	轴承	D800026/6×19×6	2 件
0041047B	轴承	D200096/6×15×5	10 件

9. 阿奇夏米尔 FW 快走丝电火花线切割机床加工参数表

1) 精加工参数表

精加工参数表如表 D-3 所示。

表 D-3 精加工参数表

工件材料:Cr12 热处理 C59-C65

钼丝直径:0.2 mm

参数号	ON	OFF	IP	SV	GP	V	加工速度/ (mm²/min)	粗糙度 Ra/ μm
C001	02	03	2.0	01	00	00	11	2.5
C002	03	03	2.0	02	00	00	20	2.5
C003	03	05	3.0	02	00	00	21	2.5
C004	06	05	3.0	02	00	00	20	2.5
C005	08	07	3.0	02	00	00	32	2.5
C006	09	07	3.0	02	00	00	30	2.5
C007	10	07	3.0	02	00	00	35	2.5
C008	08	09	4.0	02	00	00	38	2.5
C009	11	11	4.0	02	00	00	30	2.5
C010	11	09	4.0	02	00	00	30	2.5
C011	12	09	4.0	02	00	00	30	2.5
C012	15	13	4.0	02	00	00	30	2.5
C013	17	13	4.0	03	00	00	30	3.0
C014	19	13	4.0	03	00	00	34	3.0
C015	15	15	5.0	03	00	00	34	3.0

续表

参数号	ON	OFF	IP	SV	GP	V	加工速度/(mm²/min)	粗糙度 Ra/μm
C016	17	15	5.0	03	00	00	37	3.0
C017	19	15	5.0	03	00	00	40	3.0
C018	20	17	6.0	03	00	00	40	3.5
C019	23	17	6.0	03	00	00	44	3.5
C020	25	21	7.0	03	00	00	56	4.0

2）中加工参数表

中加工参数表如表 D-4 所示。

表 D-4 中加工参数表

工件材料：Cr12 热处理 C59-C65

钼丝直径：0.2 mm

参数号	ON	OFF	IP	SV	GP	V	加工速度/(mm²/min)	粗糙度 Ra/μm
C101	08	07	2.0	03	00	00	13	3.0
C102	08	05	3.0	03	00	00	25	2.9
C103	10	05	3.0	03	00	00	29	3.1
C104	11	05	3.0	03	00	00	35	2.8
C105	15	11	4.0	03	00	00	39	3.0
C106	17	11	4.0	03	00	00	39	3.4
C107	18	11	4.0	03	00	00	40	3.3
C108	15	11	5.0	03	00	00	50	3.6
C109	16	11	5.0	03	00	00	53	3.5
C110	18	11	5.0	03	00	00	58	3.6
C111	18	13	5.0	03	00	00	49	3.3
C112	18	13	5.0	03	00	00	50	3.3
C113	18	13	5.0	03	00	00	50	3.3
C114	18	11	5.0	03	00	00	56	3.9
C115	18	11	5.0	03	00	00	56	4.0
C116	20	11	5.0	03	00	00	56	4.0
C117	20	11	5.0	03	00	00	56	4.0
C118	20	13	6.0	03	00	00	60	4.0
C119	22	13	6.0	03	00	00	60	4.0
C120	25	21	7.0	03	00	00	60	3.6

3）加工铝参数表

加工铝参数表如表 D-5 所示。

表 D-5　加工铝参数表

工件材料：铝
钼丝直径：0.2 mm

参数号	ON	OFF	IP	SV	GP	V	加工速度/(mm²/min)	粗糙度 Ra/μm	加工精度/mm
C301	02	00	2.0	04	01	00	25	2.7	0.005
C302	02	00	2.0	04	01	00	24	2.6	0.015
C303	02	00	2.5	04	01	00	28	3.0	0.005
C304	02	00	3.0	04	01	00	25	3.2	0.01
C305	02	00	3.5	04	01	00	34	3.6	0.015
C306	02	00	4.0	04	01	00	35	3.7	0.014

4）加工铜参数表

加工铜参数表如表 D-6 所示。

表 D-6　加工铜参数表

工件材料：紫铜
钼丝直径：0.2 mm

参数号	ON	OFF	IP	SV	GP	V	加工速度/(mm²/min)	粗糙度 Ra/μm	加工精度/mm
C201	04	03	3.0	04	00	00	12.2～15.2	2.4～3.9	0.007～0.020
C202	05	05	4.0	04	00	00	13.9～16.4	2.7～3.5	0.005～0.012
C203	08	07	4.0	04	00	00	18.3～23.4	2.6～3.6	0.007～0.010
C204	10	08	4.0	04	00	00	20.4～25.9	2.8～3.8	0.005～0.012
C205	08	09	5.0	04	00	00	19.2～25.8	2.9～3.7	0.012～0.025
C206	09	10	5.0	04	00	00	24.5～27.7	3.2～4.1	0.005～0.020
C207	10	10	5.5	04	00	00	23.8～29.0	3.1～3.6	0.007～0.015
C208	08	10	6.0	04	00	00	18.7～23.9	3.1～4.4	0.007～0.015
C209	09	12	6.0	04	00	00	19.9～20.9	4.0～4.7	0.007～0.014
C210	10	12	6.0	04	00	00	22.0～22.9	4.0～4.2	0.007～0.011
C213	13	20	7.0	04	00	00	23.2～23.9	4.8～5.0	0.010～0.013
C216	16	25	8.0	04	00	00	26.4～27.3	5.1～5.3	0.010～0.025
C220	20	30	9.0	04	00	00	28.8～30.5	5.8～6.5	0.015～0.030

5) 细丝加工参数表

细丝加工参数如表 D-7 所示。

表 D-7 细丝加工参数

工件材料:Cr12 热处理 C59-C65

钼丝直径:0.13 mm

配重:2910 g(去掉两片配重)

参数号	ON	OFF	IP	SV	GP	V	加工速度/(mm²/min)	粗糙度 Ra/μm
C401	02	03	2.0	01	00	00	8.6	2.6
C402	03	03	2.0	02	00	00	12.3	2.3
C403	03	05	3.0	02	00	00	13.9	1.7
C404	06	05	3.0	02	00	00	21.5	3.0
C405	08	07	3.0	03	00	00	22.3	2.4
C406	09	07	3.0	03	00	00	17.9	2.4
C407	10	07	3.5	05	00	00	25.5	2.4
C408	10	09	4.0	04	00	00	25.4	3.0
C409	11	11	4.5	04	00	00	30.5	3.4

6) 细丝加工参数表

细丝加工参数表如表 D-8 所示。

表 D-8 细丝加工参数表

工件材料:Cr12 热处理 C59-C65

钼丝直径:0.15 mm

配重:3780 g(去掉一片配重)

参数号	ON	OFF	IP	SV	GP	V	加工速度/(mm²/min)	粗糙度 Ra/μm
C501	02	03	2.0	01	00	00	7.21	2.2
C502	03	03	2.0	02	00	00	10.7	1.6
C503	03	05	3.0	02	00	00	11.5	1.8
C504	06	05	3.0	02	00	00	21.2	2.7
C505	08	07	3.0	02	00	00	21.6	2.6
C506	09	07	3.0	03	00	00	19.8	2.5
C507	10	07	3.0	03	00	00	20.8	2.8
C508	08	09	4.0	04	00	00	22	2.6
C509	11	11	4.0	04	00	00	22	2.9
C510	11	10	4.5	04	00	00	29.6	3.1

7）分组加工参数表

分组加工参数表如表 D-9 所示。

表 D-9 分组加工参数表

工件材料：Cr12 热处理 C59-C65

钼丝直径：0.2 mm

适用于厚度 50 mm 及以下工件的加工，以提高效率，改善粗糙度

参数号	ON	OFF	IP	SV	GP	V	加工速度/ (mm^2/min)	粗糙度 Ra/ μm
C701	03	00	3.5	03	01	00	19	2.6
C702	03	00	3.5	03	01	00	22	2.5
C703	03	00	3.5	03	01	00	20	2.5
C704	03	00	4.0	03	01	00	26	2.5
C705	03	00	5.0	03	01	00	30	2.5

附录 E 阿奇夏米尔电火花成形机床操作实例

例 零件图如图 E-1 所示,在钢板上虚线圆圈处加工 1 个深度 5 mm 的直径为 10 mm 圆孔。

工艺数据为:

停止位置=1.000 mm,加工轴向=Z−,材料组合=铜-钢,工艺选择=标准值

加工深度=5.000 mm,尺寸差=0.610 mm,粗糙度=2.000 μm,圆形电极半径=10 mm

投影面积=3.14 cm², 平动方式=打开,型腔数=1,平动半径 0.30 mm

平动方式为自由圆形平动

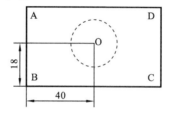

图 E-1 零件图

1. 开机

合上电柜右侧总开关,脱开急停按钮(蘑菇头按箭头方向旋转)启动,约 2 min 进入准备界面,如图 E-2 所示,执行 Z 轴回原点。未进入准备界面之前,不要按任何键。

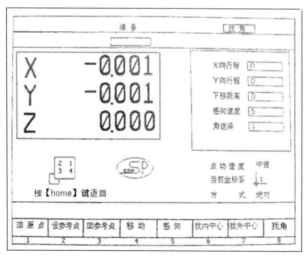

图 E-2 准备界面

注意:X、Y 轴为步进电动机驱动,如果关机后没有触动工作台,不要执行回原点操作。

2. 安装并找正电极和工件

3. 建立工件坐标系

(1) 按"9"键选坐标系,用键盘上的空格键,来设置坐标系为 G54(系统共有 G54～G59 六个坐标系)。使用手控盒选择点动速度为快速,再按方向键分别移动各个轴,使电极接近工件大约为 10 mm 左右,再选择点动速度为中速,分别移动各个轴,使电极接近工件表面上方大约为 5 mm 左右。

(2) 在准备界面直接按"5"键进入感知功能页面,如图 E-3 所示,让电极与工件接触感知,以便定位。用键盘上的"↑"或"↓"键,选择感知的方向;用键盘上的空格键,选择感知速度 9 挡,输入感知后的回退量 1000 μm;选择完毕后,按键盘上的回车键开始执行接触感知,完毕后按"Home"键返回。

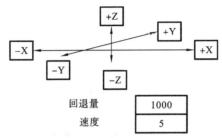

图 E-3 感知功能页面示意

(3) 通过输入数值使坐标轴移动到给定点。在准备界面直接按"4"键进入移动功能,用键盘上的"↑"或"↓"键,选择移动相应的轴,输入要移动的坐标值;用空格键切换到增量方式,按键盘上的回车键即开始执行,完毕后按"Home"键返回。

(4) 把当前点设为工件坐标系原点。在准备界面直接按"2"键进入设参考点功能页面,用"↑"或"↓"键,移动光标选择置零轴,按回车键,系统将完成设置坐标系。设置完成后按"Home"键返回。

4. 进入加工功能屏

如图 E-4 所示,按"1"～"8"键进入加工功能屏的各个子菜单,执行完毕后按"Home"键返回加工功能屏。并根据加工要求,设置好平动、抬刀数据,选择好加工条件。可以现场编程,也可以装入一个现成的 NC 文件运行加工。下面对加工功能界面的功能进行介绍。

(1) 装入。将 NGM 文件从硬盘 1 或软盘 2 装入内存缓冲区。选定驱动器后,将显示文件目录,用光标选取文件后回车。一个 NGM 文件包括程序 0～9 共 10 个程序,所装入文件可以按"4"键进行编辑、修改和加工。

(2) 存储。将内存中 10 个程序存入硬盘或软盘上。如无文件名,会提示输

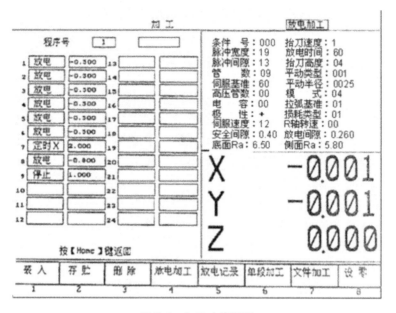

图 E-4　加工功能界面

入文件名。文件名只能是数字,且不超过 8 个字符,扩展名".ngm"自动加在文件名后。

(3) 删除。将 NGM 文件从硬盘或软盘中删掉。

(4) 放电加工。用表格编制工作程序并加工。表格共分六列,如图 E-5 所示。

① 第 1、4 列是行号,从 1(13)～12(24)共 24 行。第 2、5 列是编程的内容,共

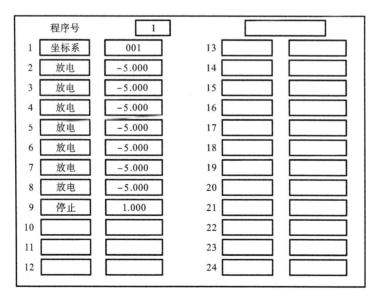

图 E-5　放电加工界面

有 18 种，用"Next-Page/Prev-Page"键切换。按"Ins"键可插入一空行，按"Del"键可删除当前行。第 3、6 列是数据区，如果编程内容是调用已知程序，此处可输入程序号 0~9；如果是移动等动作，输入具体值；如果是加工，输入加工深度后回车，右下角出现一画面，输入加工条件号、平动类型、开始角度、平动半径、角度、间隙补偿量等数据，然后按"Home"键返回。

如果是复制，光标移到要复制的行，按"Space"键，该行序号变为红色，再把光标移到目标处，按"Ins"键即可。复制完成后再按"Space"键，要复制的行恢复为正常颜色。

如果是插入程序，光标在程序号处，按"Ins"键，根据提示输入目标程序号(0~9)，按"Enter"键即可，按"Esc"键放弃该操作。

结束编程按"Home"键。红色显示的是当前的序号，按"Next-Page/Prev-Page"键可以改变序号。

② 程序命令。

停止：结束一个程序，数据为 Z 轴停止位置。

坐标系：加工时所在坐标系(1~6)。

程序号：调用其他程序号。

放电：放电加工。

轴增量：以当前点为参考点移动，数据为移动值。

轴绝对：以所选坐标系零点为参考点移动，数据为移动值。

感知：向某方向感知，其后数据为设置值，如果未设置的话一般为零。

定时 X：不论是否加工到设定深度，到达设定时间，加工就结束。

定时 T：加工到设定深度后，启动定时加工，再加工到设定时间，加工结束，但深度不会超过设定值。

(5) 放电记录。显示已执行完的一个程序的放电各项数据。

(6) 单段加工。指用户输入加工条件和深度后，即可进行加工的方式界面。

① 加工深度。在"绝对"模式，其值为当前坐标系的 Z 轴坐标点；在"增量"模式，表示以当前点为"0"，正值表示向上加工，负值表示向下加工，取值范围在 0~999.999 mm 之间。

② 加工条件号。选择加工条件，范围在 0~999 之间。平动方式为自由平动。

③ 加工开始。加工中所有操作与非手动方式一样。同时还可单步移动 X、Y 轴，进行手动找正，操作方法如下。

按键盘上的"Ins"键，再按手控盒上的轴向键，但不能是 Z 轴，按"Esc"键返回正常加工状态。

(7) 文件加工。从软盘装入一个 NC 文件进行加工，按"Enter"键开始加工，按"Esc"键取消。

(8) 设零。根据需要将某轴的当前位置设置为零。按"1"将 X 轴设零，按

"2"将 Y 轴设零,按"3"将 Z 轴设零。

5. 编程操作

将光标移至第 3 列数据处,按回车键,此时出现半自动编程对话框。如图 E-6 所示。

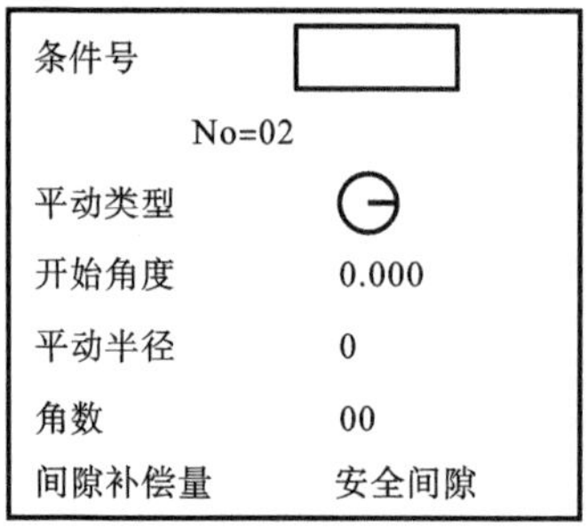

```
条件号      ┌──────┐
            │      │
            └──────┘
            No=02
平动类型      ⊖
开始角度      0.000
平动半径      0
角数          00
间隙补偿量    安全间隙
```

图 E-6 半自动编程对话框

(1) 计算并确定加工条件。

① 确定第一个加工条件。

可根据投影面积的大小和工艺要求,由加工参数表选择第一个加工条件。本例工艺要求为"标准值",投影面积为 3.14 cm^2,按参数表确定第一个加工条件为 C131,从而确定电极尺寸差为 0.61 mm。

注意:尺寸差是决定首要加工条件的优先条件。如果尺寸差太小,即使投影面积很大,也无法选择较大的条件作为首要的加工条件。

② 根据表面粗糙度 Ra=2.0 要求,查看参数表"侧面""底面"两参数,选 C125 加工条件可满足。

③ 中间条件全选,即加工过程为:C131→C130→C129→C128→C127→C126→C125。

④ 确定每个条件的底面留量。最后一个加工条件之前底面留量按本条件的安全间隙的一半留量,最后一个加工条件按本条件的单边放电间隙留量。故每个条件的底面留量确定如表 E-1 所示。

表 E-1

	C131	C130	C129	C128	C127	C126	C125
M/2	0.305	0.23	0.19	0.14	0.11	0.07	0.0275

⑤ 选择平动类型及平动量的计算。

选择平动类型:本例选择圆形自由平动即 OBT001。

确定平动半径:平动半径(R)=电极尺寸收缩量/2=0.61/2=0.305

每个条件的平动量 = 平动半径 R－电极尺寸收缩量 M/2　　首要条件

　　　　　　　　　　平动半径 R－0.4×电极尺寸收缩量 M　　中间条件

　　　　　　　　　　平动半径 R－单边放电间隙 GAP　　　　最终条件

本例中每个条件的平动量确定如表 E-2 所示。

表 E-2

	C131	C130	C129	C128	C127	C126	C125
平动量	0	0.121	0.153	0.193	0.217	0.249	0.2775

(2) 按前期计算输入第一个条件号 C131,平动类型为圆形平动,开始角度为 0,平动半径为 0.3,角数为 0,间隙补偿量为安全间隙。输入完毕后,按"Home"键返回。

(3) 用同样的方法输入其余放电条件,对话框与图 E-6 相似,只是条件号在变化。最后一次放电加工中"间隙补偿量"由安全间隙改为"放电间隙"。本程序中加工对话框共需填写 7 次。

至此这个半自动编程就完成了。

6. 注入工作液

扣上液槽门扣,关闭液槽,旋转后下压闭合放油手柄,按手控盒中的 PUMP 打开工作液泵按钮,同时调整液面高度手柄,使液面高于被加工工件表面 50 mm 以上。

7. 启动程序开始加工

在加工屏页面中,移动光标到需要开始加工的程序段,按回车键即可开始加工。液温、液面有自动检测,若出现问题会有提示。加工中可以更改加工条件、暂停加工和停止加工,但不能修改程序。

8. 放出工作液

待工件加工完毕后,旋转上拉打开放油手柄,让液槽的工作液放回到油箱中。

9. 检测尺寸

打开液槽门扣,取下工件,检测其尺寸。

10. 保养机床

对电火花成型机床维护保养的质量将直接影响加工指标,因此尤为重要。

(1) 日常保养。

① 清理电柜和机床表面的灰尘。

② 用工作液清洗工作液槽以及该部位的所有部件,不能用清洁剂和化学物质,否则会污染工作液,用冲液管冲洗这一区域,然后用一块干的、不起毛的软布擦干。

③ 当打开工作液槽门时,一定要用抹布擦干净密封圈,并始终保持门下的回流槽干净。

④ 要经常擦工作电缆上的线托,用细砂纸或金刚砂布擦掉锈斑或残渣,然后用浸有工作液的布擦干净,保持夹具干净,没有锈和残渣。

⑤ 向油箱添加工作液,以保证有足够的工作液。

⑥ 当液槽门不能可靠密封时,按需要更换工作液槽的密封条。

(2) 周保养。

更换脉冲电源柜的空气过滤器,以防从风扇吹入灰尘。

(3) 月保养。

① 机床上所有的润滑点均采用锂皂基 2 号润滑脂直接注入润滑。

② 清洗浮子开关和温度传感器,检查保护开关。

(4) 半年保养。

① 切断主电源,用一个绝缘性能好的真空吸尘器清扫脉冲电源柜的灰尘。

② 油箱的排液、清洗及重新添加工作液。

备注:阿奇夏米尔 SP 电火花成型机床加工条件参数如表 E-3 至表 E-9 所示。

表 E-3 铜打钢——最小损耗参数表

条件号	面积/cm²	安全间隙/mm	放电间隙/mm	加工速度/(mm²/min)	损耗/(%)	侧面Ra/μm	底面Ra/μm	极性	电容	高压管	管数	脉冲间隙	脉冲宽度	模式	损耗类型	伺服基准	伺服速度	极限值 损耗类型	极限值 脉冲间隙	极限值 伺服基准
100		0	0.005					—	0	0	3	2	2	8	0	85	8			
101		0.04	0.025			0.56	0.7	—	0	0	2	6	9	8	0	80	8			
103		0.06	0.045			0.8	1.0	—	0	0	3	7	11	8	0	80	8			
104		0.08	0.05			1.2	1.5	—	0	0	4	8	12	8	0	80	8			
105		0.11	0.065			1.5	1.9	+	0	0	5	9	13	8	0	75	8			
106		0.12	0.070	1.2		2.0	2.6	+	0	0	6	10	14	8	0	75	10	0	6	55
107		0.19	0.15	3.0		3.04	3.8	+	0	0	7	12	16	8	0	75	10	0	6	55
108	1	0.28	0.19	10	0.10	3.92	5.0	+	0	0	8	13	17	8	0	75	10	0	6	55
109	2	0.40	0.25	15	0.05	5.44	6.8	+	0	0	9	13	18	8	0	75	12	0	6	52
110	3	0.58	0.32	22	0.05	6.32	7.9	+	0	0	10	15	19	8	0	70	12	0	8	52
111	4	0.70	0.37	43	0.05	6.8	8.5	+	0	0	11	16	20	8	0	70	12	0	8	48
112	6	0.83	0.47	70	0.05	9.68	12.1	+	0	0	12	16	21	8	0	65	15	0	8	48
113	8	1.22	0.60	90	0.05	11.2	14.0	+	0	0	13	16	24	8	0	65	15	0	10	50
114	12	1.55	0.83	110	0.05	13.4	15.5	+	0	0	14	16	25	8	0	58	15	0	12	50
115	20	1.65	0.89	205	0.05	13.4	16.7	+	0	0	15	17	26	8	0	58	15	0	13	50

表 E-4 铜打钢——标准型参数表

条件号	面积/cm²	安全间隙/mm	放电间隙/mm	加工速度/(mm²/min)	损耗/(%)	侧面Ra/μm	底面Ra/μm	极性	电容	高压管	管数	脉冲间隙	脉冲宽度	模式	损耗类型	伺服基准	伺服速度	极限值 脉冲间隙	极限值 伺服基准
121		0.045	0.040			1.1	1.2	+	0	0	2	4	8	8	0	80	8		
123		0.070	0.045			1.3	1.4	+	0	0	3	4	8	8	0	80	8		
124		0.10	0.050			1.6	1.6	+	0	0	4	6	10	8	0	80	8		
125		0.12	0.055			1.9	1.9	+	0	0	5	6	10	8	0	75	8		
126		0.14	0.060			2.2	2.6	+	0	0	7	11	12	8	0	75	10		
127		0.22	0.11	4.0		2.8	3.5	+	0	0	8	12	14	8	0	75	10		
128	1	0.28	0.165	12.0	0.40	3.7	5.8	+	0	0	8	11	15	8	0	75	10	5	52
129	2	0.38	0.22	17.0	0.25	4.4	7.4	+	0	0	9	13	17	8	0	75	12	6	52
130	3	0.46	0.24	26.0	0.25	5.9	9.0	+	0	0	10	13	18	8	0	70	12	5	50
131	4	0.61	0.31	46.0	0.25	7.0	10.2	+	0	0	11	15	18	8	0	70	15	5	48
132	6	0.72	0.36	77.0	0.25	8.2	12	+	0	0	12	14	19	8	0	65	15	5	48
133	8	1.00	0.53	126.0	0.15	12.2	15.2	+	0	0	13	16	22	8	0	65	15	5	45
134	12	1.06	0.544	166.0	0.15	13.4	16.7	+	0	0	14	14	23	8	0	58	15	7	45
135	20	1.581	0.84	261.0	0.15	15.0	18.0	+	0	0	15	16	25	8	0	58	15	8	45

表 E-5 铜打钢——最大去除率型参数表

条件号	面积/cm²	安全间隙/mm	放电间隙/mm	加工速度/(mm²/min)	损耗/(%)	侧面Ra/μm	底面Ra/μm	极性	电容	高压管	管数	脉冲间隙	脉冲宽度	模式类型	损耗基准	伺服速度	极限值 脉冲间隙	极限值 伺服基准
141		0.046	0.04			1.0	1.2	+	0	0	2	6	9	8	0	80	8	
142		0.090	0.055			1.1	1.4	+	0	0	3	7	11	8	0	80	8	
143		0.11	0.06			1.2	1.6	+	0	0	4	8	12	8	0	80	8	
144		0.13	0.065			1.7	2.1	+	0	0	5	9	13	8	0	78	8	
145		0.15	0.07			2.1	2.6	+	0	0	6	10	14	8	0	75	10	
146		0.18	0.08			2.7	3.7	+	0	0	7	4	8	8	0	75	10	
147		0.23	0.122	10.0	5.0	3.2	4.8	+	0	0	8	6	11	8	0	75	10	
148	1	0.29	0.145	15.0	2.5	3.4	5.4	+	0	0	9	7	12	8	0	75	12	
149	2	0.346	0.19	19.0	1.8	4.2	6.2	+	0	0	9	8	13	8	0	75	12	6	45
150	3	0.43	0.22	30.0	1.0	4.6	8.0	+	0	0	10	10	15	8	0	70	15	5	45
151	4	0.61	0.3	45.0	0.9	6.0	9.2	+	0	0	11	11	16	8	0	70	15	5	45
152	6	0.71	0.35	76.0	0.8	8.0	12.2	+	0	0	12	11	17	8	0	65	15	5	45
153	8	0.97	0.457	145.0	0.4	11.8	14.2	+	0	0	13	12	20	8	0	65	15	7	48
154	12	1.22	0.59	220.0	0.4	13.9	17.2	+	0	0	14	12	21	8	0	58	15	8	48
155	20	1.6	0.81	310.0	0.4	15.0	19.0	+	0	0	15	15	23	8	0	58	15	10	48

表 E-6 铜打钢——反向工艺参数表(仅供参考)

条件号	安全间隙/mm	放电间隙/mm	加工速度/(mm²/min)	损耗/(%)	底面Ra/μm	极性	电容	高压管	管数	脉冲间隙	脉冲宽度	伺服基准	伺服速度	极限值 脉冲间隙	极限值 伺服基准
184		0.04			1.00	−	0	1	4	13	9	73	8	11	73
185		0.05			1.50	−	0	1	5	13	10	70	8	11	70
186		0.065			1.60	−	0	1	6	14	11	70	8	12	70
187	0.09	0.07			2.30	−	0	0	7	10	12	70	8	8	70
188	0.20	0.12	13	0.10	3.00	−	0	0	8	10	17	70	8	8	70
189	0.28	0.17	16	0.05	4.00	−	0	0	9	10	19	60	12	8	60
190	0.33	0.225	34	0.05	5.44	−	0	0	10	10	20	55	12	8	55
191	0.60	0.26	65	0.05	6.32	−	0	0	11	10	20	52	12	8	52
192	0.70	0.33	110	0.05	6.80	−	0	0	12	12	21	51	12	10	52
193	0.91	0.41	165	0.05	9.68	−	0	0	13	12	24	51	12	12	52
194	1.10	0.50	265	0.05	11.20	−	0	0	14	15	25	51	15	13	52
195	1.30	0.63	317	0.05	12.40	−	0	0	15	16	26	51	15	14	52

表 E-7 困难条件下的铜打钢参数表——半精/精加工(仅供参考)

条件号	面积/cm²	安全间隙/mm	放电间隙/mm	加工速度/(mm²/min)	损耗/(%)	侧面Ra/μm	极性	电容	高压管数	管数	脉冲间隙	脉冲宽度	伺服基准	伺服速度
161		0.020	0.020			0.6	−	0	0	2	3	3	85	15
162		0.240	0.024			0.8		0	0	3	7	4	80	15
163		0.030	0.030			1.0		0	0	3	7	4	80	15
164		0.060	0.030			1.0		0	0	3	7	6	80	15
165		0.058	0.046			1.35	+	0	0	4	6	10	80	15
166		0.078	0.050			1.8		0	0	5	7	10	75	15
167		0.110	0.060			2.8		0	0	6	7	11	75	15
168		0.156	0.080				+	0	0	7	8	12	70	15

表 E-8 困难条件下的铜打钢参数表——粗加工(仅供参考)

条件号	面积/cm²	安全间隙/mm	放电间隙/mm	加工速度/(mm²/min)	损耗/(%)	侧面Ra/μm	极性	电容	高压管数	管数	脉冲间隙	脉冲宽度	伺服基准	伺服速度
169	0.1…0.2	0.24	0.14	1.0	0.8	5.2	+	0	0	8	22	15	77	20
170	0.2…0.5	0.35	0.20	1.5		6.5	+	0	0	9	23	17	77	20
171	0.5…1.5	0.50	0.26	7.5	0.3	7.0	+	0	0	10	16	18	75	20
172	1.5…3	0.61	0.31	21		8.6	+	0	0	11	11	18	70	20
173	3…4	0.72	0.36	50	0.3	12.0	+	0	0	12	12	19	65	20
174	4…6	1.00	0.53	70	0.15	15.0	+	0	0	13	13	22	65	20
175	6…8	1.25	0.64	105	0.15	16.7	+	0	0	14	14	23	58	20
176	>8	1.60	0.85	150	0.5		+	0	0	15	16	25	58	20

表 E-9 铜打钢(盲孔加工)——最小损耗参数表(仅供参考)

条件号	直径/mm	安全间隙/mm	放电间隙/mm	加工速度/(mm²/min)	损耗/(%)	底面Ra/μm	极性	电容	高压管数	管数	脉冲间隙	脉冲宽度	伺服基准	伺服速度	极限值脉冲间隙	极限值伺服基准
200	0.5	0.12	0.07			1.5	+	0	0	6	3	12	72	8	3	72
201	1.0	0.24	0.10	1.0	30	3.3	+	0	0	8	16	12	62	10	6	62
202	2.0	0.25	0.11	1.7	25	3.7	+	0	0	9	4	13	62	10	4	62
203	3.0	0.35	0.15	2.7	25	5.0	+	0	0	11	9	16*	58	12	9	58
204	4.0	0.50	0.25	4.0	25	12.0	+	0	0	14	12	21	55	15	12	55

参 考 文 献

[1] 刘晋春,赵家齐,赵万生. 特种加工[M]. 北京:机械工业出版社,2004.
[2] 袁根福,祝锡晶. 精密与特种加工技术[M]. 北京:北京大学出版社,2007.
[3] 雷林均,戴刚. 电火花加工[M]. 重庆:重庆大学出版社,2007.
[4] 孟坚,丘立庆. 零件数控电火花加工[M]. 北京:北京理工大学出版社,2009.
[5] 陈良治. 新型材料与特种加工技术的应用[M]. 西安:西北工业大学出版社,1990.
[6] 孙大涌,屈贤明. 先进制造技术[M]. 北京:机械工业出版社,2002.
[7] 宋昌才,杨建新. 数控电火花加工培训教程[M]. 北京:化学工业出版社,2008.
[8] 郭洁民. 电火花加工技术问答[M]. 北京:化学工业出版社,2008.
[9] 曹凤国. 电火花加工技术[M]. 北京:化学工业出版社,2005.
[10] 汤家荣. 模具特种加工技术[M]. 北京:北京理工大学出版社,2010.